"十三五" 职业教育国家规划教材

高等职业教育教学改革系列精品教材

西门子 S7-200 系列 PLC 应用技术（第4版）

U0217791

祝　福　陈贵银　编　著

肖彦直　主　审

电子工业出版社

Publishing House of Electronics Industry

北京·BEIJING

内 容 简 介

本书从实用角度出发，分模块介绍了西门子 S7-200 系列 PLC 的应用，吸收了大量 PLC 教材的优点，内容翔实，案例丰富，习题配有答案，适合初学者学习。全书共有 8 个模块，模块 1 介绍 PLC 的认知初步，包括 PLC 基础知识、硬件配置和 STEP 7-Micro/WIN 软件的使用；模块 2 介绍 S7-200 PLC 的数据区、寻址方式和指令系统等位指令知识和应用；模块 3 介绍数据处理功能指令的应用；模块 4 介绍程序控制类指令、步进顺序控制指令、中断处理指令和高速处理指令的功能和应用；模块 5 介绍模拟量处理功能的应用；模块 6 介绍 PLC 应用系统的设计步骤和程序设计方法；模块 7 介绍 S7-200 PLC 的通信基础知识、网络通信部件和通信功能指令、PLC 和变频器之间通信的应用；模块 8 介绍 S7-200 SMART PLC 的基础知识及应用。

本书可作为高职高专院校电气自动化、机电一体化等相关专业的教材，也可作为成人教育及企业培训的教材，还可作为从事 PLC 工作的工程技术人员自学用书。

图书在版编目（CIP）数据

西门子 S7-200 系列 PLC 应用技术 / 祝福，陈贵银编著.
4 版. -- 北京 ：电子工业出版社，2024. 6. -- ISBN
978-7-121-48206-9

Ⅰ．TM571.61

中国国家版本馆 CIP 数据核字第 2024WA9133 号

责任编辑：王艳萍

印　　刷：山东华立印务有限公司印刷
装　　订：山东华立印务有限公司印刷
出版发行：电子工业出版社
　　　　　北京市海淀区万寿路 173 信箱　邮编　100036
开　　本：787×1 092　1/16　印张：17.5　字数：470.4 千字
版　　次：2011 年 4 月第 1 版
　　　　　2024 年 6 月第 4 版
印　　次：2025 年 1 月第 2 次印刷
定　　价：55.00 元

凡所购买电子工业出版社图书有缺损问题，请向购买书店调换。若书店售缺，请与本社发行部联系，联系及邮购电话：（010）88254888，88258888。

质量投诉请发邮件至 zlts@phei.com.cn，盗版侵权举报请发邮件至 dbqq@phei.com.cn。

本书咨询联系方式：（010）88254574，wangyp@phei.com.cn。

前　言

党的二十大报告指出，要实施产业基础再造工程和重大技术装备攻关工程，支持专精特新企业发展，推动制造业高端化、智能化、绿色化发展。巩固优势产业领先地位，在关系安全发展的领域加快补齐短板，提升战略性资源供应保障能力。推动战略性新兴产业融合集群发展，构建新一代信息技术、人工智能、生物技术、新能源、新材料、高端装备、绿色环保等一批新的增长引擎。

本书编者坚持以全面贯彻党的教育方针，落实立德树人根本任务，培养德智体美劳全面发展的社会主义建设者和接班人为指导思想，深度挖掘"可编程控制器"课程的思政育人功效，在内容编写、案例选取、教学编排等方面全面落实"立德树人"的根本任务，在潜移默化中坚定学生理想信念，厚植爱国主义情怀，培养学生敢为人先的创新精神，精益求精的工匠精神。

可编程控制器简称 PLC，是专门为工业控制应用而设计的一种通用控制器，是一种以微处理器为基础，综合了计算机技术、自动控制技术、通信技术和传统的继电器控制技术而发展起来的新型工业控制装置，具有结构简单、编程容易、体积小、使用灵活方便、抗干扰能力强、可靠性高等一系列优点。它在工业生产的许多领域，如冶金、机械、电力、石油、煤炭、化工、轻纺、交通、食品、环保、轻工、建材等工业部门得到了广泛的应用，已经成为工业自动化的三大支柱之一。它是生产过程自动化必不可少的智能设备，掌握 PLC 的编程方法和应用技巧，是每位机电类技术人员必须具备的能力之一。

本书突出职业教育的特点，以能力培养为目标，注重 PLC 的实际应用，以项目驱动构建教材内容，注重理论、实践一体化。在编写过程中收集了大量教学实践的案例，从实际出发组织内容，书中案例丰富，习题配有答案，力求为初学者提供一份有价值的学习资料，同时也为广大师生提供一本实用的能实现"教—学—做"一体化的教材。

本书以当前我国使用较多的西门子 S7-200 系列 PLC 为主要内容，介绍了 PLC 的配置、编程和设计方面的知识。模块 1 介绍 PLC 的认知初步，包括 PLC 基础知识、硬件配置和STEP 7-Micro/WIN 软件的使用；模块 2 介绍 S7-200 PLC 的数据区、寻址方式和指令系统等位指令知识和应用；模块 3 介绍数据处理功能指令的应用；模块 4 介绍程序控制类指令、步进顺序控制指令、中断处理指令和高速处理指令的功能和应用；模块 5 介绍模拟量处理功能的应用；模块 6 介绍 PLC 应用系统的设计步骤和程序设计方法；模块 7 介绍 S7-200 PLC 的通信基础知识、网络通信部件和通信功能指令、PLC 和变频器之间通信的应用；模块 8 介绍S7-200 SMART PLC 的基础知识及应用。

本书由祝福和陈贵银共同编著，其中，陈贵银编写了模块 1 和模块 6，其余部分由祝福编写，全书由中船重工（武汉）凌久电气有限公司肖彦直教授级高工主审，在改版过程中，崔玉林、王玉珏、马宝秋、廉惠、李秉玉、邵志刚、刘丽芳等老师提出了很好的意见和建议，在此表示衷心的感谢！

本书配有免费的电子教学课件、习题解答、实操项目程序，请有需要的教师登录华信教育资源网（www.hxedu.com.cn）免费注册后下载，有问题请在网站留言或与电子工业出版社联系（E-mail:wangyp@phei.com.cn）。

由于作者水平所限，书中难免有不妥之处，衷心希望得到读者的批评指正，对本书的意见和建议请发电子邮件至作者邮箱：zf99188@163.com。

编　者

目　　录

模块 1 PLC 的认知初步

项目 单灯双开关的多逻辑 PLC 控制系统

 教学目标

◇ 能力目标
1. 能绘制 PLC 硬件接线图并正确接线；
2. 学会对 I/O 端口进行分配；
3. 学会编程软件的基本操作方法。

◇ 知识目标
1. 了解 PLC 的由来及使用场合；
2. 掌握 PLC 的主要特点、分类；
3. 熟悉 PLC 的基本构成和外形特征；
4. 掌握编程软件的基本操作方法。

 **项目任务**

任务 设计单灯双开关的多逻辑 PLC 控制系统

 **知识链接**

1.1 可编程控制器概述

1.1.1 PLC 的由来

在可编程控制器（PLC）问世以前，工业控制领域是以继电器控制占主导地位的。这种由继电器构成的控制系统的缺点为：体积大、耗电多、可靠性差、寿命短、运行速度不高，尤其是对生产工艺多变的系统适应性差，一旦生产任务和工艺发生变化，就必须重新设计，并改变硬件结构，造成了时间和资金的严重浪费。

1968 年，美国通用汽车公司（GM）为了在每次汽车改型或改变工艺流程时不改动原有继电器柜内的接线，以便降低生产成本，缩短新产品的开发周期，提出要研制新型逻辑顺序控制装置，并提出了该装置的研制指标要求。

美国数字设备公司（DEC）中标并于 1969 年研制出了世界上第一台可编程控制器，应用于美国通用汽车公司的生产线上。当时叫可编程逻辑控制器（Programmable Logic Controller，PLC），目的是取代继电器，以执行逻辑判断、计时、计数等顺序控制功能。紧接着，美国 MODICON 公司也开发出同名的控制器。1971 年，日本从美国引进了这项技术，很快研制出了日本第一台可编程控制器。1973 年，西欧的一些国家也研制出了可编程控制器。

1.1.2 可编程控制器的定义、分类及特点

1. 可编程控制器的定义

1982 年，国际电工委员会（International Electrical Committee，IEC）颁布了第 1 版 PLC 标准草案，在 1987 年的第 3 版标准草案中对 PLC 做了如下的定义：PLC 是一种专门为在工业环境下应用而设计的进行数字运算操作的电子装置。它采用可以编制程序的存储器，用来在其内部存储执行逻辑运算、顺序运算、定时、计数和算术运算等操作的指令，并能通过数字式或模拟式的输入和输出，控制各种类型的机械或生产过程。

上述的定义表明，PLC 是一种能直接应用于工业环境的数字电子装置，是以微处理器为基础，结合计算机技术、自动控制技术和通信技术，用面向控制过程、面向用户的"自然语言"编程的一种简单易懂、操作方便、可靠性高的新一代通用工业控制装置。

2. 可编程控制器的分类

1）PLC 硬件结构的类型

可编程控制器发展很快，目前，全世界有几百家工厂正在生产几千种不同型号的 PLC。为了便于在工业现场安装，便于扩展，方便接线，其结构与普通计算机有很大区别。通常从组成结构形式上将这些 PLC 分为两类：一类是一体化整体式 PLC，另一类是结构化模块式 PLC。

（1）整体式结构。从结构上看，此种 PLC 是把 CPU、RAM、ROM、I/O 接口及与编程器或 EPROM 写入器相连的接口、输入/输出端子、电源、指示灯等都装配在一起的整体装置，一个箱体就是一个完整的 PLC。它的特点是结构紧凑、体积小、成本低、安装方便，缺点是输入/输出点数是固定的，不一定能适合具体的控制现场的需要。

（2）模块式结构。此种 PLC 把每个工作单元都制成独立的模块，如 CPU 模块、输入模块、输出模块、电源模块、通信模块等。另外，机器上有一块带有插槽的母板，实质上就是计算机总线。把这些模块按控制系统需要选取后，都插到母板上，就构成了一个完整的 PLC。这种结构的 PLC 的特点是系统构成非常灵活，安装、扩展、维修都很方便，缺点是体积比较大。

2）PLC 的分类

可编程控制器能够处理的输入/输出信号数是不一样的，一般将一路信号叫作一个点，将输入点数和输出点数的总和称为 PLC I/O 点数。按照 I/O 点数的多少，可将 PLC 分为超小（微）、小、中、大、超大 5 种类型，如表 1-1 所示。

表 1-1　按 I/O 点数分类

分　类	超小型	小型	中型	大型	超大型
I/O 点数	64 点以下	64~128 点	128~512 点	512~8172 点	8172 点以上

按功能分类可分为低档机、中档机、高档机，如表 1-2 所示。

表 1-2　按功能分类

分　类	主　要　功　能	应　用　场　合
低档机	具有逻辑运算、定时、计数、移位、按功能自诊断、监控等基本功能，有的还具备 AI/AO、数据传送、运算、通信等功能	开关量控制、顺序控制、定时/计数控制、少量模拟量控制等
中档机	除上述低档机的功能外，还有数制转换、子程序调用、通信联网功能，有的还具备中断控制、PID 回路控制等功能	过程控制、位置控制等
高档机	除上述中档机的功能外，还有较强的数据处理、模拟量调节、函数运算、监控、智能控制等功能	大规模过程控制系统，构成分布式控制系统，实现全局自动化网络

3. 可编程控制器的特点

PLC 能如此迅速发展，除工业自动化的客观需要外，还因为其有许多独特的优点，如较好地解决了工业控制领域普遍关心的可靠、安全、灵活、方便、经济等问题。其主要特点如下。

（1）编程方法简单易学。梯形图是可编程控制器使用最多的编程语言，其电路符号和表达方式与继电器电路原理图相似。梯形图语言形象直观，易学易懂，熟悉继电器电路图的电气技术人员只要花几天时间就可以熟悉梯形图语言，并用来编制程序。

（2）功能强，性价比高。一台小型可编程控制器内有成百上千个可供用户使用的编程元件，可以实现非常复杂的控制功能。与相同功能的继电器系统相比，它具有很高的性能价格比。可编程控制器可以通过通信联网实现分散控制与集中管理。

（3）硬件配套齐全，用户使用方便，适应性强。可编程控制器产品已经标准化、系列化、模块化，配备品种齐全的各种硬件装置供用户选用，用户能灵活方便地进行系统配置，组成不同功能、不同规模的系统。

（4）可靠性高，抗干扰能力强。可编程控制器用软件代替大量的中间继电器和时间继电器，接线可减少到继电器控制系统的 1/10~1/100，因触点接触不良造成的故障大为减少。可编程控制器采取了一系列硬件和软件抗干扰措施，具有很强的抗干扰能力，可编程控制器已被广大用户公认为是最可靠的工业控制设备之一。

（5）系统的设计、安装、调试工作量少。可编程控制器用软件功能取代了继电器控制系统中大量的中间继电器、时间继电器、计数器等器件，使控制柜的设计、安装、接线工作量大大减少。

可编程控制器的梯形图程序一般采用顺序控制设计法。这种编程方法很有规律，容易掌握。对于复杂的控制系统，梯形图的设计时间比继电器系统电路图的设计时间要少得多。

（6）维修工作量小，维修方便。可编程控制器的故障率很低，且有完善的自诊断和显示功能。可编程控制器或外部的输入装置和执行机构发生故障时，可以根据可编程控制器上的发光二极管或编程器提供的信息迅速地查明产生故障的原因，用更换模块的方法迅速地排除故障。

（7）体积小，能耗低。对于复杂的控制系统，使用可编程控制器后，可以减少大量的中间继电器和时间继电器，小型可编程控制器的体积仅相当于几个继电器的大小，因此可将开关柜的体积缩小到原来的 1/10~1/2。

可编程控制器的配线比继电器控制系统的配线少得多，故可以省下大量的配线和附件，减少大量的安装接线工时，加上开关柜体积的缩小，可以节省大量的费用。

1.1.3　可编程控制器的功能和应用

1. 开关逻辑和顺序控制

这是 PLC 应用最广泛、最基本的场合。它的主要功能是完成开关逻辑运算和进行顺序逻辑控制，从而可以实现各种简单或复杂的控制要求。

2. 模拟控制

在工业生产过程中，有许多需要进行连续控制的物理量，如温度、压力、流量、液位等，这些都属于模拟量。为了实现工业领域对模拟量控制的要求，目前大部分 PLC 产品都具备处理这类模拟量的功能。特别是当系统中模拟量控制点数不多，同时混有较多的开关量时，PLC 具有其他控制装置所无法比拟的优势。另外，某些 PLC 产品还提供了典型控制策略模块，如 PID 模块，从而实现对系统的 PID 等反馈或其他模拟量的控制运算。

3. 定时控制

PLC 具有很强的定时、计数功能，它可以为用户提供数十甚至上百个定时器与计数器。对于定时器，其定时间隔可以由用户设定。对于计数器，如果需要对频率较高的信号进行计数，则可以选择高速计数器。

4. 数据处理

新型 PLC 都具有数据处理能力，它不仅能进行算术运算、数据传送，而且能进行数据比较、数据转换、数据显示打印等，有些 PLC 还可以进行浮点运算和函数运算。

5. 信号联锁系统

信号联锁是安全生产所必需的。在信号联锁系统中，采用高可靠性的 PLC 是安全生产的要求。对安全要求较高的系统还可采用多重的检出元件和联锁系统，而对其中的逻辑运算等，可采用冗余的 PLC 实现。

6. 通信联网

把 PLC 作为下位机，与上位机或同级的可编程控制器进行通信，可完成数据的处理和信息的交换，实现对整个生产过程的信息控制和管理，因此 PLC 是实现工厂自动化的理想工业控制器。

1.1.4 可编程控制器的发展趋势

1. 增强网络通信功能

PLC 具有计算机集散控制系统（DCS）的功能。网络化和增强通信能力是 PLC 的一个重要发展趋势。

2. 发展智能模块

智能模块是以微处理器为基础的功能部件，其 CPU 和 PLC 的 CPU 并行工作，占用 PLC 的机时很少，有利于提高 PLC 扫描速度和实现特殊控制要求。这些不断出现的智能 I/O 模块，使 PLC 在定时精度、分辨率、人机对话等方面得到了进一步的改善和提高。

3. 外部诊断功能

在 PLC 控制系统中，80% 的故障发生在外围，能快速准确地诊断故障将极大地减少维护时间。因此人们研制了智能可编程 I/O 系统，开发了故障诊断程序并发展了公共回路远距离诊断和网络诊断技术，供用户了解 I/O 组件状态和监测系统的故障。

4. 编程语言、编程工具标准化、高级化

随着 PLC 功能的增强，梯形图语言的一统局面将被打破，而符合 IEC 1131 标准的顺序功能图（SFC）标准化语言、高级语言将会更多地得到应用。高级语言更有利于通信、运算、打印等。

手持式编程器也为计算机所取代，并将出现通用的、功能更强的组态软件，以进一步改善开发环境，提高开发效率。

5. 软件、硬件的标准化

PLC 的各生产厂商在硬件和软件系统设计中互不兼容，差异很大，这给 PLC 的进一步发展带来了诸多不便。国际电工委员会对 PLC 未来的发展制定出了一个方向或框架，并先后颁布了 IEC 1131-1~IEC 1131-5 五项 PLC 标准，包括一般信息、设备特性与测试、编程语言、用户导则、制造信息规范伴随标准等。

6. 组态软件的迅速发展

个人计算机具有很强的数字运算、数据处理、通信和人机交互功能，很多 PLC 生产厂商推出了在计算机上运行的可实现 PLC 功能的软件包。这些组态软件使编程更加简单，极大地方便了 PLC 控制系统的开发和使用。

1.1.5 PLC 的组成与基本结构

世界各国生产的可编程控制器外观各异，但作为工业控制计算机，其硬件系统大体相同，主要由中央处理器模块、存储器模块、输入/输出模块、编程器和电源等几部分构成，如图 1-1 所示。

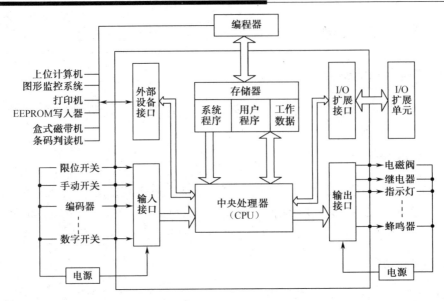

图 1-1　PLC 系统结构

1. 中央处理器（CPU）

CPU 是 PLC 的核心部件，主要用来运行用户程序、监控输入/输出接口状态及进行逻辑判断和数据处理。CPU 用扫描的方式读取输入装置的状态或数据，从内存逐条读取用户程序，通过解释后按指令的规定产生控制信号，然后分时、分渠道地执行数据的存取、传送、比较和变换等处理过程，完成用户程序所设计的逻辑或算术运算任务，并根据运算结果控制输出设备响应外部设备的请求及进行各种内部诊断。

2. 存储器

可编程控制器的存储器由只读存储器 ROM、随机存储器 RAM 和可电擦写的存储器 EEPROM 三大部分构成，主要用于存放系统程序、用户程序及工作数据。

只读存储器 ROM 用来存放系统程序，可编程控制器在生产过程中将系统程序固化在 ROM 中，用户不可改变。用户程序和工作数据存放在随机存储器 RAM 中，RAM 存储器是一种高密度、低功耗的半导体存储器，可用锂电池做备用电源。它存储的内容是易失的，掉电后内容丢失；当系统掉电时，用户程序可以保存在只读存储器 EEPROM 或由高能电池支持的 RAM 中。EEPROM 兼有 ROM 的非易失性和 RAM 的随机存取的优点，用来存放需要长期保存的重要数据。

3. 电源

PLC 的电源是指为 CPU、存储器和 I/O 接口等内部电子电路工作所配备的直流开关电源。电源的交流输入端一般有脉冲吸收电路，交流输入电压范围一般比较宽，抗干扰能力比较强。电源的直流输出电压多为直流 5V 和直流 24V。直流 5V 电源供 PLC 内部使用，直流 24V 电源除供内部使用外还可以供输入/输出单元和各种传感器使用。

4. 输入/输出模块

输入/输出模块即 I/O 单元（输入/输出电路）。PLC 内部输入电路的作用是将 PLC 外部电路（如行程开关、按钮、传感器等）提供的符合 PLC 输入电路要求的电压信号，通过光电耦合电路送至 PLC 内部电路。输入电路有直流输入电路、交流输入电路和交直流输入电路。输入电路通常以光电隔离和阻容滤波的方式提高抗干扰能力，输入响应时间一般为 0.1~15ms。根据输入信号形式的不同，其可分为模拟量 I/O 单元、数字量 I/O 单元两大类。根据输入单元形式的不同，其可分为基本 I/O 单元、扩展 I/O 单元两大类。PLC 内部输出电路的作用是将输出映像寄存器的结果通过输出接口电路驱动外部的负载（如接触器线圈、电磁阀、指示灯等），输出电路还具有隔离 PLC 内部电路和外部执行元件，以及功率放大的作用。输出电路有晶体管输出型、可控硅输出型和继电器输出型 3 种。功能模块是一些智能化的输入/输出电路，如温度检测模块、位置检测模块、位置控制模块和 PID 控制模块等。

1）输入电路

由于生产过程中使用的各种开关、按钮、传感器等输入器件都是直接接到 PLC 输入电路中的，为防止由于触点抖动或干扰脉冲引起错误的输入信号，输入电路必须有很强的抗干扰能力。以直流输入电路为例，如图 1-2 所示，输入电路提高抗干扰能力的方法主要有利用光耦合器提高抗干扰能力和利用滤波电路提高抗干扰能力。

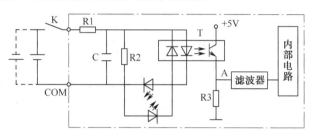

图 1-2　直流输入电路

2）输出电路

根据驱动负载元器件不同可将输出电路分为以下 3 种。

（1）小型继电器输出形式，如图 1-3 所示。这种输出形式既可驱动交流负载，又可驱动直流负载。驱动负载的能力在 2A 左右。它的优点是适用电压范围比较宽，导通压降小，承受瞬时过电压和过电流的能力强；缺点是动作速度较慢，动作次数（寿命）有一定的限制。建议在输出量变化不频繁时优先选用，不能用于高速脉冲的输出。如图 1-3 所示电路的工作原理：当内部电路的状态为 1 时，继电器 KM 的线圈通电，产生电磁吸力，触点闭合，则负载得电，同时点亮 LED，表示该路输出点有输出。当内部电路的状态为 0 时，继电器 KM 的线圈中无电流，触点断开，则负载断电，同时 LED 熄灭，表示该路输出点无输出。

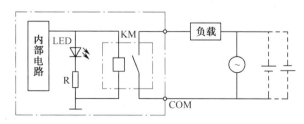

图 1-3　小型继电器输出形式电路

（2）大功率晶体管输出形式，如图 1-4 所示。这种输出形式只可驱动直流负载。驱动负载的能力：每一个输出点为零点几安培。它的优点是可靠性强，执行速度快，寿命长；缺点是过载能力差。其适合在直流供电、输出量变化快的场合选用。如图 1-4 所示电路的工作原理：当内部电路的状态为 1 时，光电耦合器 T1 导通，使大功率晶体管 VT 饱和导通，则负载得电，同时点亮 LED，表示该路输出点有输出。当内部电路的状态为 0 时，光电耦合器 T1 断开，大功率晶体管 VT 截止，则负载失电，LED 熄灭，表示该路输出点无输出。VD 为保护二极管，可防止负载电压极性接反或高电压、交流电压损坏晶体管。FU 的作用是防止负载短路时损坏 PLC。当负载为电感性负载、VT 关断时会产生较高的反电势，所以必须给负载并联续流二极管，为其提供放电回路，避免 VT 承受过电压。

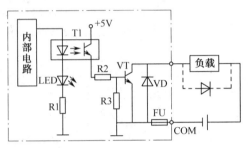

图 1-4　大功率晶体管输出形式电路

（3）双向晶闸管输出形式，如图 1-5 所示。这种输出形式适合驱动交流负载。由于双向晶闸管和大功率晶体管同属于半导体材料元器件，所以其优缺点与大功率晶体管或场效应管输出形式相似，适合在交流供电、输出量变化快的场合选用。如图 1-5 所示电路的工作原理：当内部电路的状态为 1 时，发光二极管导通发光，相当于双向晶闸管施加了触发信号，无论外接电源极性如何，双向晶闸管 T 均导通，负载得电，同时输出指示灯 LED 点亮，表示该输出点接通；当对应 T 的内部电路的状态为 0 时，双向晶闸管没有施加触发信号，双向晶闸管关断，此时 LED 不亮，负载失电。这种输出电路驱动负载的能力为 1A 左右。

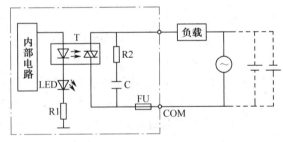

图 1-5　双向晶闸管输出形式电路

5. 外部设备接口

外部设备接口电路用于连接编程器或其他图形编程器、文本显示器、触摸屏、变频器等，通过外设接口组成 PLC 的控制网络。PLC 通过 PC/PPI 电缆或使用 MPI 卡通过 RS-485 接口与计算机连接，可以实现编程、监控、联网等功能。

6. I/O 扩展接口

扩展接口用于扩展输入/输出单元，它使 PLC 的控制规模配置更加灵活，这种扩展接口实际上为总线形式，可以配置开关量的 I/O 单元，也可配置模拟量和高速计数等特殊 I/O 单元及通信适配器等。

1.2 S7-200 系列 PLC 介绍

1.2.1 S7-200 系列 PLC 系统

德国的西门子公司产品分为 SIMATIC S7、M7 和 C7 等几大系列。SIMATIC S7 系列产品分为通用逻辑模块（LOGO!）、小型 PLC（S7-200、S7-1200 系列）、中型 PLC（S7-300 系列）和大中型 PLC（S7-400、S7-1500 系列）4 个产品系列。

S7-200 系列 PLC 的硬件主要包括 CPU 和扩展模块。扩展模块则包括模拟量 I/O 扩展模块、数字量 I/O 扩展模块、温度测量扩展模块、特殊功能模块（如定位模块）和通信模块等。其外部结构如图 1-6 所示。它是整体式 PLC，将输入/输出模块、CPU 模块、电源模块均装在一个机壳内，当系统需要扩展时，可选用需要的扩展模块与基本单元（主机）连接。

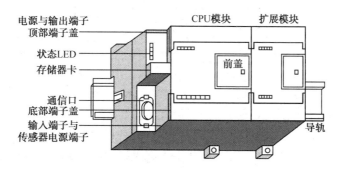

图 1-6 S7-200 系列 PLC 外部结构

1. CPU 模块

S7-200 系列的 CPU 是 16 位的，其主要技术指标如表 1-3 所示。

表 1-3 S7-200 系列 CPU 模块主要技术指标

型号	CPU221	CPU222	CPU224	CPU226	CPU226MX
用户数据存储器类型	EEPROM	EEPROM	EEPROM	EEPROM	EEPROM
程序空间（永久保存）/字	2048	2048	4096	4096	8172
用户数据存储器/字	1024	1024	2560	2560	5118
数据后备（超级电容）典型值/H	50	50	190	190	190
主机 I/O 点数	6/4	8/6	14/10	24/16	24/16
可扩展模块数	无	2	7	7	7
24V 传感器电源最大电流/电流限制/mA	180/600	180/600	280/600	400/约 1500	400/约 1500
最大模拟量输入/输出	无	16/16	28/7 或 14	32/32	32/32
24V AC 电源 CPU 输入电流/最大负载电流/mA	25/180	25/180	35/218	40/160	40/160

续表

型　号	CPU221	CPU222	CPU224	CPU226	CPU226MX
24V DC 电源 CPU 输入电流/最大负载电流/mA	70/600	70/600	118/900	150/1050	150/1050
为扩展模块提供的 DC 5V 电源的输出电流/mA		最大 340	最大 660	最大 1000	最大 1000
内置高速计数器	4（30kHz）	4（30kHz）	6（30kHz）	6（30kHz）	6（30kHz）
高速脉冲输出	2（18kHz）	2（18kHz）	2（18kHz）	2（18kHz）	2（18kHz）
模拟量调节电位器/个	1	1	2	2	2
实时时钟	有（时钟卡）	有（时钟卡）	有（内置）	有（内置）	有（内置）
RS-485 通信口	1	1	1	2	2
各组输入点数	4，2	4，4	8，6	13，11	13，11
各组输出点数	4（DC 电源）1，3（AC 电源）	6（DC 电源）3，3（AC 电源）	5，5（DC 电源）4，3，3（AC 电源）	8，8（DC 电源）4，5，7（AC 电源）	8，8（DC 电源）4，5，7（AC 电源）

1）CPU 的工作方式

CPU 的前面板即存储卡插槽的上部，有 3 盏指示灯显示当前工作方式。CPU 前面板上用两个发光二极管显示当前工作方式，绿色指示灯亮，表示处于运行状态；红色指示灯亮，表示处于停止状态；标有 SF 的指示灯亮表示系统故障，PLC 停止工作。

（1）STOP（停止）。CPU 在 STOP 方式下，不执行程序，此时可以通过编程装置向 PLC 装载程序或进行系统设置，在程序编辑、上下载等处理过程中，必须把 CPU 置于 STOP 方式。

（2）RUN（运行）。CPU 在 RUN 方式下，PLC 按照自己的工作方式运行用户程序。

2）改变 CPU 工作方式的方法

（1）用工作方式开关改变工作方式。工作方式开关有 3 个挡位：STOP、TERM（Terminal）、RUN。把工作方式开关切到 STOP，可以停止程序的执行；把工作方式开关切到 RUN，可以启动程序的执行；把工作方式开关切到 TERM（暂态）或 RUN，允许 STEP 7-Micro/WIN 32 软件设置 CPU 工作方式。

如果将工作方式开关设为 STOP 或 TERM，电源上电时，CPU 自动进入 STOP 方式。如果设置为 RUN，电源上电时，CPU 自动进入 RUN 方式。

（2）用编程软件改变工作方式。把工作方式开关切到 TERM（暂态），可以使用 STEP 7-Micro/WIN 32 编程软件设置工作方式。

（3）在程序中用指令改变 CPU 的工作方式。在程序中插入一个 STOP 指令，CPU 可由 RUN 方式进入 STOP 方式。

2. 存储系统

S7-200 系列 PLC 的 CPU 模块内部配备了一定容量的 RAM 和 EEPROM，两种类型的存储器构成了 PLC 的存储系统，如图 1-7 所示。主机 CPU 模块内部配备的 EEPROM，可自动装入并永久保存用户程序、数据和 CPU 的组态数据，用户可以用程序将存储在 RAM 中的数据备份到 EEPROM 存储器中，主机 CPU 提供一个超级电容器，可使 RAM 中的程序和数据在断电后保持几天之久。CPU 提供一个可选的电池卡，可在断电后超级电容器中的电量完全耗尽时，继续为内部 RAM 存储器供电，以延长数据保存时间，可选的存储器卡可使用户像使用计算机磁盘一样方便地备份和装载程序和数据。

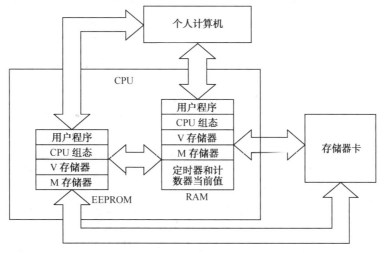

图 1-7　PLC 的存储系统

3. 输入/输出模块

输入/输出模块是 PLC 与被控设备间传递输入/输出信号的接口部件。各输入/输出点的通/断状态用 LED 显示，外部接线就接在 PLC 输入/输出端子上。S7-200 系列 CPU22X 主机的输入和输出有两种类型：一种是 CPU22X AC/DC/继电器，AC 表示供电为交流输入，电源电压为 220V；DC 表示输入端的电源电压为直流 24V，提供 24V 直流电源给外部元器件（如传感器、开关）等；继电器表示输出为继电器输出（驱动交、直流负载）。另一种是 CPU22X DC/DC/DC，第一个 DC 表示供电电源电压为直流 24V，第二个 DC 表示输入端的电源电压为直流 24V，提供 24V 直流给外部元器件（如传感器、开关等），第三个 DC 表示输出端子的电源电压为直流 24V，场效应晶体管输出（驱动直流负载），用户可根据需要选用。

1）CPU224 型 PLC 输入端子接线

CPU224 型主机共有 14 个输入端子（I0.0~I0.7、I1.0~I1.5）和 10 个输出端子（Q0.0~Q0.7，Q1.0~Q1.1），在编写端子代码时采用八进制。CPU224 输入端子的接线如图 1-8 和图 1-9 所示，它采用了双向光电耦合器，24V 直流极性可任意选择，L+ 和 M 端子分别是模块提供 24V 直流电源的正极和负极，它可以作为输入电路的电源，也可作为外部传感器、开关的电源。系统设置 1M 为输入端子（I0.0~I0.7）公共端，2M 为输入端子（I1.0~I1.5）内部电路的公共端。

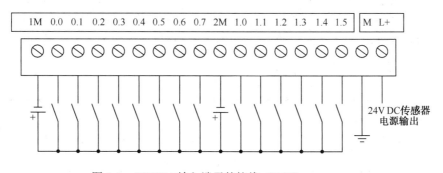

图 1-8　CPU224 输入端子的接线（PNP）

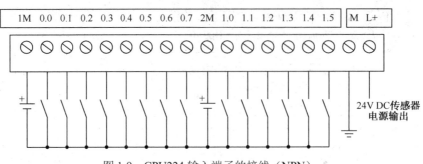

图 1-9　CPU224 输入端子的接线（NPN）

2）CPU224 型 PLC 输出端子接线

CPU224 型的输出电路有场效应晶体管输出电路和继电器输出电路两种供用户选用，其用法前面已叙述，具体接法如图 1-10 和图 1-11 所示。

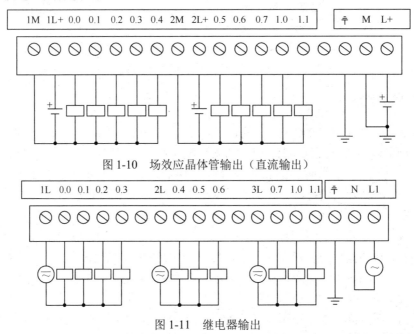

图 1-10　场效应晶体管输出（直流输出）

图 1-11　继电器输出

4．电源模块

外部提供给 PLC 的电源有 24V DC、220V AC 两种，根据型号不同有所变化，电源的技术指标如表 1-4 所示。S7-200 的 CPU 单元有一个内部电源模块，S7-200 小型 PLC 的电源模块与 CPU 封装在一起，通过连接总线为 CPU 模块、扩展模块提供 5V 的直流电源，如果容量许可，还可提供给外部 24V 直流电源，供本机输入点和扩展模块继电器线圈使用。应根据下面的原则来确定 I/O 电源的配置。

表 1-4　电源的技术指标

特　性	24V DC 电源	220V AC 电源
电压允许范围	18.4~28.8V	85~264V，47~63Hz
冲击电流	10A，28.8V	18A，254V
内部熔断器（用户不能更换）	3A，250V 慢速熔断	2A，250V 慢速熔断

（1）有扩展模块连接时。如果扩展模块对 5V DC 电源的需求超过 CPU 的 5V 电源模块的容量，则必须减少扩展模块的数量。

（2）当+24V 直流电源的容量不满足要求时，可以增加一个外部 24V 直流电源给扩展模块供电。此时外部电源不能与 S7-200 的传感器电源并联使用，但两个电源的公共端（M）应连接在一起。

5. 扩展模块

扩展模块作为基本单元输入/输出点数的扩充，只能与基本单元连接使用，不能单独使用。S7-200 的扩展模块包括数字量 I/O 扩展模块，模拟量 I/O 扩展模块，热电偶、热电阻扩展模块，通信模块 PROFIBUS-DP 等。连接时 CPU 模块放在最左侧，扩展模块用扁平电缆与左侧的模块相连，如图 1-12 所示。CPU222 最多连接两个扩展模块，CPU224/CPU226 最多连接 7 个扩展模块。

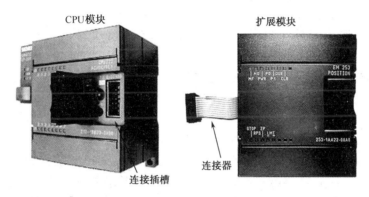

图 1-12　扩展模块和 CPU 模块

1）数字量 I/O 扩展模块

S7-200 PLC 提供了多种类型的数字量扩展模块，用户可选用 8 点、16 点和 32 点的数字量 I/O 模块。数字量 I/O 扩展模块规格如表 1-5 所示。

表 1-5　数字量 I/O 扩展模块规格

类　型	型　号	各组输入点数	各组输出点数
输入扩展模块 EM221DI	EM221 24V DC 输入	4，4	—
	EM221 230V AC 输入	8 点相互独立	—
输出扩展模块 EM222DO	EM222 24V DC 输出	—	4，4
	EM222 继电器输出	—	4，4
	EM222 230V AC 双向晶闸管输出	—	8 点相互独立
输入/输出扩展模块 EM223	EM223 24V DC 输入/继电器输出	4	4
	EM223 24V DC 输入/24V DC 输出	4，4	4，4
	EM223 24V DC 输入/24V DC 输出	8，8	4，4，8
	EM223 24V DC 输入/继电器输出	8，8	4，4，4，4

2）模拟量 I/O 扩展模块

模拟量 I/O 扩展模块提供了将模拟输入量（如压力、温度、流量、转速等）和某些执行机构（如晶闸管调速装置、电动调节阀和变频器等）转换成数字量的功能，模拟量 I/O 扩展模块规格如表 1-6 所示。

表 1-6　模拟量 I/O 扩展模块规格

型　　号	输 入 点	输 出 点	电　　压	功率/W	电 源 要 求	
					5V DC	24V DC
EM231	4	0	24V DC	2	18mA	60mA
EM232	0	2	24V DC	2	18mA	70mA
EM235	4	1	24V DC	2	30mA	80mA

使用模拟量 I/O 扩展模块时，要注意以下问题。

（1）模拟量 I/O 扩展模块有专用的扁平电缆（与模块打包出售）与 CPU 通信，并通过此电缆由 CPU 向模拟量 I/O 扩展模块提供 5V DC 的电源。此外，模拟量 I/O 扩展模块必须外接 24V DC 电源。

（2）每个模拟量 I/O 扩展模块能同时输入/输出电流或者电压信号，对于模拟量输入电压或者电流信号的选择通过 DIP 开关来设定，量程的选择也是通过 DIP 开关来设定的。

（3）对于模拟量输入扩展模块，传感器电缆线应尽可能短，而且应使用屏蔽双绞线，导线应避免弯成锐角。靠近信号源屏蔽线的屏蔽层应单端接地。

（4）未使用的通道应短接。

3）热电偶、热电阻扩展模块

EM231 热电偶、热电阻扩展模块是为 S7-200 CPU222、CPU224 和 CPU226/226XM 设计的模拟量扩展模块。EM231 热电偶模块具有特殊的冷端补偿电路，该电路测量模块连接器上的温度，并适当改变测量值，以补偿参考温度与模块温度之间的差值。如果 EM231 热电偶模块安装区域的环境温度迅速变化，则会产生额外的误差，要想达到最大的精度和重复性，热电阻和热电偶扩展模块应安装在温度稳定的环境中。

4）通信模块

S7-200 系列 PLC 的 CPU 要接入 PROFIBUS-DP 网，则必须配置通信模块 EM277，EM277 作为 DP 从站，接收来自主站的多种不同的 I/O 组态，向主站发送数据和从主站接收数据。

5）定位模块 EM253

S7-200 系列 PLC 的 CPU（晶体管输出时）的 Q0.0 和 Q0.1 可以输出高速脉冲，可以用于控制步进电动机和伺服电动机，但若要求较高时，则应使用定位模块 EM253。EM253 能产生脉冲串，用于步进电动机和伺服电动机速度、位置的开环控制。

1.2.2　可编程控制器的工作原理

继电器控制系统是一种"硬件逻辑系统"，它所采用的是并行工作方式，也就是条件一旦形成，多条支路可以同时动作。PLC 是在继电器控制系统逻辑关系基础上发展演变而来的一种专用的工业控制计算机，其操作使用方法、编程语言及工作过程与计算机控制系统也是有区别的。

其工作原理是执行反映控制要求的用户程序，PLC 的 CPU 是以分时操作方式来处理各项任务的。

1. PLC 控制系统的等效工作电路

PLC 控制系统的等效工作电路由输入部分、内部控制电路和输出部分组成。输入部分采集输入信号，输出部分是系统的执行部件，这两部分与继电器控制电路相同。内部控制电路通过用户编写的程序实现控制逻辑，用软件编程代替继电器电路的功能。其等效工作电路如图 1-13 所示，它是工作台前进、到位后停车并有工作指示灯的控制电路。

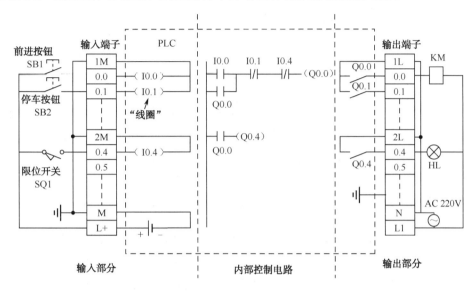

图 1-13　PLC 的等效工作电路

（1）输入部分。输入部分由外部输入电路、PLC 输入端子和输入继电器组成。外部输入信号经 PLC 输入端子去驱动输入继电器线圈。每个输入端子与其相同编号的输入继电器有着唯一确定的对应关系。如当外部的输入元件（前进按钮 SB1）处于接通状态时，对应的输入继电器线圈（I0.0）"得电"。这个输入继电器是 PLC 内部的软继电器，实际上这里不存在真正的物理上的继电器，它只是存储器（I0）中的某一位（I0.0），可以提供任意多个动合触点或动断触点。这里所说的"触点"实际上也是不存在的，是为了向早期的继电器线路图靠拢，便于大家理解。"触点"实际上就是存储器位的状态，这样一来就可以任意取用了。

为使输入继电器的线圈"得电"，即让外部输入元件的接通状态写入其对应的存储单元中，输入回路中要有电流，这个电源可以用 PLC 自己提供的 24V 直流电源，也可以由 PLC 外部的独立的交流或直流电源供电。

（2）内部控制电路。内部控制电路是由用户程序形成的用"软继电器"来替代硬继电器的控制逻辑。它的作用是按照用户编写的程序所规定的逻辑关系处理输入信号和输出信号。

一般用户程序是用梯形图语言编制的，看上去很像继电器控制线路图，这也是 PLC 设计者所追求的。在前面已经提到过，即使 PLC 的梯形图与继电器控制线路图完全相同，最后的输出结果也不一定相同，这是因为处理信号的过程是不一样的。继电器控制线路图中的继电器线圈都是并联关系，机会相等，只要条件允许可以同时动作。而 PLC 的梯形图的工作特点是周期性逐行扫描。这样一来最后的输出结果就难免不一样了。

除了输入信号和输出信号，PLC 中还提供了定时器、计数器、辅助继电器（相当于继电器控制线路中的中间继电器）及某些特殊功能的继电器。为了实现控制要求，在编程时可根据需要选用继电器；但这些器件只能在 PLC 的内部控制电路中使用，在 PLC 的 I/O 点处是看不到它们的。

（3）输出部分（以数字量继电器输出型 PLC 为例）。输出部分由在 PLC 内部且与内部控制电路隔离的输出继电器的外部动合触点、输出端子和外部驱动电路组成，用来驱动外部负载。每个输出继电器除有为内部控制电路提供编程用的任意多个动合、动断触点外，还为外部输出电路提供了一个实际的动合触点与输出端子相连。需要特别指出的是，输出继电器是 PLC 中唯一实际存在的物理器件，打开 PLC 可发现在输出侧放置的那些微型继电器。

2. PLC 的工作原理

PLC 虽然具有许多微型计算机的特点，但它的工作方式却与微型计算机有很多不同，这主要是各自的操作系统和软件的不同所造成的。

PLC 的工作方式有两个显著特点：一个是周期性顺序扫描，另一个是信号集中批处理。

PLC 通电后，需要对软硬件都做一些初始化的工作。为了使 PLC 的输出及时地响应各种输入信号，初始化后将反复不停地分步处理各种不同的任务，这种周而复始的循环工作方式称为周期性顺序扫描工作方式。

PLC 在运行过程中，总是处在不断循环的顺序扫描过程中，每次扫描所用的时间称为扫描时间，又称为扫描周期或工作周期。

由于 PLC 的 I/O 点数较多，采用集中批处理的方法可简化操作过程，便于控制，提高系统可靠性。因此，PLC 的另一个特点就是对输入采样、执行用户程序、输出刷新实施集中批处理。

上面提到过 PLC 通电后，首先要进行的就是初始化工作，这一过程包括对工作内存的初始化，复位所有的定时器，将输入/输出继电器清零，检查 I/O 单元是否完好，如有异常则发出报警信号。初始化之后，就进入周期性扫描过程。PLC 的运行过程如图 1-14 所示。

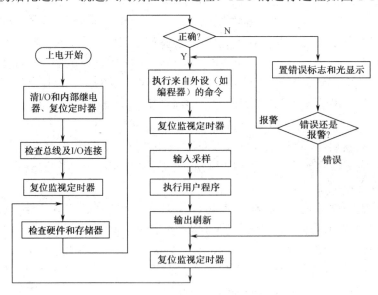

图 1-14　PLC 的运行过程

PLC 的工作过程一般包括 5 个阶段：内部处理、与编程器等的通信处理、输入采样、程序执行、输出刷新。这里主要介绍输入采样、程序执行和输出刷新 3 个阶段。这 3 个阶段是 PLC 工作过程的中心内容（如图 1-15 所示），理解透 PLC 工作过程的这 3 个阶段是学习好 PLC

的基础。下面详细分析这 3 个阶段。

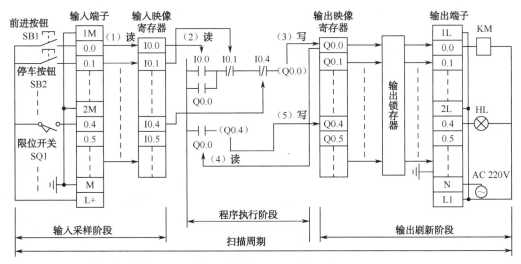

图 1-15 PLC 的工作过程

（1）输入采样阶段。在 PLC 的存储器中，设置了一片区域来存放输入信号和输出信号的状态，它们分别称为输入映像寄存器和输出映像寄存器。CPU 以字节（8 位）为单位来读写输入/输出映像寄存器。

这是第一个集中批处理过程，在这个阶段，PLC 首先按顺序扫描所有输入端子，并将各输入状态存入相对应的输入映像寄存器中。此时，输入映像寄存器被刷新，在当前的扫描周期内，用户程序依据的输入信号的状态（ON 或 OFF），均从输入映像寄存器中读取，而不管此时外部输入信号的状态是否变化。在接下来的程序执行阶段和输出刷新阶段，输入映像寄存器与外界隔离，即使此时外部输入信号的状态发生变化，也只能在下一个扫描周期的输入采样阶段去读取。一般来说，输入信号的宽度要大于一个扫描周期，否则很可能造成信号的丢失。如当 SB1 按钮被按下后，外部输入信号为 ON 状态（1 状态），输入映像寄存器中的位寄存器 I0.0 中的结果为 1。

（2）程序执行阶段。PLC 的用户程序由若干条指令组成，指令在存储器中按照顺序排列。在 RUN 方式下的程序执行阶段，在没有跳转指令时，CPU 从第一条指令开始，逐条顺序地执行用户程序。

在执行指令时，从 I/O 映像寄存器或别的位元件的映像寄存器中读取其 ON/OFF 状态，并根据指令的要求执行相应的逻辑运算，运算结果写入相应的映像寄存器中。因此，除输入过程映像寄存器属于只读的之外，各映像寄存器的内容随着程序的执行而变化。

这是第二个集中批处理过程，在此阶段 PLC 的工作过程是这样的：CPU 对用户程序按顺序进行扫描，如果程序用梯形图表示，则总是按先上后下、从左至右的顺序进行扫描，每扫描到一条指令，所需要的输入信息的状态就要从输入映像寄存器中去读取，而不是直接使用现场的即时输入信息。因为第一个批处理过程（输入采样阶段）已经结束，"大门"已经关闭，现场即时信号此刻是进不来的。对于其他信息，则从 PLC 的元件映像寄存器中读取，在这个顺序扫描过程中，每次运算的中间结果都立即写入元件映像寄存器中，这样该元素的状态马上就可以被后面将要扫描到的指令所利用，所以在编程时指令的先后位置将决定最后的输出结果。对输出继电器的扫描结果，也不是马上去驱动外部负载，而是将结果写入元件映像寄存器的输出映像寄存器中，同样该元素的状态也马上就可以被后面将要扫描到的指令所利用，待整个程序执行阶段结束后，进入输出刷新阶段时，成批将输出信号状态送出去。

（3）输出刷新阶段。CPU 执行完用户程序后，将输出映像寄存器的状态（ON/OFF），如 Q0.0 的 1 状态传送到输出模块并锁存起来，梯形图中某一输出位的线圈"得电"时，对应的输出映像寄存器为 1 状态。信号经输出模块隔离和功率放大后，继电器型输出模块中对应的硬件继电器（确实存在的物理器件）的线圈（如 KM）得电，它对应的主电路中的常开触点闭合，使外部负载如工作台通电工作。到此，一个扫描周期的 3 个主要阶段就结束了，CPU 进入下一个扫描周期。

这是第三个集中批处理过程，用时极短。在本周期内，用户程序全部扫描完后，就已经定好了某一输出位的状态，进入这个阶段的第一步时，信号状态已送到输出映像寄存器中，也就是说输出映像寄存器的数据取决于输出指令的执行结果。再把此数据推到锁存器中锁存，最后一步就是将锁存器中的数据再送到输出端子上去。在一个扫描周期中锁存器中的数据是不会变的。

1.3　STEP 7-Micro/WIN 编程软件的使用

STEP 7-Micro/WIN 编程软件是基于 Windows 系统的应用软件，它是西门子公司专门为 S7-200 系列 PLC 而设计开发的，是 S7-200 系列 PLC 必不可少的开发工具。这里主要介绍 STEP 7-Micro/WIN V4.0 版本的使用。

1.3.1　STEP 7-Micro/WIN V4.0 编程软件介绍

1. 软件安装

用户可以在 STEP 7-Micro/WIN V4.0 的安装目录中双击 setup.exe 图标，进入安装向导，按照安装向导完成软件的安装，其步骤如下。

（1）选择安装程序界面语言，系统默认使用英语。

（2）按照安装向导提示，接受 License 条款，单击"Next"按钮继续。

（3）为 STEP 7-Micro/WIN V4.0 选择安装文件夹，单击"Next"按钮继续。

（4）在 STEP 7-Micro/WIN V4.0 安装过程中，必须为 STEP 7-Micro/WIN V4.0 配置波特率和站地址，波特率必须与网络上的其他设备的波特率一致，站地址必须唯一。

（5）STEP 7-Micro/WIN V4.0 安装完成后，重新启动 PC，单击"Finish"按钮完成软件的安装。

（6）初次运行的 STEP 7-Micro/WIN V4.0 为英文界面，如果用户想要使用中文界面，必须进行设置。在主菜单中，选择"Tools"中的"Options"命令。在弹出的 Options 选项对话框中，选择"General"（常规），对话框右半部分会显示"Language"命令，选择"Chinese"，单击"OK"按钮，保存退出，重新启动 STEP 7-Micro/WIN V4.0 后即为中文操作界面。

2. 在线连接

顺利完成硬件连接和软件安装后，就可建立 PC 与 S7-200 CPU 的在线连接了，步骤如下。

（1）在 STEP 7-Micro/WIN V4.0 主操作界面下，单击工具栏中的"通信"图标或选择主菜单中的"查看"→"组件"→"通信"命令，则会出现一个通信建立结果对话框，显示是否连接了 CPU 主机。

（2）双击"双击刷新"图标，STEP 7-Micro/WIN V4.0 将检查已连接的所有 S7-200 CPU 站，并为每个站建立一个 CPU 图标。

（3）双击要进行通信的站，在通信建立对话框中可以显示所选站的通信参数。此时，可以建立与 S7-200 CPU 的在线联系，如进行主机组态、上传和下载用户程序等操作。

3. 编程软件基本功能

STEP 7-Micro/WIN V4.0 编程软件的主要功能如下。

（1）在离线（脱机）方式下可以实现对程序的编辑、编译、调试和系统组态。

（2）在线方式下可通过联机通信的方式上传和下载用户程序及组态数据，编辑和修改用户程序。

（3）支持 STL、LAD、FBD 3 种编程语言，并且可以在三者之间任意切换。

（4）在编辑过程中具有简单的语法检查功能，能够在程序错误行处加上红色线进行标注。

（5）具有文档管理和密码保护等功能。

（6）提供软件工具，能帮助用户调试和监控程序。

（7）提供设计复杂程序的向导功能，如指令向导功能、PID 自整定界面等。

（8）支持 TD200 和 TD200C 文本显示界面（TD200 向导）。

4. 窗口组件及功能

STEP 7-Micro/WIN V4.0 编程软件采用了标准的 Windows 界面，熟悉 Windows 系统的用户可以轻松掌握。主界面外观如图 1-16 所示。

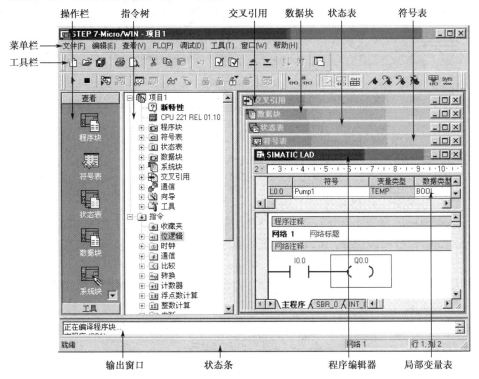

图 1-16 STEP 7-Micro/WIN 编程软件的主界面外观

主界面一般可分为 6 个区域：菜单栏（包含 8 个主菜单项）、工具栏（快捷按钮）、操作栏（快捷操作窗口）、指令树（快捷操作窗口）、输出窗口和用户窗口（可同时或分别打开图 1-16 中的 5 个用户窗口）等。除菜单栏外，用户可根据需要决定其他窗口的取舍和样式的设置。

1.3.2　STEP7-Micro/WIN V4.0 主要编程功能

STEP7-Micro/WIN V4.0 编程软件具有编程和程序调试等多种功能，下面通过一个简单的程序示例介绍其基本使用方法。

STEP7-Micro/WIN V4.0 编程软件使用示例的梯形图如图 1-17 所示。

1. 编程的准备

（1）创建一个项目或打开一个已有的项目。在编写控制程序之前，首先应创建一个项目。选择菜单"文件"→"新建"命令或单击工具栏中的"新建"按钮，可以生成一个新项目。选择菜单"文件"→"打开"命令或单击工具栏中的"打开"按钮，可以打开已有的项目。项目以扩展名为.mwp 的格式保存。

（2）设置与读取 PLC 的型号。在对 PLC 编程之前，应正确设置其型号，以防止发生错误。设置和读取 PLC 的型号有两种方法。

方法一：选择菜单"PLC"→"类型"命令，在弹出的对话框中，可以选择 PLC 型号和CPU 版本，如图 1-18 所示。

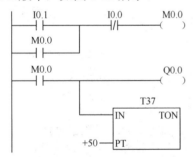

图 1-17　示例梯形图

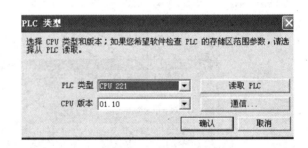

图 1-18　选择 PLC 的型号和 CPU 版本

方法二：双击指令树的"项目 1"，然后双击 PLC 型号和 CPU 版本选项，在弹出的对话框中进行设置即可。如果已经成功地建立了通信连接，那么单击对话框中的"读取 PLC"按钮，便可以通过通信读出 PLC 的型号与 CPU 版本。

（3）选择编程语言和指令集。S7-200 系列 PLC 支持的指令集有 SIMATIC 和 IEC 1131-3两种。SIMATIC 编程模式选择，可以通过选择菜单"工具"→"选项"→"常规"中的 SIMATIC命令来确定。

编程软件可实现 3 种编程语言（编程器）之间的任意切换，选择菜单"查看"→"梯形图"或 STL 或 FBD 命令便可进入相应的编程环境。

（4）确定程序的结构。简单的数字量控制程序一般只有主程序，而系统较大、功能复杂的程序除主程序外，还可能有子程序、中断程序。编程时可以单击程序编辑器窗口下方的选项来切换以完成不同结构的程序编辑，如图 1-19 所示。

图 1-19　用户程序结构选择

主程序在每个扫描周期内均被顺序执行一次。子程序的指令放在独立的程序块中，仅在被程序调用时才执行。中断程序的指令也放在独立的程序块中，用来处理预先规定的中断事件，在中断事件发生时操作系统调用中断程序。

2. 梯形图的编辑

在梯形图的程序编辑器窗口中，梯形图程序被划分为若干个网络，且一个网络中只能有一个独立的电路块。如果一个网络中有两个独立的电路块，那么在编译时输出窗口将显示"1个错误"，待错误修正后方可继续。当然，也可对网络中的程序或者某个编程元件进行编辑，执行删除、复制或粘贴操作。

（1）首先打开 STEP 7-Micro/WIN V4.0 编程软件，进入主界面，如图 1-20 所示。

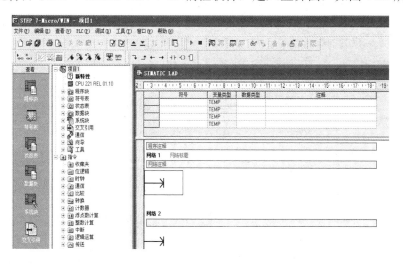

图 1-20　STEP 7-Micro/WIN V4.0 编程软件主界面

（2）单击操作栏中的"程序块"按钮，进入梯形图程序编辑器窗口。

（3）在程序编辑器窗口中，把光标定位到将要输入编程元件的地方。

（4）可直接在指令工具栏中单击常开触点按钮，选取触点，如图 1-21 所示。也可以在指令树中选择"位逻辑"选项，选择常开触点图标，如图 1-22 所示。选择的常开触点符号会自动写入到光标所在位置，如图 1-23 所示。

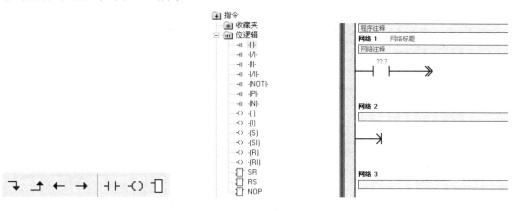

图 1-21　选取触点　　　　图 1-22　选择常开触点　　　　图 1-23　输入常开触点

（5）在？？.？处输入操作数 I0.1，如图 1-24 所示，然后光标自动移到下一列。

（6）用同样的方法在光标位置输入─┤ ├─和─( )，并填写对应地址 I0.0 和 M0.0，编辑结果如图 1-25 所示。

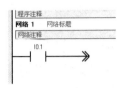
图 1-24 输入操作数 I0.1

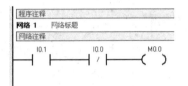
图 1-25 I0.0 和 M0.0 的编辑结果

（7）将光标定位到 I0.1 下方，按照 I0.1 的输入方法输入 M0.0，编辑结果如图 1-26 所示。

（8）将光标移到要合并的触点处，单击指令工具栏中的向上连线按钮 ─↑，将 M0.0 和 I0.1 并联连接，如图 1-27 所示。

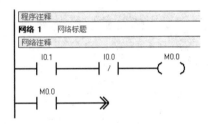
图 1-26 M0.0 的编辑结果

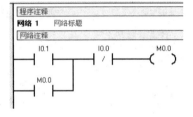
图 1-27 M0.0 和 I0.1 并联连接

（9）将光标定位到网络 2，按照 I0.1 的输入方法输入 M0.0 和 Q0.0，将光标移到 M0.0 的触点处，单击指令工具栏中的向下连线按钮 ─↓。

（10）将光标定位到定时器输入位置，选择指令树中的"定时器"选项，然后双击接通延时定时器图标（如图 1-28 所示），这时在光标位置即可输入接通延时定时器。在定时器指令上面的????处输入定时器编号 T37，在左侧????处输入定时器的预设值 50，编辑结果如图 1-29 所示。

经过上述操作，示例的梯形图就编辑完成了。如果需要进行语句表的编辑，可按下面的方法来实现。

选择菜单"查看"→"STL"命令，可以直接进行语句表的编辑，如图 1-30 所示。

图 1-28 选择定时器

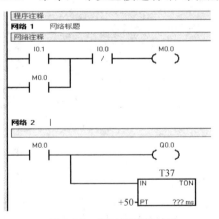
图 1-29 定时器编辑结果

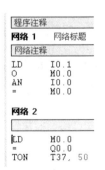
图 1-30 语句表的编辑

1.3.3　程序的状态监控与调试

1. 编译程序

选择菜单"PLC"→"编译"或"全部编译"命令，或单击工具栏中的☑或☒按钮，可以分别编译当前打开的程序或全部程序。编译后在输出窗口中显示程序的编译结果，必须修正程序中的所有错误，编译无错误后，才能下载程序。若没有对程序进行编译，在下载之前编程软件会自动对程序进行编译。

2. 下载与上载程序

下载是将当前编程器中的程序写入到 PLC 存储器中的过程。进行下载操作可选择菜单"文件"→"下载"命令，或单击工具栏中的━按钮。上载是将 PLC 中未加密的程序向上传送到编辑器中的过程。进行上载操作可选择菜单"文件"→"上载"命令，或单击工具栏中的▲按钮。

3. PLC 的工作方式

PLC 有两种工作方式，即运行和停止。在不同的工作方式下，PLC 进行调试操作的方法不同。可以通过选择菜单"PLC"→"运行"或"停止"命令来选择，也可以通过 PLC 面板上的工作方式开关来选择。PLC 只有在运行工作方式下才能启动程序的状态监视。

4. 程序的调试与运行

程序的调试与运行是程序开发的重要环节，很少有程序一经编制就是完整的，只有经过调试运行甚至现场运行后才能发现程序中不合理的地方，从而进行修改。STEP 7-Micro/WIN V4.0 编程软件提供了一系列工具，可使用户直接在软件环境下调试并监视用户程序的执行过程。

1）程序的运行

单击工具栏中的▶按钮，或选择菜单"PLC"→"运行"命令，在弹出的对话框中确定进入运行模式，这时黄色 STOP（停止）指示灯灭，绿色 RUN（运行）指示灯点亮。按梯形图连接好硬件电路。

2）程序的调试

在程序调试中，经常采用程序状态监控、状态表监控和趋势图监控 3 种方式反映程序的运行状态。

方式一：程序状态监控。

单击工具栏中的🔲按钮，或选择菜单"调试"→"开始程序状态监控"命令，进入程序状态监控。当 I0.1 触点断开时，程序的状态监控如图 1-31 所示。在此状态下，"能流"通过的单元的元件将显示蓝色，通过改变输入状态，可以模拟程序的实际运行，从而判断程序是否正确。

方式二：状态表监控。

可以使用状态表来监控用户程序，还可以采用强制表操作修改用户程序的变量。状态表监控如图 1-32 所示，在"当前值"栏目中显示了各元件的状态和数值大小。

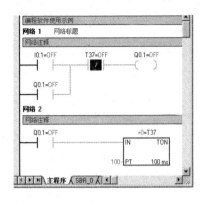

图 1-31 I0.1 触点断开时的程序状态监控

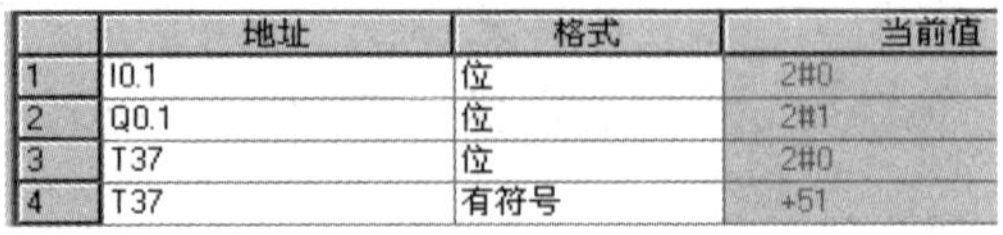

	地址	格式	当前值
1	I0.1	位	2#0
2	Q0.1	位	2#1
3	T37	位	2#0
4	T37	有符号	+51

图 1-32 状态表监控

状态表监控有下列 3 种方法。

（1）选择菜单"查看"→"组件"→"状态表"命令。

（2）单击操作栏中的"状态表"按钮。

（3）单击装订线，选择程序段，右击，在弹出的快捷菜单中选择"创建状态图"命令，能快速生成一个包含所选程序段内各元件的新表格。

方式三：趋势图监控。

趋势图监控是利用编程元件的状态和数值大小随时间变化关系进行的图形监控。可单击工具栏中的 按钮，将状态表监控切换为趋势图监控。

 项目实施

任务 设计单灯双开关的多逻辑 PLC 控制系统

一盏灯两个开关的控制可以采用"与""或""非"3 种逻辑组合形式，通过该项目的实施可使读者初步认识 S7-200 系列 PLC 的硬件连接和软件使用。两个开关 S0、S1 分别对应输入端触点 I0.0 和 I0.1，"与""或""非"3 种逻辑的输出分别驱动 HL1、HL2、HL3 这 3 个指示灯。

（1）I/O 端口分配。I/O 端口分配表如表 1-7 所示。

表 1-7 I/O 端口分配表

输 入 信 号			输 出 信 号		
PLC 地址	电气符号	功能说明	PLC 地址	电气符号	功能说明
I0.0	S1	开关 0，常开触点	Q0.0	HL1	"与"逻辑输出指示灯
I0.1	S2	开关 1，常开触点	Q0.1	HL2	"或"逻辑输出指示灯
			Q0.2	HL3	"非"逻辑输出指示灯

（2）PLC 控制接线图如图 1-33 所示。

（3）控制程序。"与""或""非"3 种逻辑的控制程序如图 1-34、图 1-35 和图 1-36 所示。

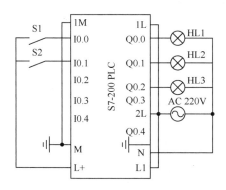

图 1-33　PLC 控制接线图

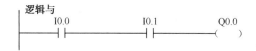

图 1-34　"与"逻辑的控制程序

图 1-35　"或"逻辑的控制程序

图 1-36　"非"逻辑的控制程序

（4）分析与调试。在如图 1-34 所示的"与"逻辑控制程序中，I0.0、I0.1 状态均为 1（S1、S2 闭合）时，Q0.0 有输出（HL1 灯亮）；当 I0.0、I0.1 两者中有任何一个状态为 0（开关断开）时，Q0.0 输出立即为 0（HL1 灯灭）。

在如图 1-35 所示的"或"逻辑控制程序中，I0.0、I0.1 状态有任意一个为 1（开关闭合）时，Q0.1 即有输出（HL2 灯亮）；当 I0.0、I0.1 状态均为 0（开关断开）时，Q0.1 输出为 0（HL2 灯灭）。

在如图 1-36 所示的"非"逻辑控制程序中，I0.0、I0.1 状态均为 0（开关断开）时，Q0.2 有输出（HL3 灯亮）；当 I0.0、I0.1 两者中有任何一个状态为 1（开关闭合）时，Q0.2 输出立即为 0（HL3 灯灭）。

按照 PLC 控制接线图进行接线，在 STEP 7-Micro/WIN 编程软件中输入程序，根据上面的分析进行调试，直到满足系统要求为止。

 思考与练习题

1-1　填空。

（1）PLC 主要由_____、_____、_____和_____组成。

（2）继电器的线圈"断电"时，其常开触点_____，常闭触点_____。

（3）外部输入电路接通时，对应的输入映像寄存器为_____状态，梯形图中对应的常开触点____，常闭触点____。

（4）若梯形图中输出 Q 的线圈"得电"，对应的输出映像寄存器为_____状态。在经输出模块隔离和功率放大后，继电器型输出模块中对应的硬件继电器的线圈_____，其常开触点_____，外部负载_____。

1-2　PLC 的特点是什么？PLC 主要应用在哪些领域？

1-3　输入电路有哪几种形式？输出电路有哪几种形式？各有何特点？

1-4　PLC 的工作原理是什么？工作过程分为哪几个阶段？

1-5　CPU226 的 PLC 内部主要由哪几部分组成？

1-6　梯形图与继电器—接触器控制原理图有哪些相同处和不同处？

1-7　PLC 的工作方式有几种？如何改变 PLC 的工作方式？

1-8　简述可编程控制器的工作过程。

模块 2   PLC 基本指令的应用

项目 1   三相异步电动机的 PLC 单向启、停控制

教学目标

◇ **能力目标**
1. 能根据实际控制要求设计简单的梯形图程序；
2. 能根据实际控制要求设计 PLC 的外围电路。

◇ **知识目标**
1. 学习 PLC 的基本逻辑指令及其应用方法；
2. 掌握启—保—停电路的编程方法。

项目任务

任务 1.1   设计一个单台电动机启、停的 PLC 控制系统
任务 1.2   设计一个单台电动机两地控制的 PLC 控制系统
任务 1.3   采用一个按钮控制两台电动机依次顺序启动

知识链接

2.1   PLC 的编程语言与程序结构

2.1.1   PLC 程序设计语言

在 PLC 中有多种程序设计语言，包括梯形图、语句表、顺序功能流程图、功能块图等。

梯形图和语句表是基本程序设计语言，通常由一系列指令组成，用这些指令可以完成大多数简单的控制功能，如代替继电器、计数器、计时器完成顺序控制和逻辑控制等，通过扩展或增强指令集，它们也能执行其他的基本操作。

供 S7-200 系列 PLC 使用的 STEP 7-Micro/WIN 编程软件支持 SIMATIC 和 IEC 1131-3 两种基本类型的指令集。SIMATIC 是 PLC 专用的指令集，执行速度快，可使用梯形图、语句表、

功能块图等编程语言。IEC 1131-3 是 PLC 编程语言标准，IEC 1131-3 指令集中指令较少，只能使用梯形图和功能块图两种编程语言。SIMATIC 指令集中的某些指令不是 IEC 1131-3 中的标准指令。SIMATIC 指令和 IEC 1131-3 中的标准指令系统并不兼容。本书重点介绍 SIMATIC 指令。

1. 梯形图（LAD）

梯形图是最常用的一种程序设计语言，来源于对继电器逻辑控制系统的描述。在工业过程控制领域，电气技术人员对继电器逻辑控制技术较为熟悉，因此，由这种逻辑控制技术发展而来的梯形图受到了欢迎，并得到了广泛的应用。梯形图与操作原理图相对应，具有直观性和对应性。与原有的继电器逻辑控制技术不同的是，梯形图中的"能流"不是实际意义上的电流，内部的继电器也不是实际存在的继电器，因此，应用时需与原有继电器逻辑控制技术的有关概念区别对待。梯形图指令有触点、线圈和指令块 3 种基本形式。

（1）触点。其基本符号如图 2-1（a）、图 2-1（b）所示。图中的问号代表需要指定的操作数的存储器地址。触点代表输入条件，如外部开关、按钮及内部条件等。触点有常开触点和常闭触点。CPU 运行扫描到触点符号时，到触点操作数指定的存储器位访问（即 CPU 对存储器的读操作）。当位数据（状态）为 1 时，其对应的常开触点接通，常闭触点断开。由此可见，常开触点和存储器位的状态一致，常闭触点表示对存储器位的状态取反。计算机读操作的次数不受限制，在用户程序中，常开触点、常闭触点可以使用无数次。

（2）线圈。其基本符号如图 2-1（c）所示。线圈表示输出结果，即 CPU 对存储器的赋值操作。线圈左侧节点组成的逻辑运算结果为 1 时，"能流"可以到达线圈，使线圈得电动作，CPU 将线圈的操作数指定的存储器的位置 1；逻辑运算结果为 0 时，线圈不通电，存储器的位置 0。即线圈代表 CPU 对存储器的写操作。PLC 采用循环扫描的工作方式，所以在用户程序中，每个线圈只能使用一次。

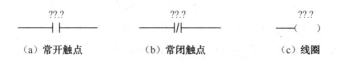

$$\begin{array}{ccc} ??.? & ??.? & ??.? \\ \dashv\ \vdash & \dashv / \vdash & \dashv(\ \ ) \\ \text{（a）常开触点} & \text{（b）常闭触点} & \text{（c）线圈} \end{array}$$

图 2-1　触点和线圈的基本符号

（3）指令块。指令块代表一些较复杂的功能，如定时器、计数器或数学运算指令等。当"能流"通过指令块时，执行指令块所代表的功能。

梯形图按照逻辑关系可分成网络段，分段只是为了阅读和调试方便。在本书部分举例中将网络段标记省去。

2. 语句表（STL）

语句表是用布尔助记符来描述程序的一种程序设计语言。语句表与计算机中的汇编语言非常相似。语句表是由助记符和操作数构成的，采用助记符来表示操作功能，操作数是指定的存储器的地址。用编程软件可以将语句表与梯形图相互转换。在梯形图编辑器下录入的梯形图程序，选择菜单"查看"→"STL"命令，就可将梯形图转换成语句表。反之，也可将语句表转换成梯形图。例如，将图 2-2（a）所示的梯形图转换为图 2-2（b）所示的语句表。

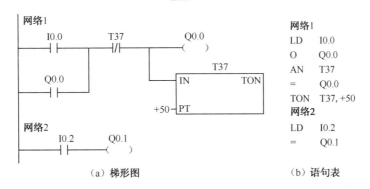

（a）梯形图　　　　　　　　　　　（b）语句表

图 2-2   梯形图与语句表的相互转换

3. 顺序功能流程图（SFC）

顺序功能流程图是近年来发展起来的。采用顺序功能流程图进行程序设计，控制系统被分为若干个子系统，每个子系统都具有明确的功能含义，便于设计人员和操作人员进行设计思路的沟通，便于进行程序的分工设计和检查调试。顺序功能流程图的主要元素是步、转移、转移条件和动作，如图 2-3 所示。顺序功能流程图的特点如下。

（1）以功能为主线，条理清楚，便于对程序操作的理解和沟通。

（2）对大型程序可分工设计，采用较为灵活的程序结构，可节省程序设计时间和调试时间。

（3）常用于系统规模较大、程序关系较复杂的场合。

（4）只有在活动步的命令和操作被执行后，才对活动步后的转换进行扫描，因此，整个程序的扫描时间大大缩短。

4. 功能块图（FBD）

功能块图采用逻辑门电路编程语言，有数字电路基础知识的人很容易掌握。功能块图指令由输入、输出段及逻辑关系函数组成。用 STEP 7-Micro/Win 编程软件将图 2-2（a）所示的梯形图转换为功能块图，如图 2-4 所示。方框的左侧为逻辑运算的输入变量，右侧为输出变量，输入、输出端的小圆圈表示"非"运算，信号自左向右流动。

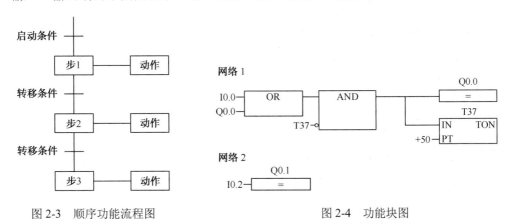

图 2-3   顺序功能流程图

图 2-4   功能块图

2.1.2　S7-200 PLC 的程序结构

一个系统的控制功能是由用户程序决定的。为了完成特定的控制任务，需要编写用户程序，使得 PLC 能以循环扫描的方式执行用户程序。为了适应用户的不同设计需求，STEP 7-Micro/WIN 软件为用户提供了 3 种程序设计方法，其程序结构分别为线性化编程、分部式编程和结构化编程。

1. 程序结构

（1）线性化编程。所谓线性化编程就是将用户程序连续放置在一个指令块内，这个指令块在 SIMATIC 的 PLC 中，通常称为组织块 OB1。CPU 周期性地扫描 OB1，使用户程序在 OB1 内顺序执行每条指令。由于线性化编程将全部指令放在一个指令块中，它的程序结构具有简单、直接的特点，适合由一个人编写用户程序。S7-200 PLC 采用的就是线性化编程方法。

（2）分部式编程。所谓分部式编程就是将一项控制任务分成若干个指令块，每个指令块用于控制一套设备或者完成一部分工作。每个指令块的工作内容与其他指令块的工作内容无关，一般没有子程序的调用，这些指令块的运行是通过组织块 OB1 内的指令来调用的。

（3）结构化编程。所谓结构化编程，就是在处理复杂自动化控制任务的过程中，为了使任务更易于控制，常把过程要求类似或相关的功能进行分类，分割为可用于几个任务的通用解决方案的小任务，这些小任务以相应的程序段表示。OB1 通过调用这些程序块来完成整个自动化控制任务。结构化编程的特点是每个块在 OB1 中可能会被多次调用。

2. S7-200 PLC 的程序结构

S7-200 PLC 的程序结构属于线性化编程，一般由 3 部分构成：用户程序、数据块和参数块。

（1）用户程序。一个完整的用户程序一般由一个主程序、若干个子程序和若干个中断程序组成。对于线性化编程，主程序应安排在程序的最前面，后面为子程序和中断程序。

① 主程序。主程序是程序的主体，每个项目都必须有并且只能有一个主程序。在主程序中可以调用子程序和中断程序。主程序通过指令控制整个应用程序的执行，每次 CPU 扫描都要执行一次主程序。STEP 7-Micro/WIN 的程序编辑器窗口下部的标签用来选择不同的程序，因为各个程序已被分开。

② 子程序。子程序是一个可选的指令的集合，仅在被其他程序调用时执行。同一子程序可以在不同的地方被多次调用，使用子程序可以简化程序代码和减少扫描时间。设计得好的子程序容易移植到别的项目中去。

③ 中断程序。中断程序也是一个可选的指令的集合，中断程序不是被主程序调用，而是在中断事件发生时由 PLC 的操作系统调用。中断程序用来处理预先规定的中断事件，因为不能预知何时会出现中断事件，所以不允许中断程序改写可能在其他程序中使用的存储器。

如果用 STEP 7-Micro/WIN 编程，可以用两种方法组织程序结构。一种方法是利用编程软件的程序编辑器窗口，分别单击主程序、子程序和中断程序的图标，即可进入各个程序块的编程窗口，编译时编程软件自动对各个程序块进行连接。另一种方法是只进入主程序窗口，将主程序、子程序和中断程序按顺序依次安排在主程序窗口中。

（2）数据块。S7-200 PLC 中的数据块，一般称为 DB1，主要用来存放用户程序运行所需的数据。在数据块中允许存放的数据类型有布尔型、十进制、二进制或十六进制、字母、数字和字符型。

（3）参数块。在 S7-200 PLC 中，参数块中存放的是 CPU 组态数据，如果在编程软件或其他编程工具上未进行 CPU 的组态，则系统以默认值进行自动配置。

2.2　S7-200 PLC 的内部元件

2.2.1　数据存储类型

1. 数据的长度

在计算机中使用的都是二进制数，其最基本的存储单位是位（bit），如图 2-5 中的 I3.2。8 位二进制数组成 1 字节（Byte），如图 2-5 中的 I3，其中第 0 位为最低位（LSB），第 7 位为最高位（MSB），2 字节（16 位）组成 1 字（Word），2 字（32 位）组成 1 个双字（Double Word），如图 2-6 所示。

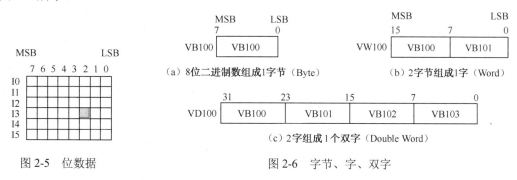

图 2-5　位数据　　　　图 2-6　字节、字、双字

二进制数的"位"只有 0 和 1 两种取值，开关量（或数字量）也只有两种不同的状态，如触点的断开和接通，线圈的失电和得电等。在 S7-200 PLC 的梯形图中，可用"位"描述它们。如果该位为 1，则表示对应的线圈为得电状态，触点为转换状态（常开触点闭合、常闭触点断开）；如果该位为 0，则表示对应线圈、触点的状态与上述状态相反。在数据长度为字或双字时，起始字节均放在高位上。

2. 基本数据类型及数据范围

基本数据类型及数据范围如表 2-1 所示。

3. 常数

S7-200 PLC 的许多指令中会使用常数。常数的数据长度可以是字节、字和双字。CPU 以二进制的形式存储常数，书写常数可以用二进制数、十进制数、十六进制数、ASCII 码或实数等多种形式。书写格式如下：

十进制常数：1234；十六进制常数：16#3AC6；二进制常数：2#1010 0001 11100000；ASCII 码："Show"；实数（浮点数）：+1.175495E-38（正数），-1.175495E-38（负数）。

表 2-1　基本数据类型及数据范围

基本数据类型		位　数	说　　明
布尔型 BOOL		1	位范围：0，1
无符号整数	字节型 BYTE	8	字节范围：0~255
	字型 WORD	16	字范围：0~65535
	双字型 DOUBLE WORD	32	双字范围：0~（$2^{31}-1$）
有符号整数	字节型 BYTE	8	字节范围：−128~+127
	整数型 INT	16	整数范围：−32768~+32767
	双整数型 DINT	32	双整数范围：-2^{31}~（$2^{31}-1$）
实数型 REAL		32	实数范围：IEEE 浮点数

2.2.2　编址方式

　　PLC 的编址就是对 PLC 内部的元件进行编码，以便程序执行时可以唯一地识别每个元件。PLC 在数据存储区为每一种元件分配了一个存储区域，并用字母作为区域标识符，同时表示元件的类型。例如，数字量输入映像寄存器（区域标识符为 I），数字量输出映像寄存器（区域标识符为 Q），模拟量输入映像寄存器（区域标识符为 AI），模拟量输出映像寄存器（区域标识符为 AQ）。除了输入、输出映像寄存器，PLC 还有其他元件，V 表示变量存储器、M 表示内部标志位存储器、SM 表示特殊标志位存储器、L 表示局部存储器、T 表示定时器、C 表示计数器、HC 表示高速计数器、S 表示顺序控制继电器、AC 表示累加器。掌握各元件的功能和使用方法是编程的基础。

　　存储器的单位可以是位（bit）、字节（Byte）、字（Word）、双字（Double Word），那么编址方式也可以分为位、字节、字、双字编址。

1. 位编址

　　位编址的指定方式：（区域标识符）字节号.位号，如 I0.0、Q0.2、I3.2。

2. 字节编址

　　字节编址的指定方式：（区域标识符）B（字节号），如 IB0 表示由 I0.0~I0.7 这 8 位组成的字节。

3. 字编址

　　字编址的指定方式：（区域标识符）W（起始字节号），且最高有效字节为起始字节。例如，VW0 表示由 VB0 和 VB1 这两字节组成的字。

4. 双字编址

　　双字编址的指定方式：（区域标识符）D（起始字节号），且最高有效字节为起始字节。例如，VD0 表示由 VB0~VB3 这 4 字节组成的双字。

2.2.3　寻址方式

1. 直接寻址

直接寻址是指在指令中使用存储器或寄存器的名称（区域标识符）和地址编号，直接到指定位区域读取或写入数据。有按位、字节、字、双字的寻址方式，如图 2-7 所示。

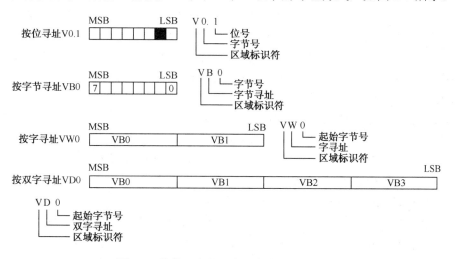

图 2-7　按位、字节、字、双字的寻址方式

2. 间接寻址

间接寻址时，操作数并不直接提供数据位置，而是使用地址指针来存取存储器中的数据。在 S7-200 PLC 中，允许使用指针对 I、Q、M、V、S、T、C（仅当前值）存储区进行间接寻址。

（1）间接寻址前，要先创建一个指向该位置的指针。指针为双字（32 位），存放的是另一个存储器的地址，只能用 V、L 或累加器 AC 做指针。生成指针时，要使用双字传送指令（MOVD），将数据所在单元的内存地址送入指针，双字传送指令的输入操作数开始处加 "&" 符号，表示某存储器的地址，而不是存储器内部的值。指令的输出操作数是指针地址。例如，MOVD &VB200,AC1 指令就是将 VB200 地址送入累加器 AC1 中。

（2）指针建立好后，利用指针存取数据。在使用地址指针存取数据的指令中，操作数前加 "*" 号表示该操作数为地址指针。例如，MOVW *AC1,AC0 中的 MOVW 表示字传送指令，将 AC1 中内容为起始地址的一个字长的数据（即 VB200、VB201 中数据）送入 AC0 中，如图 2-8 所示。

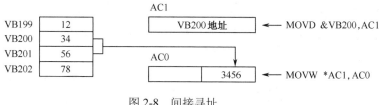

图 2-8　间接寻址

2.2.4 元件功能及地址分配

1. 输入映像寄存器 I（输入继电器）

1）输入映像寄存器的工作原理

在每次扫描周期的开始，CPU 对 PLC 的实际输入端进行采样，并将采样值写入输入映像寄存器中。可以形象地将输入映像寄存器比作输入继电器，每一个"输入继电器"线圈都与相应的 PLC 输入端相连（如输入继电器 I0.0 的线圈与 PLC 的输入端子 0.0 相连），当外部开关信号闭合时，输入继电器的线圈得电，将"1"写入对应的输入映像寄存器的位，在程序中其对应的常开触点闭合，常闭触点断开。由于存储单元可以无限次地读取，所以有无数对常开、常闭触点供编程时使用。

编程时应注意，输入继电器的线圈只能由外部信号来驱动，即输入映像寄存器的值只能由外部的输入信号来改写，不能在程序内部用指令来驱动，因此，在用户编制的梯形图中只应出现"输入继电器"的触点，而不应出现"输入继电器"的线圈。

2）输入映像寄存器的地址分配

S7-200 PLC 输入映像寄存器区域有 IB0~IB15 共 16 字节的存储单元。系统对输入映像寄存器是以字节（8 位）为单位进行地址分配的。输入映像寄存器可以按位进行操作，每一位对应一个数字量的输入点。如 CPU224 的基本单元输入为 14 点，需占用 2×8=16 位，即占用 IB0 和 IB1 两个字节。而 I1.6、I1.7 因没有实际输入而未使用，用户程序中不可使用。但如果整个字节未使用，如 IB3~IB15，则可作为内部标志位使用。

输入继电器可按位、字节、字或双字来存取。输入继电器位存取的地址编号范围为 I0.0~I15.7。

2. 输出映像寄存器 Q（输出继电器）

1）输出映像寄存器的工作原理

在每次扫描周期的结尾，CPU 用输出映像寄存器中的数值驱动 PLC 输出端上的负载。可以将输出映像寄存器形象地比作输出继电器，每一个"输出继电器"线圈都与相应的 PLC 输出端相连，并有无数对常开和常闭触点供编程时使用。除此之外，还有一对常开触点与相应的 PLC 输出端相连（如输出继电器 Q0.0 有一对常开触点与 PLC 输出端子 0.0 相连）用于驱动负载。输出继电器线圈的通断状态只能在程序内部用指令驱动。

2）输出映像寄存器的地址分配

S7-200 PLC 输出映像寄存器区域有 QB0~QB15 共 16 字节的存储单元。系统对输出映像寄存器也是以字节（8 位）为单位进行地址分配的。输出映像寄存器可以按位进行操作，每一位对应一个数字量的输出点。如 CPU224 的基本单元输出为 10 点，需占用 2×8=16 位，即占用 QB0 和 QB1 两个字节。未使用的位和字节均可在用户程序中作为内部标志位使用。

输出继电器可按位、字节、字或双字来存取。输出继电器位存取的地址编号范围为 Q0.0~Q15.7。

以上介绍的输入映像寄存器、输出映像寄存器和输入、输出设备是有联系的，因而是 PLC 与外部联系的窗口。下面要介绍的存储器则是与外部设备没有联系的，它们既不能用来接收输入信号，也不能用来驱动外部负载，只在编程时使用。

3．变量存储器 V

变量存储器主要用于存储变量，可以存放数据运算的中间运算结果或设置参数，在进行数据处理时，经常使用变量存储器。变量存储器可以按位寻址，也可以字节、字、双字为单位寻址，其位存取的地址编号范围根据 CPU 的型号有所不同，CPU221/222 为 V0.0~V2047.7 共 2KB 存储容量，CPU224/226 为 V0.0~V5119.7 共 5KB 存储容量。

4．内部标志位存储器（中间继电器）M

内部标志位存储器用来保存中间操作状态和控制信息，其作用相当于继电器控制的中间继电器。内部标志位存储器在 PLC 中没有输入/输出端与之对应，其线圈的通断状态只能在程序内部用指令驱动，其触点不能直接驱动外部负载，只能在程序内部驱动输出继电器的线圈，再用输出继电器的触点去驱动外部负载。如果在 STEP 7-Micro/WIN 中定义内部标志位存储器 M 状态为"保持"，则当 CPU 掉电时，其前 14 个字节（MB0~MB13）会完整地保存到 EEPROM 中，开机时 CPU 会从 EEPROM 中恢复数据到 RAM 中的内部标志位存储器 M 中。

内部标志位存储器可按位、字节、字或双字来存取。其位存取的地址编号范围为 M0.0~M31.7 共 32 字节。

5．特殊标志位存储器 SM

PLC 中还有若干特殊标志位存储器，特殊标志位存储器提供大量的状态和控制功能，用来在 CPU 和用户程序之间交换信息，特殊标志位存储器能按位、字节、字或双字来存取，CPU224 的 SM 的位存取地址编号范围为 SM0.0~SM179.7，共 180 字节，其中 SM0.0~SM29.7 的 30 字节为只读型区域。

常用的特殊标志位存储器的用途如下。

SM0.0：运行监视。当 PLC 运行时，SM0.0 始终为"1"状态，利用其触点驱动输出继电器，在外部显示程序是否处于运行状态。

SM0.1：初始化脉冲。当 PLC 程序开始运行时，SM0.1 线圈接通一个扫描周期，其他时间断开，因此 SM0.1 的触点常用于调用初始化程序。

SM0.3：开机进入 RUN 状态时，接通一个扫描周期，可用在启动操作之前，给设备提前预热。

SM0.4、SM0.5：占空比为 50%的时钟脉冲。当 PLC 处于运行状态时，SM0.4 产生周期为 1min 的时钟脉冲，SM0.5 产生周期为 1s 的时钟脉冲。若将时钟脉冲信号送入计数器作为计数信号，可起到定时器的作用。

SM0.6：扫描时钟，一个扫描周期为 ON，另一个为 OFF，循环交替。

SM0.7：工作方式开关位置指示，开关放置在 RUN 位置时为 1，开关放置在 TERM 位置时为 0。

SM1.0：零标志位，运算结果为 0 时，该位置 1。

SM1.1：溢出标志位，运算结果溢出或为非法值时，该位置 1。

SM1.2：负数标志位，运算结果为负数时，该位置 1。

SM1.3：被 0 除标志位。

其他特殊标志位存储器的用途可查阅相关手册。

6. 局部存储器 L

局部存储器用来存放局部变量。局部存储器和变量存储器十分相似，主要区别在于全局变量是全局有效的，即同一个变量可以被任何程序（主程序、子程序和中断程序）访问。而局部变量只是局部有效的，即变量只和特定的程序相关联。局部存储器 L 也可以作为地址指针。

S7-200 PLC 有 64 字节的局部存储器，其中前 60 字节可以作为暂时存储器，或给子程序传递参数，后 4 字节作为系统的保留字节。PLC 在运行时，根据需要动态地分配局部存储器，在执行主程序时，将 64 字节的局部存储器分配给主程序；当调用子程序或出现中断时，将局部存储器分配给子程序或中断程序。

局部存储器可以按位、字节、字、双字直接寻址，其位存取的地址编号范围为L0.0~L63.7。

7. 定时器 T

PLC 所提供的定时器的作用相当于继电器控制系统中的时间继电器。每个定时器可提供无数对常开和常闭触点供编程时使用。其设定时间由程序设置。

每个定时器有一个 16 位的当前值寄存器，用于存储定时器累积的时基增量值（1~32767），另有一个状态位表示定时器的状态。若当前值寄存器累积的时基增量值大于等于预设值，则定时器的状态位被 1，该定时器的常开触点闭合。

定时器的定时精度有 1ms、10ms 和 100ms 3 种，CPU222、CPU224 和 CPU226 的定时器地址编号范围为 T0~T255，它们的分辨率、定时范围并不相同，用户应根据所用 CPU 型号及时基正确选用定时器的地址编号。

8. 计数器 C

计数器用于累积计数输入端接收到的从断开到接通的脉冲个数。计数器可提供无数对常开和常闭触点供编程时使用。其预设值由程序设置。

计数器的结构与定时器基本相同，每个计数器有一个 16 位的当前值寄存器用于存储计数器累积的脉冲数，另有一个状态位表示计数器的状态。若当前值寄存器累积的脉冲数大于等于预设值，则计数器的状态位被置 1，该计数器的常开触点闭合。计数器的地址编号范围为C0~C255。

9. 高速计数器 HC

一般计数器的计数频率受扫描周期的影响，不能太高。而高速计数器可用来累积比 CPU 的扫描速度更快的事件。高速计数器的当前值是一个双字长（32 位）的整数，且为只读值。高速计数器的地址编号范围根据 CPU 的型号有所不同，CPU221/222 各有 4 个高速计数器；CPU224/226 各有 6 个高速计数器，地址编号范围为 HC0~HC5。

10. 累加器 AC

累加器是用来暂存数据的寄存器，它可以用来存放运算数据、中间数据和结果。CPU 提供了 4 个 32 位的累加器，其地址编号范围为 AC0~AC3。累加器的可用长度为 32 位，可采用字节、字、双字的存取方式，按字节、字只能存取累加器的低 8 位或低 16 位，双字可以存取累加器的全部 32 位。

11. 顺序控制继电器 S（状态元件）

顺序控制继电器是使用步进顺序控制指令编程时的重要状态元件，通常与步进指令一起使用以实现顺序功能流程图的编程。顺序控制继电器的地址编号范围为 S0.0~S31.7。

12. 模拟量输入/输出映像寄存器（AI/AQ）

S7-200 PLC 的模拟量输入电路将外部输入的模拟量信号转换成 1 字长的数字量存入模拟量输入映像寄存器区域，区域标识符为 AI。

模拟量输出电路将模拟量输出映像寄存器区域的 1 字长（16 位）的数值转换为模拟电流或电压输出，区域标识符为 AQ。

PLC 内的数字量字长为 16 位，即 2 字节，故其地址均以偶数表示，如 AIW0、AIW2、AQW0、AQW2。

模拟量输入/输出是以 2 字（W）为单位分配地址的，每路模拟量输入/输出占用 1 字（2 字节）。如有 3 路模拟量输入，需分配 4 字（AIW0、AIW2、AIW4、AIW6），其中没有被使用的字 AIW6，不可被占用或分配给后续模块。如果有 1 路模拟量输出，需分配 2 字（AQW0、AQW2），其中没有被使用的字 AQW2，不可被占用或分配给后续模块。

模拟量输入/输出映像寄存器的地址编号范围根据 CPU 型号的不同有所不同，CPU222 为 AIW0~AIW30/AQW0~AQW30，CPU224/226 为 AIW0~AIW62/AQW0~AQW62。

2.3　基本位逻辑指令及应用

位操作指令是以"位"为操作数地址的 PLC 常用基本指令。梯形图指令包括触点和线圈，触点又分常开触点和常闭触点两种形式；语句表指令有与、或、输出等逻辑关系。位操作指令能够实现基本的位逻辑运算和控制。

1. 逻辑取（装载）及线圈驱动指令（LD/LDN）

1）指令功能

LD（Load）：常开触点逻辑运算的开始。对应梯形图则为在左侧母线或线路分支点处初始装载一个常开触点。

LDN（Load not）：常闭触点逻辑运算的开始（即对操作数的状态取反）。对应梯形图则为在左侧母线或线路分支点处初始装载一个常闭触点。

=（OUT）：输出指令，表示对存储器赋值，对应梯形图则为线圈驱动。对同一元件只能使用一次。

2）指令格式（如图 2-9 所示）

说明：

（1）触点代表 CPU 对存储器的读操作。常开触点和存储器的位状态一致，常闭触点和存储器的位状态相反。用户程序中同一触点可使用无数次。

例如，存储器 I0.0 的状态为 1，则对应的常开触点 I0.0 接通，表示能流可以通过；而对应的常闭触点 I0.0 断开，表示能流不能通过。存储器 I0.0 的状态为 0，则对应的常开触点 I0.0 断开，表示能流不能通过；而对应的常闭触点 I0.0 接通，表示能流可以通过。

（2）线圈代表 CPU 对存储器的写操作。若线圈左侧的逻辑运算结果为 1，表示能流能够到达线圈，CPU 将该线圈操作数指定的存储器的位置 1。若线圈左侧的逻辑运算结果为 0，表示能流不能到达线圈，CPU 将该线圈操作数指定的存储器的位置 0。用户程序中，同一操作数的线圈只能使用一次。

3）LD/LDN 指令和=指令使用说明

（1）LD/LDN 指令用于与输入公共母线（输入母线）相连的节点，也可与 OLD、ALD 指令配合用于分支回路的开头。

（2）=指令用于 Q、M、SM、T、C、V、S，但不能用于输入映像寄存器 I。输出端不带负载时，控制线圈应尽量使用 M 或其他，而不用 Q。

（3）可以并联使用任意次，但不能串联使用，如图 2-10 所示。

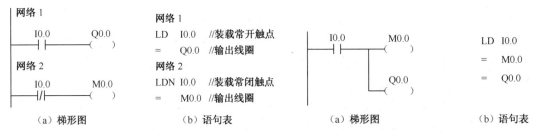

图 2-9　LD/LDN 和=指令格式　　　　图 2-10　输出指令的使用

（4）LD/LDN 指令的操作数：I、Q、M、SM、T、C、V、S。

（5）=（OUT）指令的操作数：Q、M、SM、T、C、V、S。

2. 触点串联指令（A/AN）

1）指令功能

A（And）：与操作，在梯形图中表示串联单个常开触点。

AN（And not）：与非操作，在梯形图中表示串联单个常闭触点。

2）指令格式（如图 2-11 所示）

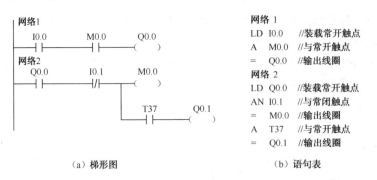

（a）梯形图　　　　　　　　　　　　（b）语句表

图 2-11　A/AN 指令格式

3）A/AN 指令使用说明

（1）A/AN 是单个触点串联指令，可连续使用，如图 2-12 所示。

（2）若要串联多个触点组合回路，必须使用 ALD 指令，如图 2-13 所示。

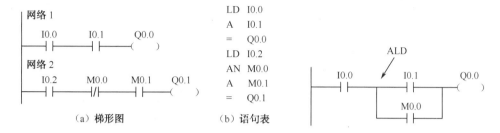

图 2-12　单个触点串联指令　　　　　　　　图 2-13　ALD 指令的使用

（3）若按正确次序编程（即输入：左重右轻、上重下轻；输出：上轻下重），可以反复使用=指令，如图 2-14 所示。但若按图 2-15 所示的次序编程，就不能连续使用=指令。

（4）A/AN 指令的操作数：I、Q、M、SM、T、C、V、S。

图 2-14　可反复使用=指令　　　　　　　　图 2-15　不能连续使用=指令

3. 触点并联指令（O/ON）

1）指令功能

O：或操作，在梯形图中表示并联一个常开触点。

ON：或非操作，在梯形图中表示并联一个常闭触点。

2）指令格式（如图 2-16 所示）

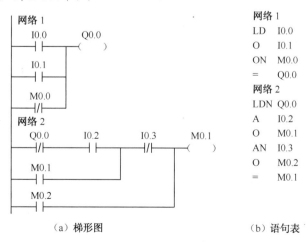

图 2-16　O/ON 指令格式

3）O/ON 指令使用说明

（1）O/ON 指令可作为并联一个触点指令，紧接在 LD/LDN 指令之后使用，即对其前面 LD/LDN 指令所规定的触点并联一个触点，可以连续使用。

（2）若要并联有两个以上触点的串联回路，则需采用 OLD 指令。

（3）O/ON 指令的操作数：I、Q、M、SM、V、S、T、C。

4. 电路块的串联指令（ALD）

1）指令功能

ALD（And Load）：块与操作，用于串联由多个并联电路组成的电路块。

2）指令格式（如图 2-17 所示）

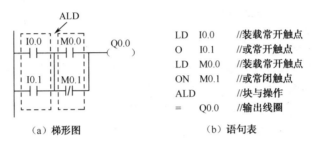

| （a）梯形图 | （b）语句表 |

图 2-17　ALD 指令格式

3）ALD 指令使用说明

（1）并联电路块与前面电路串联时，使用 ALD 指令。分支的起点用 LD/LDN 指令，并联结束后使用 ALD 指令与前面电路块串联。

（2）可以顺次使用 ALD 指令串联多个并联电路块，支路数量没有限制，如图 2-18 所示。

（3）ALD 指令无操作数。

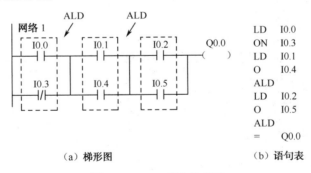

（a）梯形图　　　　　　　　　（b）语句表

图 2-18　ALD 指令的使用

5. 电路块的并联指令（OLD）

1）指令功能

OLD（Or Load）：块或操作，用于并联由多个串联电路组成的电路块。

2）指令格式（如图 2-19 所示）

3）OLD 指令使用说明

（1）并联几个串联支路时，其支路的起点以 LD、LDN 指令开始，串联结束后使用 OLD 指令。

（2）可以顺次使用 OLD 指令并联多个串联电路块，支路数量没有限制。

（3）OLD 指令无操作数。

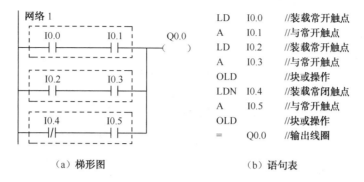

（a）梯形图　　　　　　　　　　　　（b）语句表

图 2-19　OLD 指令格式

6. 堆栈操作指令

S7-200 系列 PLC 采用模拟栈的结构，用于保存逻辑运算结果及断点的地址，称为逻辑堆栈。S7-200 系列 PLC 中有一个 9 层的堆栈。在此讨论有断点保护功能的堆栈操作指令。

1）指令功能

堆栈操作指令用于处理线路的分支点。在编制控制程序时，经常遇到多个分支电路同时受一个或一组触点控制的情况，如图 2-20 所示。若采用前述指令不容易编写程序，用堆栈操作指令则可方便地将梯形图转换为语句表。

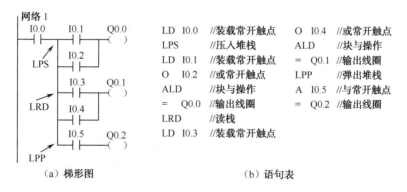

（a）梯形图　　　　　　　　　　　　（b）语句表

图 2-20　堆栈操作指令的使用

逻辑入栈指令（Logic Push，LPS）：LPS 指令把栈顶值复制后压入堆栈，栈中原来数据依次下移一层，栈底值压出丢失。

逻辑读栈指令（Logic Read，LRD）：LRD 指令把堆栈第 2 层的值复制到栈顶，第 2~9 层数据不变，堆栈没有压入和弹出，但原栈顶的值丢失。

逻辑出栈指令（Logic Pop，LPP）：LPP 指令把堆栈弹出一层，原第 2 层的值变为新的栈顶值，原栈顶数据从栈内丢失。

LPS、LRD、LPP 指令的操作过程如图 2-21 所示，图中 iv*x*（*x*=0~8）为存储在栈区的断点的地址。

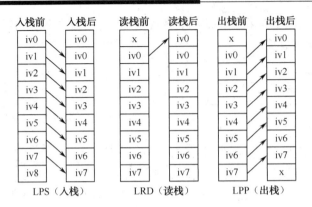

| 入栈前 | 入栈后 | 读栈前 | 读栈后 | 出栈前 | 出栈后 |

图 2-21　堆栈操作过程示意图

2）指令格式（见图 2-20）

3）指令使用说明

（1）堆栈操作指令可以嵌套使用，最多嵌套 9 层。

（2）为保证程序地址指针不发生错误，LPS 指令和 LPP 指令必须成对使用，最后一次读栈操作应使用 LPP 指令。

（3）堆栈操作指令没有操作数。

7. 置位与复位指令（S、R）

执行 S（Set，置位或置 1）与 R（Reset，复位或置 0）指令时，从指定位地址开始的 N 个点的映像寄存器都被置位（变为 1）或复位（变为 0），并保持该状态。指令使用说明如下。

（1）对同一元件（同一寄存器的位）可以多次使用 S/R 指令（与=指令不同）。

（2）由于 PLC 采用扫描工作方式，当置位、复位指令同时有效时，写在后面的指令具有优先权。

（3）操作数 N 为 VB、IB、QB、MB、SMB、SB、LB、AC、常量、*VD、*AC、*LD，取值范围为 0~255。数据类型为字节型。

（4）操作数 S-bit 为 Q、M、SM、T、C、V、S、L。数据类型为布尔型。

（5）置位/复位指令通常成对使用，也可以单独使用或与指令块配合使用。

其指令格式及功能如表 2-2 所示，应用举例及时序分析如图 2-22 所示。

表 2-2　S/R 指令格式及功能

指 令 名 称	LAD	STL	功　能
置位指令 S	S-bit —(S) N	S　bit, N	使能输入有效时，从指定 bit 地址开始的 N 个位置 1 并保持
复位指令 R	S-bit —(R) N	R　bit, N	使能输入有效时，从指定 bit 地址开始的 N 个位置 0 并保持

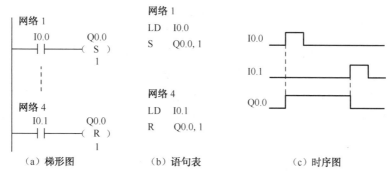

（a）梯形图　　　　（b）语句表　　　　（c）时序图

图 2-22　S/R 指令应用举例及时序分析

8. RS/SR 指令

RS/SR 指令具有置位与复位双重功能。置位优先触发器 SR 是一个置位优先的锁存器，如果置位信号（S1）和复位信号（R）同时为真，则输出为真。复位优先触发器 RS 是一个复位优先的锁存器，如果置位信号（S）和复位信号（R1）同时为真，则输出为假。

其指令格式及功能如表 2-3 所示，应用举例及时序分析如图 2-23 所示。

表 2-3　RS/SR 指令格式及功能

指令名称	LAD	功能			说　明		
置位优先触发器指令 SR	Bit S1 OUT SR R	S1	R	输出（Bit）	输入/输出	数据类型	操作数
		0	0	保持前一状态			
		0	1	0	S1、R	BOOL	I、Q、V、M、SM、S、T、C
		1	0	1			
		1	1	1			
复位优先触发器指令 RS	Bit S OUT RS R1	S	R1	输出（Bit）	S、R1	BOOL	I、Q、V、M、SM、S、T、C
		0	0	保持前一状态			
		0	1	0	Bit	BOOL	I、Q、V、M、S
		1	0	1			
		1	1	0			

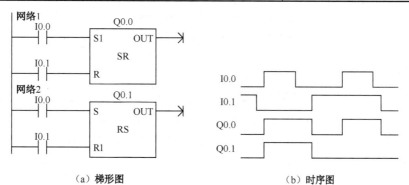

（a）梯形图　　　　　　　（b）时序图

图 2-23　RS/SR 指令举例及时序分析

9. 正/负跳变指令

正跳变触点检测到一次正跳变（触点的输入信号由 0 变为 1 即上升沿脉冲）时，或负跳变触点检测到一次负跳变（触点的输入信号由 1 变为 0 即下降沿脉冲）时，触点接通一个扫描周期。正/负跳变指令的助记符分别为 EU（上升沿）和 ED（下降沿），它们没有操作数，触点符号中间的"P"和"N"分别表示正跳变和负跳变。其指令格式及功能如表 2-4 所示，应用举例及时序分析如图 2-24 所示。

表 2-4 正/负跳变指令格式及功能

指令名称	LAD	STL	功　能
正跳变指令	─┤ P ├─	EU	当检测到 EU 指令前的逻辑运算结果中有一个上升沿时，产生一个宽度为一个扫描周期的脉冲
负跳变指令	─┤ N ├─	ED	当检测到 ED 指令前的逻辑运算结果中有一个下降沿时，产生一个宽度为一个扫描周期的脉冲

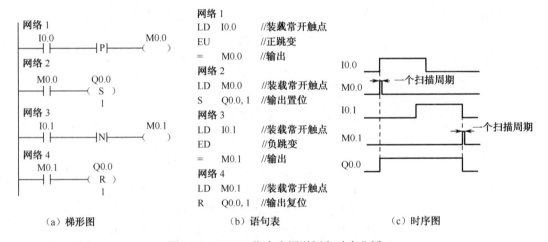

（a）梯形图　　　　　　（b）语句表　　　　　　（c）时序图

图 2-24 EU/ED 指令应用举例和时序分析

对图 2-24 所示的程序运行结果分析如下。

在 I0.0 的上升沿，经触点（EU）产生一个扫描周期的时钟脉冲，驱动输出线圈 M0.0 导通一个扫描周期，M0.0 的常开触点闭合一个扫描周期，使输出线圈 Q0.0 置 1，并保持。

在 I0.1 的下降沿，经触点（ED）产生一个扫描周期的时钟脉冲，驱动输出线圈 M0.1 导通一个扫描周期，M0.1 的常开触点闭合一个扫描周期，使输出线圈 Q0.0 复位为 0，并保持。

10. 取反指令（NOT）

取反触点将它左边电路的逻辑运算结果取反，运算结果若为 1 则变为 0，为 0 则变为 1，该指令没有操作数。能流到达该触点即停止，若能流未到达该触点，则该触点给右侧供给能流。NOT 指令将堆栈顶部的值由 0 改为 1，或由 1 改为 0。其梯形图指令格式是 ─┤NOT├─，应用举例及时序分析如图 2-25 所示。

（a）梯形图	（b）语句表	（c）时序图

图 2-25　取反指令应用举例和时序分析

11. 空操作指令

空操作指令只起增加程序容量的作用。当使能输入有效时，执行空操作指令，将稍微延长扫描周期长度，不影响用户程序的执行，不会使能流断开。操作数 N=0~255，为执行该操作指令的次数。其梯形图指令格式是 $\overset{N}{\underset{}{-(NOP)-}}$。

 项目实施

任务 1.1　设计一个单台电动机启、停的 PLC 控制系统

如图 2-26 所示是一个用继电器—接触器控制的三相异步电动机单向启、停控制电路，其特点是：当按下启动按钮时，电动机启动并连续运转；当按下停止按钮时，电动机停止运行。该电路采用了热继电器 FR 作为电动机 M 的过载保护。现在要求用 PLC 设计控制线路，可按下述步骤进行。

- 方案一

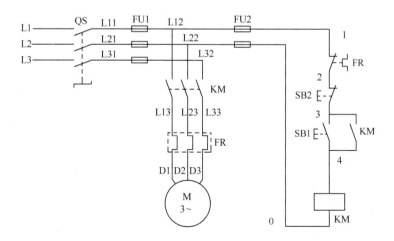

图 2-26　三相异步电动机单向启、停控制电路

（1）I/O 端口分配。根据控制要求，I/O 端口分配情况如表 2-5 所示。

表 2-5　I/O 端口分配情况

输 入 信 号			输 出 信 号		
PLC 地址	电气符号	功能说明	PLC 地址	电气符号	功能说明
I0.0	SB1	启动按钮，常开触点	Q0.0	KM	接触器线圈
I0.1	SB2	停止按钮，常开触点			
I0.2	FR	热继电器动断触点			

（2）三相异步电动机单向启、停的 PLC 外部接线图如图 2-27 所示。

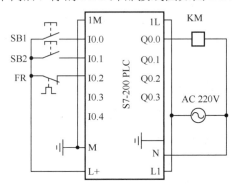

图 2-27　三相异步电动机单向启、停的 PLC 外部接线图

（3）程序设计。三相异步电动机单向启、停的 PLC 控制电路程序及时序分析如图 2-28 所示。

电动机启动、保持和停止电路简称启—保—停电路，其对应的 PLC 外部接线图如图 2-27 所示，启动、停止按钮 SB1 和 SB2 分别接在输入端 I0.0 和 I0.1，负载接在输出端 Q0.0，因此输入映像寄存器 I0.0 的状态与启动按钮 SB1（常开按钮）的状态相对应，输入映像寄存器 I0.1 的状态与停止按钮 SB2（常开按钮）的状态相对应。而程序运行结果写入输出映像寄存器 Q0.0，并通过输出电路控制接触器线圈 KM。图中的启动信号 I0.0 和停止信号 I0.1 是由启动按钮和停止按钮提供的，持续 ON 的时间一般都很短，这种信号称为短信号。启—保—停电路最主要的特点是具有"记忆"功能，按下启动按钮，I0.0 的常开触点接通，如果这时未按停止按钮，I0.1 的常闭触点接通，热继电器不动作，I0.2 的常闭触点闭合，Q0.0 的线圈通电，它的常开触点同时接通。松开启动按钮，I0.0 已闭合触点断开，能流经 Q0.0 已闭合触点、I0.1 的常闭触点和 I0.2 的常闭触点流过 Q0.0 的线圈，Q0.0 仍为 ON，这就是所谓的"自锁"或"自保持"功能。按下停止按钮，I0.1 的常闭触点断开，使 Q0.0 的线圈断电，其已闭合的常开触点断开，以后即使松开停止按钮，I0.1 的常闭触点恢复接通状态，Q0.0 的线圈仍然"断电"，使线圈 KM"断电"，电动机停转。电动机过载时，I0.2 的常闭触点断开，使 Q0.0 的线圈断电，电动机停转。其时序图如图 2-28（c）所示。

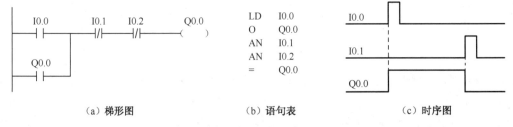

（a）梯形图　　　　　　（b）语句表　　　　　　（c）时序图

图 2-28　三相异步电动机单向启、停的 PLC 控制电路程序及时序分析

- **方案二**

采用 R/S 指令编程也可实现三相异步电动机单向启、停控制,其 PLC 外部接线图与图 2-27 相同。它的程序及时序分析如图 2-29 所示。

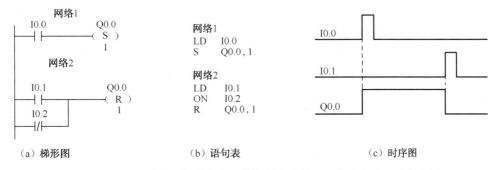

图 2-29　三相异步电动机单向启、停控制电路的 R/S 指令程序及时序分析

任务 1.2　设计一个单台电动机两地控制的 PLC 控制系统

如图 2-30 所示为单台电动机两地控制电路图。其特点是:操作人员能够在不同的两地 A 和 B 对电动机 M 进行启动、停止控制。当按下启动按钮 SB1 或 SB2 时,电动机 M 启动并运转;当按下停止按钮 SB3 或 SB4 时,电动机 M 停止运行。

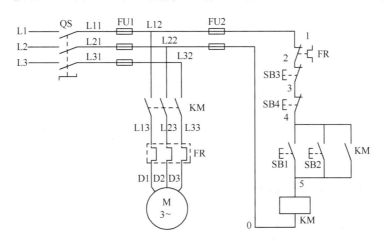

图 2-30　单台电动机两地控制电路图

(1) I/O 端口分配。根据控制要求,I/O 端口分配情况如表 2-6 所示。

表 2-6　I/O 端口分配情况

输 入 信 号			输 出 信 号		
PLC 地址	电气符号	功能说明	PLC 地址	电气符号	功能说明
I0.0	SB1	A 地启动按钮,常开触点	Q0.0	KM	接触器线圈
I0.1	SB2	B 地启动按钮,常开触点			
I0.2	SB3	A 地停止按钮,常开触点			
I0.3	SB4	B 地停止按钮,常开触点			
I0.4	FR	热继电器动断触点			

（2）单台电动机两地控制的 PLC 外部接线图如图 2-31 所示。

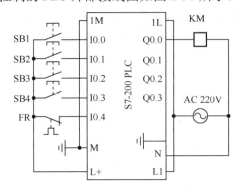

图 2-31　单台电动机两地控制的 PLC 外部接线图

（3）程序设计。单台电动机两地控制的 PLC 控制梯形图及语句表如图 2-32 所示。

（a）梯形图	（b）语句表

图 2-32　单台电动机两地控制的 PLC 控制梯形图及语句表

任务 1.3　采用一个按钮控制两台电动机依次顺序启动

采用一个按钮控制两台电动机依次顺序启动，其控制要求是：按下启动按钮 SB1，第一台电动机 M1 启动，松开按钮 SB1，第二台电动机 M2 启动，这样可使两台电动机按顺序启动，从而防止两台电动机同时启动对电网造成不良影响。按下停止按钮 SB2 时，两台电动机都停止。如图 2-33 所示为一个按钮控制两台电动机依次顺序启动的控制电路。

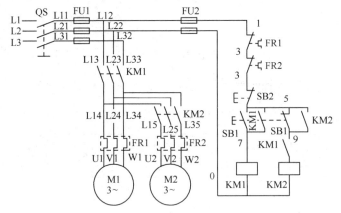

图 2-33　一个按钮控制两台电动机依次顺序启动的控制电路

（1）I/O 端口分配。根据控制要求，I/O 端口分配情况如表 2-7 所示。

表 2-7   I/O 端口分配情况

输 入 信 号			输 出 信 号		
PLC 地址	电气符号	功能说明	PLC 地址	电气符号	功能说明
I0.0	SB1	启动按钮，常开触点	Q0.0	KM1	电动机 M1 接触器线圈
I0.1	SB2	停止按钮，常开触点	Q0.1	KM2	电动机 M2 接触器线圈

（2）一个按钮控制两台电动机依次顺序启动的 PLC 外部接线图如图 2-34 所示。

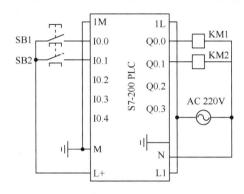

图 2-34   一个按钮控制两台电动机依次顺序启动的 PLC 外部接线图

（3）程序设计。一个按钮控制两台电动机依次顺序启动的 PLC 控制梯形图及语句表如图 2-35 所示。

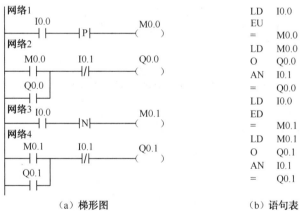

（a）梯形图   （b）语句表

图 2-35   一个按钮控制两台电动机依次顺序启动的 PLC 控制梯形图及语句表

项目 2   三相异步电动机的正/反转控制

教学目标

◇ 能力目标

1. 会根据实际控制要求设计 PLC 的外围电路；

2. 会根据实际控制要求设计简单的梯形图；

3．会应用联锁电路解决一些实际问题；

4．会根据实际情况判断故障。

◇ 知识目标

1．进一步学习 PLC 的基本逻辑指令；

2．掌握梯形图编程的一般规则；

3．掌握联锁电路的编程方法。

任务 2.1　设计一个单台电动机的正/反转互锁 PLC 控制系统

任务 2.2　设计一个工作台自动往复的 PLC 控制系统

任务 2.3　设计一个抢答器的 PLC 控制系统

2.4　编程注意事项及编程技巧

2.4.1　梯形图中的语法规定

（1）程序应按自上而下，从左至右的顺序编写。

（2）同一操作数的输出线圈在一个程序中不能使用两次，不同操作数的输出线圈可以并行输出，如图 2-36 所示。

（3）线圈不能直接与左侧母线相连。如果需要，可以通过特殊内部标志位存储器 SM0.0（该位始终为 1）来连接，如图 2-37 所示。

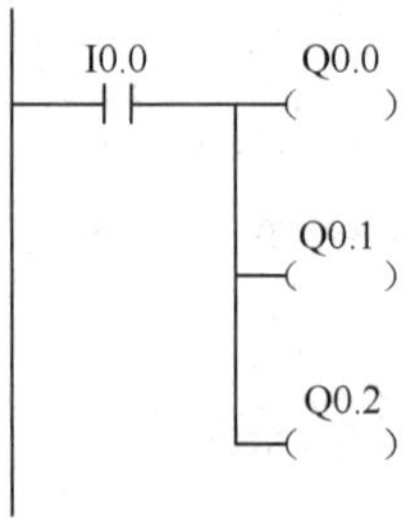

图 2-36　不同操作数的输出线圈并行输出　　　　图 2-37　线圈与母线的连接

（4）适当安排编程顺序，以减少程序的步数。

① 串联多的支路应尽量放在上部，如图 2-38 所示。

② 并联多的支路应靠近左侧母线，如图 2-39 所示。

③ 触点不能放在线圈的右边。

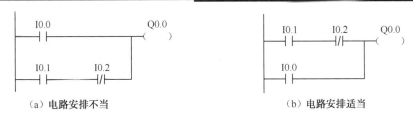

（a）电路安排不当　　　　　　　　　　　（b）电路安排适当

图 2-38　串联多的支路应放在上部

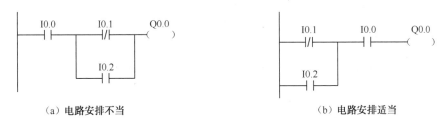

（a）电路安排不当　　　　　　　　　　　（b）电路安排适当

图 2-39　并联多的支路应靠近左侧母线

④ 对复杂的电路，用 ALD、OLD 等指令难以编程，可重复使用一些触点画出其等效电路，再进行编程，如图 2-40 所示。

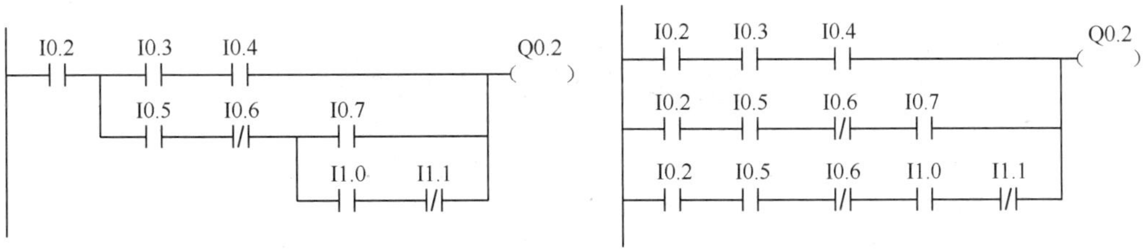

（a）复杂电路　　　　　　　　　　　　　（b）等效电路

图 2-40　复杂电路梯形图编程技巧

2.4.2　编程技巧

1. 设置中间单元

在梯形图中，若多个线圈都受某一触点串并联电路的控制，为了简化电路，可设置该电路控制的存储器的位，如图 2-41 所示，这类似于继电器电路中的中间继电器。

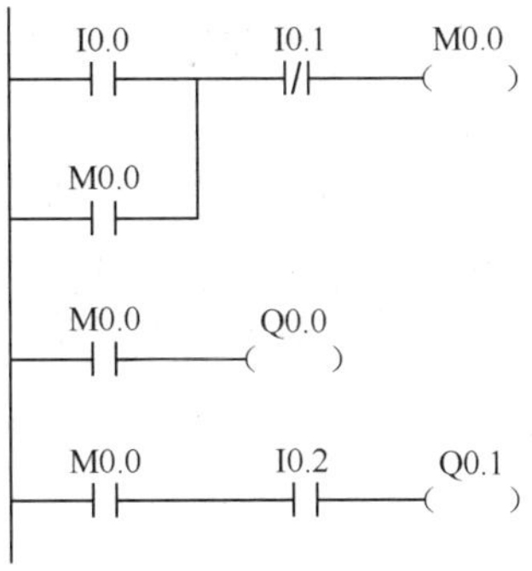

图 2-41　设置中间单元

2. 尽量减少 PLC 的输入信号和输出信号

PLC 的价格与 I/O 点数有关，因此减少 I/O 点数是降低硬件成本的主要措施。如果几个输入元器件触点的串并联电路总是作为一个整体出现，则可以将它们作为 PLC 的一个输入信号，只占 PLC 的一个输入点。如果某元器件的触点只用一次并且与 PLC 输出端的负载串联，则不必将它们作为 PLC 的输入信号，可以将它们放在 PLC 外部的输出回路中，与外部负载串联。

3. 外部联锁电路的设置

为了防止控制正/反转的两个接触器同时动作造成三相电源短路，应在 PLC 外部设置硬件联锁电路。

4. 外部负载的额定电压

PLC 的继电器输出模块和双向晶闸管输出模块一般只能驱动额定电压为 AC 220V 的负载，交流接触器的线圈应选用 220V 的。

2.5 PLC 程序设计常用的方法

1. 经验设计法

经验设计法即在一些典型的控制电路程序的基础上，根据被控对象的具体要求，进行选择组合，并反复调试和修改梯形图，有时需增加一些辅助触点和中间编程环节，才能达到控制要求。

这种方法没有规律可循，设计所用的时间和设计质量与设计者的经验有很大的关系，所以称为经验设计法。

经验设计法常用于较简单的梯形图设计。应用经验设计法必须熟记一些典型的控制电路，如前面已经介绍过的启—保—停电路和下面将要介绍的交流电动机正/反转电路等。

2. 继电器控制电路转换为梯形图法

继电器控制电路转换为梯形图法的主要步骤如下。

（1）熟悉现有的继电器控制电路。

（2）对照 PLC 的 I/O 端子接线图，将继电器控制电路图上的被控器件（如接触器线圈、指示灯、电磁阀等）换成 I/O 端子接线图上对应的输出点的编号，将输入装置（如传感器、按钮开关、行程开关等）触点都换成对应的输入点的编号。

（3）将继电器控制电路图中的中间继电器、定时器，用 PLC 的辅助继电器、定时器来代替。

（4）画出全部梯形图，并予以简化和修改。

这种方法对简单的控制系统是可行的，比较方便，但对较复杂的控制电路就不适用了。

项目实施

任务 2.1　设计一个单台电动机的正/反转互锁 PLC 控制系统

其控制要求如下：当按下正转启动按钮 SB1 时，电动机 M 正向启动且连续运转；当按下反转启动按钮 SB2 时，电动机 M 反向启动且连续运转。按钮 SB1、SB2 和接触器 KM1、KM2 的常闭触点分别串接在对方接触器线圈回路中，当接触器 KM1 通电闭合时，接触器 KM2 不能通电闭合；反之，当接触器 KM2 通电闭合时，接触器 KM1 不能通电闭合，具备互锁功能。其电路原理图如图 2-42 所示。

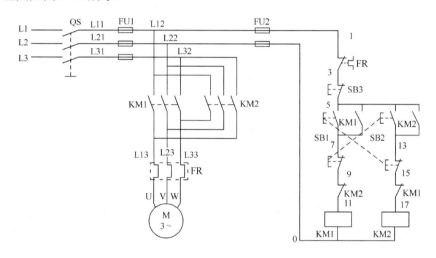

图 2-42　单台电动机正/反转互锁控制电路原理图

（1）I/O 端口分配。根据控制要求，I/O 端口分配情况如表 2-8 所示。

表 2-8　I/O 端口分配情况

输 入 信 号			输 出 信 号		
PLC 地址	电气符号	功能说明	PLC 地址	电气符号	功能说明
I0.0	SB1	正转启动按钮，常开触点	Q0.0	KM1	正转接触器线圈
I0.1	SB2	反转启动按钮，常开触点	Q0.1	KM2	反转接触器线圈
I0.2	SB3	停止按钮，常开触点			
I0.3	FR	热继电器动断触点			

（2）单台电动机正/反转互锁的 PLC 控制外部接线图如图 2-43 所示。

（3）程序设计。根据要求，单台电动机正/反转互锁的 PLC 控制梯形图如图 2-44（a）所示。在输入信号 I0.0 和 I0.1 中，若 I0.0 先接通，Q0.0 自保持，使 Q0.0 有输出，同时 Q0.0 的常闭触点断开，即使 I0.1 再接通，也不能使 Q0.1 动作，故 Q0.1 无输出。若 I0.1 先接通，则情形与上述相反。因此在控制环节，该电路可实现信号互锁。采用 R/S 指令编程也可实现电动机正/反转控制，其梯形图如图 2-44（b）所示。

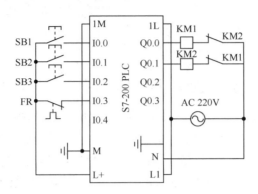

图 2-43　单台电动机正/反转互锁的 PLC 控制外部接线图

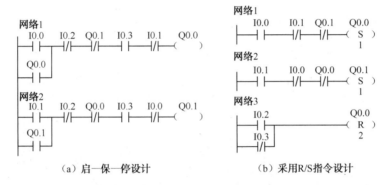

（a）启—保—停设计　　　　　　　　　　　　（b）采用 R/S 指令设计

图 2-44　单台电动机正/反转互锁的 PLC 控制梯形图

任务 2.2　设计一个工作台自动往复的 PLC 控制系统

工作台自动往复的继电器—接触器电路原理图如图 2-45 所示。

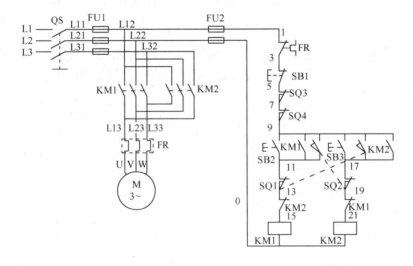

图 2-45　工作台自动往复的继电器—接触器电路原理图

（1）I/O 端口分配。根据控制要求，I/O 端口分配情况如表 2-9 所示。

表 2-9   I/O 端口分配情况

输 入 信 号			输 出 信 号		
PLC 地址	电气符号	功能说明	PLC 地址	电气符号	功能说明
I0.0	SB1	停止按钮，常开触点	Q0.0	KM1	正转接触器线圈
I0.1	SB2	正转启动按钮，常开触点	Q0.1	KM2	反转接触器线圈
I0.2	SB3	反转启动按钮，常开触点			
I0.3	SQ1	前进终端返回行程开关，常开触点			
I0.4	SQ2	后退终端返回行程开关，常开触点			
I0.5	SQ3	前进终端安全保护行程并关，常开触点			
I0.6	SQ4	后退终端安全保护行程开关，常开触点			
I0.7	FR	热继电器动断触点			

（2）工作台自动往复的 PLC 控制系统外部接线图如图 2-46 所示。

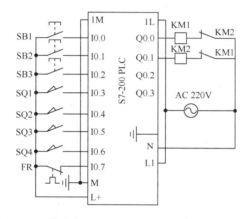

图 2-46   工作台自动往复的 PLC 控制系统外部接线图

（3）程序设计。设计思路如下。

① 按下正转启动按钮 SB2（I0.1），Q0.0 通电并自锁。

② 按下反转启动按钮 SB3（I0.2），Q0.1 通电并自锁。

③ 正、反转启动按钮和前进、后退终端返回行程开关的常闭触点相互串接在对方的线圈回路中，形成互锁的关系。

④ 前进、后退终端安全行程开关动作时，电动机 M 停止运行。

工作台自动往复的 PLC 控制系统梯形图及语句表如图 2-47 所示。

任务2.3   设计一个抢答器的 PLC 控制系统

控制要求：有 3 组抢答台和一位主持人，每个抢答台上各有一个抢答按钮和一盏抢答指示灯。参赛者在允许抢答时，第一个按下抢答按钮的抢答台上的指示灯会点亮，且释放抢答按钮后，指示灯仍然亮，此后另外两个抢答台即使再按各自的抢答按钮，其指示灯也不会亮。这样主持人就可以轻易地知道谁是第一个按下抢答器的。该题抢答结束后，主持人按下主持台上的复位按钮，则指示灯熄灭，又可以进行下一题的抢答比赛。

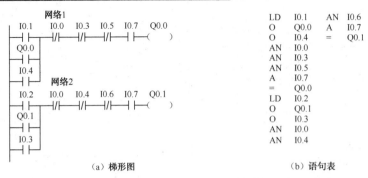

（a）梯形图　　　　　　（b）语句表

图 2-47　工作台自动往复的 PLC 控制系统梯形图及语句表

（1）I/O 端口分配。根据控制要求，I/O 端口分配情况如表 2-10 所示。

表 2-10　I/O 端口分配情况

输　入　信　号			输　出　信　号		
PLC 地址	电气符号	功能说明	PLC 地址	电气符号	功能说明
I0.0	SB1	复位按钮，常开触点	Q0.1	HL1	1#指示灯
I0.1	SB2	1#抢答按钮，常开触点	Q0.2	HL2	2#指示灯
I0.2	SB3	2#抢答按钮，常开触点	Q0.3	HL3	3#指示灯
I0.3	SB4	3#抢答按钮，常开触点			

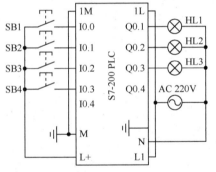

图 2-48　抢答器的 PLC 控制系统外部接线图

（2）抢答器的 PLC 控制系统外部接线图如图 2-48 所示。

（3）程序设计。抢答器的控制系统梯形图及语句表如图 2-49 所示，本控制程序的关键在于抢答器指示灯的"自锁"功能，即当某一抢答台抢答成功后，即使释放抢答按钮，其指示灯仍然亮，直至主持人进行复位，指示灯才熄灭；3 个抢答台之间具有"互锁"功能，只要有一个抢答台指示灯亮，另外两个抢答台即使再按各自的抢答按钮，其指示灯也不会亮。

（a）梯形图　　　　　　　　　（b）语句表

图 2-49　抢答器的 PLC 控制系统梯形图及语句表

项目 3　三相异步电动机的定时运动控制

教学目标

◇　能力目标

1. 能根据实际控制要求设计简单的定时程序；
2. 会根据实际控制要求设计 PLC 的外围电路；
3. 会根据实际情况判断故障点。

◇　知识目标

1. 学习 PLC 的定时器/计数器的应用方法；
2. 掌握时间控制的编程方法。

项目任务

任务 3.1　设计一台三相异步电动机的 Y/△降压启动的 PLC 控制系统
任务 3.2　设计小车送料的 PLC 控制系统

知识链接

2.6　定时器指令及应用

　　定时器和计数器指令在控制系统中主要用来实现定时操作和计数操作，可用于需要按时间原则控制的场合及对某事件有计数控制要求的场合。

2.6.1　定时器指令

　　S7-200 系列 PLC 的软定时器有 3 种类型，它们分别是接通延时定时器 TON、断开延时定时器 TOF 和保持型接通延时定时器 TONR，其定时时间=预设值×时基。定时器的时基（分辨率）有 1ms、10ms 和 100ms 3 种，取决于定时器号码，如表 2-11 所示。定时器的预设值和当前值均为 16 位的有符号整数（INT），允许的最大值为 32767。定时器的预设值 PT 可以是可寻址寄存器 VW、IW、QW、MW、SMW、SW、LW、AC、AIW、T、C、*VD、*AC 及常数。

1. 接通延时定时器（TON）

（1）接通延时定时器的指令格式及功能如表 2-12 所示。

表 2-11　定时器的类型

工作方式	时基（分辨率）/ms	最大定时范围/s	定时器号码
TONR	1	32.767	T0，T64
	10	327.67	T1~T4，T65~T68
	100	3276.7	T5~T31，T69~T95
TON/TOF	1	32.767	T32，T96
	10	327.67	T33~T36，T97~T100
	100	3276.7	T37~T63，T101~T255

表 2-12　接通延时定时器的指令格式及功能

LAD	STL	功　能
Txxx IN　TON ????－PT	TON　Txxx，PT	当使能输入端 IN 为 1 时，定时器 TON 开始计时；当定时器 TON 的当前值大于或等于定时器的预设值 PT 时，定时器位状态为 ON（该位为 1），该定时器动作，其常开触点闭合，常闭触点断开；当定时器 TON 的输入端 IN 由 1 变为 0 时，定时器 TON 复位清零

（2）接通延时定时器（TON）的用法如图 2-50 所示。

当使能输入端有效（接通）时，定时器开始计时，当前值从 0 开始递增，大于或等于预设值时，定时器输出状态位置 1（输出触点有效），当前值的最大值为 32767。输入端无效（断开）时，定时器复位（当前值清零，输出状态位置 0）。

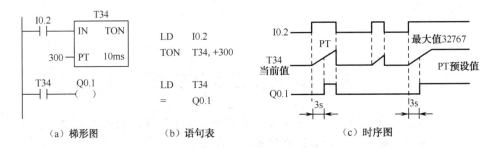

（a）梯形图　　　　（b）语句表　　　　　　　（c）时序图

图 2-50　接通延时定时器（TON）的用法

2. 断开延时定时器（TOF）

（1）断开延时定时器的指令格式及功能如表 2-13 所示。

表 2-13　断开延时定时器的指令格式及功能

LAD	STL	功　能
Txxx IN　TOF ???－PT	TOF　Txxx，PT	当使能输入端 IN 为 1 时，定时器 TOF（ON 状态）立即接通动作，即常开触点闭合，常闭触点断开，并把当前值设为 0；当输入端 IN 断开时，计时器开始计时；当定时器 TOF 的当前值等于定时器的预设值 PT 时，定时器位状态为 OFF（该位为 0），当前值保持不变，直到输入端再次接通

（2）断开延时定时器（TOF）的用法如图 2-51 所示。

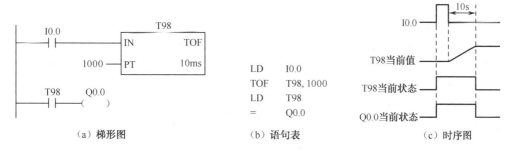

图 2-51 断开延时定时器（TOF）的用法

使能输入端有效时，定时器输出状态位立即置 1，当前值复位为 0。输入端断开时，开始计时，当前值从 0 开始递增，当前值达到预设值时，定时器复位（置 0），并停止计时，当前值保持。

3. 保持型接通延时定时器（TONR）

（1）保持型接通延时定时器的指令格式及功能如表 2-14 所示。

表 2-14 保持型接通延时定时器的指令格式及功能

LAD	STL	功　能
Txxx IN TONR ???-PT	TONR Txxx, PT	当使能输入端 IN 为 1 时，定时器 TONR 立即开始计时，当前值等于或大于预设值时，该计时器位被置位动作，定时器的常开触点闭合，常闭触点断开。计时器 TONR 累积值达到预设值后，继续计时，一直计到最大值；当输入端 IN 断开时，定时器的当前值保持不变

注意：对于保持型接通延时定时器，当输入端 IN 断开时，即使未达到计时器的预设值，保持型接通延时定时器（TONR）的当前值保持不变；当输入端 IN 再次接通时，定时器当前值从原保持值开始往上累积时间，继续计时，直到定时器的当前值等于预设值，计时器动作。当需要保持型接通延时定时器（TONR）复位清零时，可利用复位指令清除其当前值。

（2）保持型接通延时定时器（TONR）的用法如图 2-52 所示。

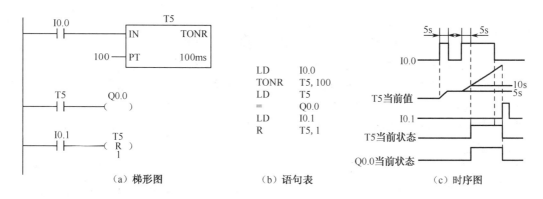

图 2-52 保持型接通延时定时器（TONR）的用法

小结：

（1）以上介绍的 3 种定时器具有不同的功能。接通延时定时器（TON）用于单一间隔的定时；保持型接通延时定时器（TONR）用于累积时间间隔的定时；断开延时定时器（TOF）用于故障事件发生后的延时。

（2）TOF 和 TON 共享一组定时器，不能重复使用，即不能把一个定时器同时用作 TOF 和 TON。例如，不能既有 TON T32，又有 TOF T32。

（3）保持型接通延时定时器（TONR）只能通过复位指令进行复位操作。

（4）对于断开延时定时器（TOF），需在输入端有一个负跳变（由 ON 到 OFF）的输入信号启动计时。

2.6.2 定时器指令应用举例

1. 一个扫描周期的脉冲发生器

脉冲发生器使用本身的常闭触点作为使能输入，如图 2-53 所示。定时器的状态位置 1 时，依靠本身的常闭触点的断开来复位，并重新开始定时，进行循环工作。采用不同时基标准的定时器时，会有不同的运行结果，S7-200 PLC 中 1ms、10ms 和 100ms 时基定时器的刷新方式是不同的。①1ms 时基定时器。每隔 1ms 刷新一次，内部采用中断刷新方式。当扫描周期大于 1ms 时，在一个扫描周期中要刷新多次，而不和扫描周期同步。②10ms 时基定时器。在每次扫描周期开始时自动刷新，由于每次扫描周期只刷新一次，故在一个扫描周期内定时器当前值保持不变。③100ms 时基定时器。在定时器指令执行时刷新，因此 100ms 时基定时器被激活后，若不是每个扫描周期都执行定时指令或在一个扫描周期内多次执行定时指令，会造成定时器失准。故 100ms 时基定时器常用于每个扫描周期都执行一次的程序中。注意在子程序和中断程序中不能使用 100ms 时基定时器，具体分析如下。

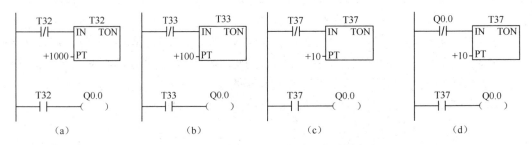

图 2-53　自身常闭触点做使能输入的脉冲发生器

（1）图 2-53（a）中 T32 为 1ms 时基定时器，CPU 当前值若恰好在处理常闭触点和常开触点之间被刷新，Q0.0 可以接通一个扫描周期，但这种情况出现的概率很小，一般情况下，不会正好在这时刷新。若在执行其他指令时，定时时间到，1ms 的定时刷新使定时器输出状态位置位，常闭触点断开，当前值复位，定时器输出状态位立即复位，所以输出线圈 Q0.0 一般不会通电。

（2）若将图 2-53（a）中的定时器 T32 换成 T33，如图 2-53（b）所示，时基变为 10ms，当前值在每个扫描周期开始后刷新，计时时间到，扫描周期开始，定时器输出状态位置位，常闭触点断开，立即将定时器当前值清零，定时器输出状态位复位（为 0）。这样，输出线圈 Q0.0 永远不可能通电。

（3）若用时基为 100ms 的定时器，如图 2-53（c）中的 T37，当前指令执行时刷新，Q0.0 在 T37 计时时间到时准确地接通一个扫描周期，可以输出一个断开为延时时间、接通为一个扫描周期的时钟脉冲。

（4）若将输出线圈的常闭触点作为定时器的使能输入，如图 2-53（d）所示，则无论采用何种时基定时器都能正常工作。

2. 延时断开电路

如图 2-54 所示，当 I0.0 接通时，Q0.0 接通并保持；当 I0.0 断开后，经 4s 延时后，Q0.0 断开，T37 同时复位。

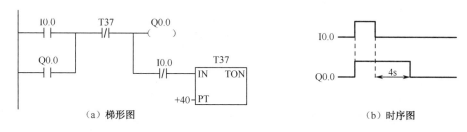

图 2-54　延时断开电路

3. 闪烁电路

如图 2-55 所示，当 I0.0 的常开触点接通后，T37 的输入端 IN 为 1 状态，T37 开始定时。2s 后定时时间到，T37 的常开触点接通，使 Q0.0 变为 ON，同时 T38 开始定时。3s 后 T38 的定时时间到，它的常闭触点断开，使 T37 的输入端 IN 变为 0 状态，T37 的常开触点断开，Q0.0 变为 OFF，同时使 T38 的输入端 IN 变为 0 状态，其常闭触点接通，T37 又开始定时，以后 Q0.0 的线圈将这样周期性地"通电"和"断电"，直到 I0.0 变为 OFF。Q0.0 线圈"通电"时间等于 T38 的预设值，"断电"时间等于 T37 的预设值。

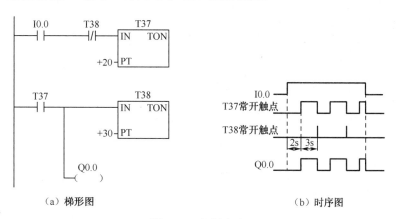

图 2-55　闪烁电路

4. 电动机正反转定时控制电路

控制要求：按下启动按钮 I0.0 时，电动机正转（Q0.0）3s，电动机反转（Q0.1）4s，循环运行。任意时刻按下停止按钮 I0.1 时电动机停转。两种设计方法的梯形图如图 2-56 所示。

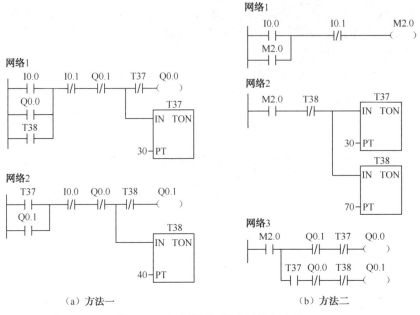

（a）方法一 　　　　　　　　　　　　　　　（b）方法二

图 2-56　电动机正反转定时控制电路

 项目实施

任务 3.1　设计一个三相异步电动机的 Y/△降压启动的 PLC 控制系统

三相异步电动机 Y/△降压启动的继电器—接触器电路原理图如图 2-57 所示，其控制要求如下。

① 按下启动按钮 SB2，KM1 和 KM3 吸合，电动机 Y 启动，8s 后，KM3 断开，KM2 吸合，电动机△运行，启动完成。

② 按下停止按钮 SB1，接触器全部断开，电动机停止运行。

③ 如果电动机超负荷运行，热继电器 FR 断开，电动机停止运行。

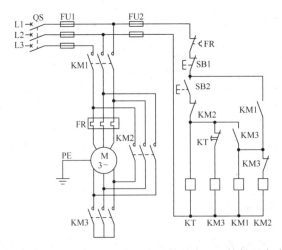

图 2-57　三相异步电动机 Y/△降压启动的继电器—接触器电路原理图

（1）I/O 端口分配。根据控制要求，I/O 端口分配表如表 2-15 所示。

表 2-15 I/O 端口分配表

输 入 信 号			输 出 信 号		
PLC 地址	电气符号	功能说明	PLC 地址	电气符号	功能说明
I0.1	SB2	启动按钮，常开触点	Q0.1	KM1	接触器线圈
I0.2	SB1	停止按钮，常开触点	Q0.2	KM2	△接法接触器线圈
I0.3	FR	热继电器动断触点	Q0.3	KM3	Y 接法接触器线圈

（2）三相异步电动机 Y/△降压启动的 PLC 控制系统外部接线图如图 2-58 所示。

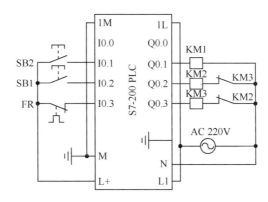

图 2-58 三相异步电动机 Y/△降压启动的 PLC 控制系统外部接线图

（3）程序设计。根据控制要求，其对应的梯形图如图 2-59 所示。

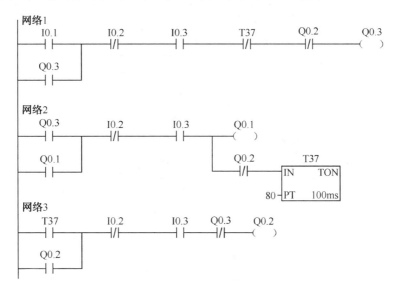

图 2-59 三相异步电动机 Y/△降压启动的 PLC 控制系统梯形图

任务 3.2 设计小车送料的 PLC 控制系统

控制要求：有一流水线由两台小车送料，当按下按钮 SB1 后，小车甲由行程开关 SQ1 处前进至 SQ2 处停 10s，再退到 SQ1 处停下；而小车乙则由行程开关 SQ3 处前进到 SQ4 处停 10s，再后退到 SQ3 处停下。小车运动示意图如图 2-60 所示。

图 2-60　小车运动示意图

（1）I/O 端口分配。根据控制要求，送料小车的 PLC I/O 端口分配表如表 2-16 所示。

表 2-16　I/O 端口分配表

输 入 信 号			输 出 信 号		
PLC 地址	电气符号	功能说明	PLC 地址	电气符号	功能说明
I0.1	SB1	启动按钮，常开触点	Q0.0	KM1	小车甲前进接触器线圈
I0.2	SB2	停止按钮，常开触点	Q0.1	KM2	小车甲后退接触器线圈
I0.3	SQ1	行程开关，常开触点	Q0.2	KM3	小车乙前进接触器线圈
I0.4	SQ2	行程开关，常开触点	Q0.3	KM4	小车乙后退接触器线圈
I0.5	SQ3	行程开关，常开触点			
I0.6	SQ4	行程开关，常开触点			

（2）送料小车的 PLC 控制系统外部接线图如图 2-61 所示。

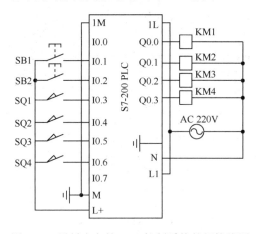

图 2-61　送料小车的 PLC 控制系统外部接线图

（3）程序设计。根据控制要求，其对应的梯形图及语句表如图 2-62 所示。

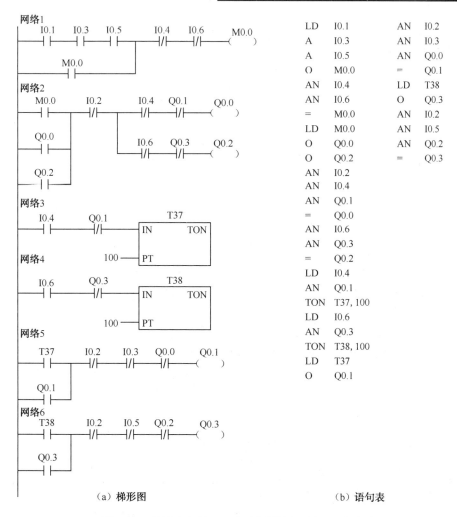

网络1

LD	I0.1		AN	I0.2
A	I0.3		AN	I0.3
A	I0.5		AN	Q0.0
O	M0.0		=	Q0.1
AN	I0.4		LD	T38
AN	I0.6		O	Q0.3
=	M0.0		AN	I0.2
LD	M0.0		AN	I0.5
O	Q0.0		AN	Q0.2
O	Q0.2		=	Q0.3
AN	I0.2			
AN	I0.4			
AN	Q0.1			
=	Q0.0			
AN	I0.6			
AN	Q0.3			
=	Q0.2			
LD	I0.4			
AN	Q0.1			
TON	T37, 100			
LD	I0.6			
AN	Q0.3			
TON	T38, 100			
LD	T37			
O	Q0.1			

（a）梯形图   （b）语句表

图 2-62   送料小车的 PLC 控制系统梯形图及语句表

项目 4   皮带运输机的顺序控制

 教学目标

◇ 能力目标

1．会根据实际控制要求设计 PLC 的外围电路；

2．会根据实际控制要求设计简单定时器/计数器的梯形图；

3．会根据实际情况判断故障。

◇ 知识目标

1．学习 PLC 的定时器、计数器及其应用方法；

2．掌握定时器/计数器梯形图编程的一般规则。

 项目任务

任务 4.1　设计一个皮带运输机的 PLC 控制系统

任务 4.2　设计一个运料小车的 PLC 控制系统

 知识链接

2.7　计数器指令及应用

计数器对外部的或由程序产生的计数脉冲进行计数。计数器累计其计数输入端的计数脉冲的次数。S7-200 PLC 有 3 种类型的计数器：增计数器 CTU、减计数器 CTD、增/减计数器 CTUD。计数器总共有 256 个，计数器编号范围为 C0~C255。

计数器有两个相关的变量。

（1）当前值：计数器累计计数的当前值。

（2）计数器位：当计数器的当前值等于或大于预设值时，计数器位被置 1。

1. 增计数器（CTU）

1）增计数器的指令格式及功能（如表 2-17 所示）

表 2-17　增计数器的指令格式及功能

LAD	STL	功　　能
Cxxx CU CTU R ???? PV	CTU　Cxxx，PV	当增计数器的计数输入端（CU）有一个计数脉冲的上升沿（由 OFF 到 ON）信号时，增计数器被接通且计数值加 1，计数器做递增计数。计数至最大值 32767 时停止计数；当计数器当前值等于或大于预设值（PV）时，该计数器位被置位（ON）。当复位输入端（R）有效时，计数器被复位，当前值清零

说明：

（1）CU 为计数器的计数输入端；R 为计数器的复位输入端；PV 为计数器的预设值，取值范围为 1~32767。

（2）计数器的编号 Cxxx 在 0~255 任选。

（3）计数器也可通过复位指令复位。

2）编程举例

在图 2-63（a）所示的梯形图中，计数器 C20 的计数输入端 I0.0 每由 OFF 变为 ON 1 次，计数器 C20 的当前值加 1。当达到预设值（梯形图中设定为 2 次）时，计数器 C20 动作，其常开触点闭合，Q0.0 得电，驱动外部设备。

当梯形图中 I0.1 由 OFF 变为 ON 时，计数器 C20 复位，其常开触点断开，Q0.0 失电，停止对外部设备的驱动。

当然，若在计数器 C20 动作后，I0.2 的常开触点闭合时，计数器 C20 也会复位。其常开触点断开，Q0.0 失电，停止对外部设备的驱动。

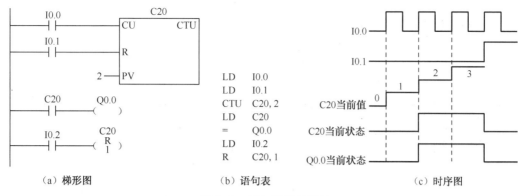

图 2-63　增计数器的用法

2. 减计数器（CTD）

1）减计数器的指令格式及功能（如表 2-18 所示）

表 2-18　减计数器的指令格式及功能

LAD	STL	功　　能
Cxxx CD CTD LD ???—PV	CTD Cxxx, PV	当装载输入端（LD）有效时，计数器复位并把预设值（PV）装入当前值寄存器中。当减计数器的计数输入端（CD）有一个计数脉冲的上升沿（由 OFF 到 ON）信号时，计数器从预设值开始做递减计数，直至计数器当前值等于 0，停止计数，同时计数器位被置位

说明：

（1）CD 为计数器的计数输入端；LD 为计数器的装载输入端；PV 为计数器的预设值，取值范围为 1~32767。

（2）计数器的编号 Cxxx 在 0~255 任选。

（3）减计数器指令无复位端，它在装载输入端接通时，使计数器复位并把预设值装入当前值寄存器中。

2）编程举例

减计数器的用法如图 2-64 所示。

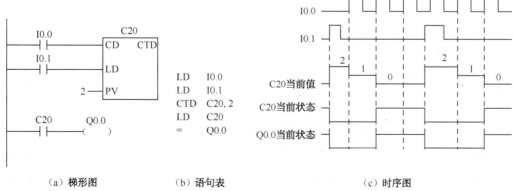

图 2-64　减计数器的用法

3. 增/减计数器（CTUD）

1）增/减计数器的指令格式及功能（如表 2-19 所示）

表 2-19　增/减计数器的指令格式及功能

LAD	STL	功　能
Cxxx CU CTUD CD R ????—PV	CTUD　Cxxx, PV	当计数输入端（CU）有一个计数脉冲的上升沿（由 OFF 到 ON）信号时，计数器做递增计数；当计数器的另一个计数输入端（CD）有一个计数脉冲的上升沿（由 OFF 到 ON）信号时，计数器做递减计数。当计数器当前值等于或大于预设值（PV）时，该计数器位被置位并保持，当复位输入端（R）有效时，计数器被复位

说明：

（1）计数器在达到计数最大值 32767 后，下一个计数输入端（CU）上升沿将使计数值变为最小值（-32768），同样在达到最小计数值（-32768）后，下一个计数输入端（CD）上升沿将使计数值变为最大值（32767）。

（2）计数器的编号 Cxxx 在 0~255 任选。

（3）当用复位指令复位计数器时，计数器被复位，计数器当前值清零。

2）编程举例

增/减计数器的用法如图 2-65 所示。

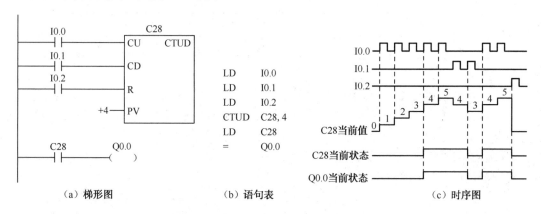

（a）梯形图　　　　（b）语句表　　　　（c）时序图

图 2-65　增/减计数器的用法

项目实施

任务 4.1　设计一个皮带运输机的 PLC 控制系统

如图 2-66 所示为一种典型的皮带运输机示意图，其工作过程为：按下启动按钮（I0.0=1），运货车到位（I0.2=1），皮带（由 Q0.0 控制）开始传送工件。件数检测仪在没有工件通过时，I0.1=1；当有工件经过时，I0.1=0。当件数检测仪检测到 3 个工件时，推板机（由 Q0.1 控制）

推动工件到运货车处，此时皮带停止传送。当工件被推到运货车上后（行程可以由时间控制），推板机返回，计数器复位，准备重新计数。只有当下一辆运货车到位，并且按下启动按钮后，皮带和推板机才能重新开始工作。

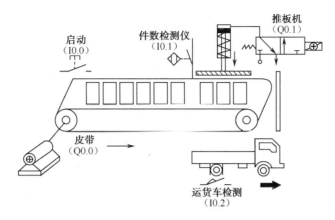

图 2-66　一种典型的皮带运输机示意图

（1）I/O 端口分配。根据控制要求，皮带运输机的 PLC 控制系统的 I/O 端口分配表如表 2-20 所示。

表 2-20　I/O 端口分配表

输 入 信 号			输 出 信 号		
PLC 地址	电气符号	功能说明	PLC 地址	电气符号	功能说明
I0.0	SB1	启动按钮，常开触点	Q0.0	KM1	皮带控制接触器的线圈
I0.1	SQ1	件数检测仪，常开触点	Q0.1	KM2	推板机控制接触器线圈
I0.2	SQ2	运货车检测，常开触点			

（2）皮带运输机的 PLC 控制系统外部接线图如图 2-67 所示。

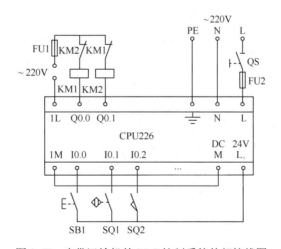

图 2-67　皮带运输机的 PLC 控制系统外部接线图

（3）程序设计。根据控制要求，其对应的梯形图如图 2-68 所示。

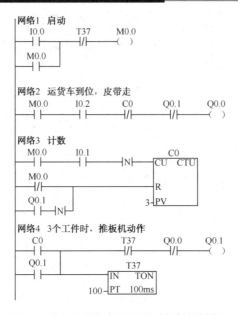

图 2-68　皮带运输机的 PLC 控制系统的梯形图

任务 4.2　设计一个运料小车的 PLC 控制系统

针对工业控制企业生产线上运输工程的需要，设计自动生产线上运料小车的自动控制系统的工作过程。运料小车运行过程示意图如图 2-69 所示，小车开始在后退终端，当压下左限位开关 SQ1 时，按下启动按钮 SB，小车前进；当运行至料斗下方时，右限位开关 SQ2 动作，此时打开料斗门给小车加料；延时 7s 后关闭料斗门，小车后退返回；当 SQ1 动作时，打开小车底门卸料，5s 后结束，完成一次动作。如此循环 4 次后系统停止。

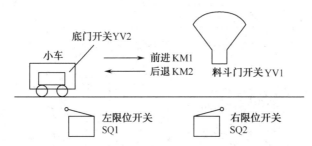

图 2-69　运料小车的运行过程示意图

（1）I/O 端口分配。根据控制要求，运料小车的 PLC 控制系统 I/O 端口分配表如表 2-21 所示。

表 2-21　I/O 端口分配表

输 入 信 号			输 出 信 号		
PLC 地址	电气符号	功能说明	PLC 地址	电气符号	功能说明
I0.0	SQ1	左限位开关，常开触点	Q0.1	KM1	小车右行控制接触器
I0.1	SQ2	右限位开关，常开触点	Q0.2	KM2	小车左行控制接触器
I0.2	SB	启动按钮，常开触点	Q0.3	YV1	料斗门电磁阀
I0.3	FR	热继电器动断触点	Q0.4	YV2	底门电磁阀

（2）运料小车的 PLC 控制系统外部接线图如图 2-70 所示。

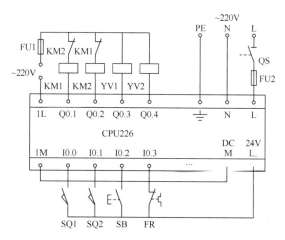

图 2-70   运料小车的 PLC 控制系统外部接线图

（3）程序设计。

① 根据控制要求，其对应的梯形图如图 2-71 所示。

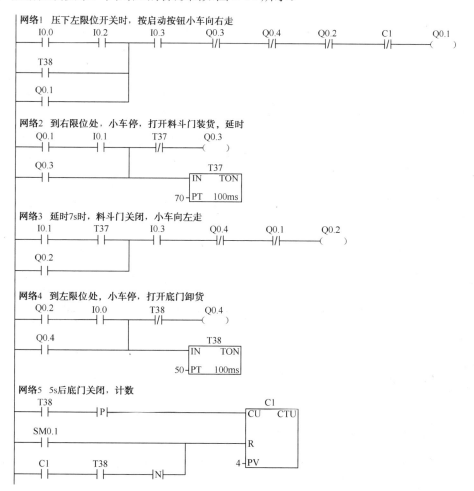

图 2-71   运料小车的 PLC 控制系统梯形图

② 采用 R/S 指令编程的梯形图如图 2-72 所示。

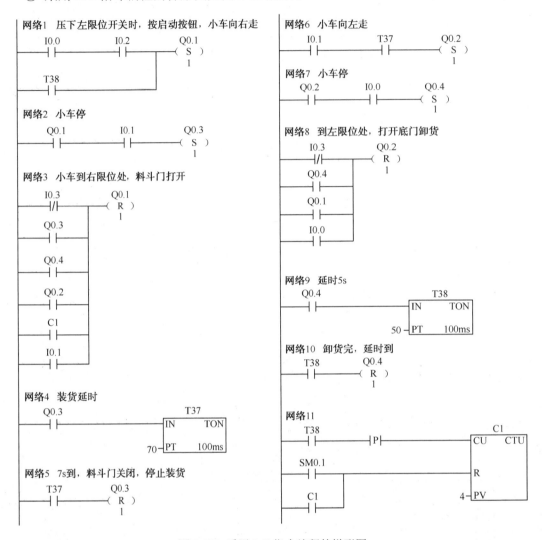

图 2-72　采用 R/S 指令编程的梯形图

项目5　复杂的定时器/计数器的控制系统

 教学目标

◇ 能力目标

1. 会根据实际控制要求设计 PLC 的外围电路；

2. 会根据实际控制要求设计复杂的定时器/计数器的梯形图；

3. 会根据实际情况接线、调试和操作。

◇ 知识目标

1. 掌握 PLC 定时器、计数器的应用方法；
2. 掌握定时器/计数器复杂梯形图编程的规则。

项目任务

任务 5.1   四个彩灯依次循环间隔点亮的 PLC 控制系统
任务 5.2   交通信号灯的 PLC 控制系统
任务 5.3   液体搅拌机的 PLC 控制系统

知识链接

2.8   定时器/计数器的应用举例

2.8.1   计数器的扩展

S7-200 系列 PLC 计数器最大计数值为 32767，若需更大的计数范围，则需进行扩展。如图 2-73 所示是计数器扩展电路梯形图和时序图。其是两个计数器的组合电路，C1 形成一个预设值为 100 次的自复位计数器。计数器 C1 对 I0.1 的接通次数进行计数，I0.1 的触点每闭合 100 次，C1 自复位重新开始计数。同时，连接到计数器 C2 的 CU 端 C1 常开触点闭合，使 C2 计数一次，当 C2 计数到 2000 次时，I0.1 共接通 100×2000 次=200000 次，C2 的常开触点闭合，线圈 Q0.0 通电。该电路的计数值为两个计数器预设值的乘积。

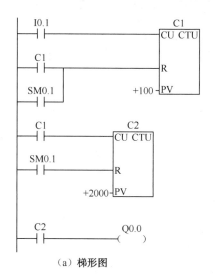

（a）梯形图

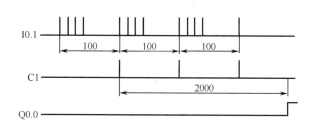

（b）时序图

图 2-73   计数器扩展电路梯形图和时序图

2.8.2　定时器的扩展

S7-200 系列 PLC 的定时器最长定时时间为 3276.7s，如果需要更长的定时时间，可使用扩展电路，如图 2-74 所示为定时器扩展电路梯形图和时序图。图 2-74（a）中最上面一行表示一个脉冲信号发生器，脉冲周期等于 T37 的预设值（60s）。I0.0 为 OFF 时，100ms 时基定时器 T37 和计数器已处于复位状态，它们不能工作。I0.0 为 ON 时，其常开触点接通，T37 开始定时，60s 后 T37 定时时间到，其当前值等于预设值，它的常闭触点断开，使它自复位，复位后 T37 的当前值变为 0，同时它的常闭触点接通，使它的线圈重新"通电"又开始定时，T37 将这样周而复始地工作，直到 I0.0 变为 OFF。T37 产生的脉冲送给计数器 C4，计满 60 个数（即 1h）后，C4 当前值等于预设值 60，它的常开触点闭合。设 T37 和 C4 的预设值分别为 K_T 和 K_C，对于 100ms 时基定时器，总的定时时间为 $T=0.1K_TK_C=0.1×600×60s=3600s=1h$。

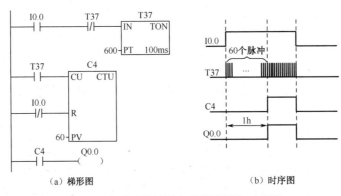

（a）梯形图　　　　　　　　（b）时序图

图 2-74　定时器的扩展电路梯形图和时序图

2.8.3　闪烁计数控制

控制要求：一灯在按下启动按钮（I0.0）后以灭 2s、亮 3s 的工作周期得电 20 次后自动停止，在按下停止按钮（I0.1）后立即停止。根据控制要求，其梯形图如图 2-75 所示。

图 2-75　闪烁计数控制梯形图

按下启动按钮 I0.0，M0.0 得电并自保持，T37 开始定时。T37 延时 2s 时间到，其常开触点接通，使 Q0.0 变为 ON，计数器 C10 加 1，同时，T38 开始定时，T38 定时 3s 时间到，它的常闭触点断开，使 T37 复位，Q0.0 变为 OFF，同时，T38 也被复位，其常闭触点再次使 T37 开始定时，系统进入起始状态。Q0.0 线圈就这样周期地"通电"和"断电"，直到计数器 C10 达到计数预设值或按下停止按钮 I0.1 时，M0.0 断电，Q0.0 停止工作。

 项目实施

任务 5.1　四个彩灯依次循环间隔点亮的 PLC 控制系统

控制要求：按下启动按钮时第一个彩灯 HL1 点亮，HL1 点亮 1s 后灭，同时第二个彩灯 HL2 点亮，HL2 点亮 2s 后灭，同时第三个彩灯 HL3 点亮，HL3 点亮 3s 后灭，同时第四个彩灯 HL4 点亮，HL4 点亮 4s 后灭，同时第一个彩灯 HL1 又点亮，重复上述动作，循环 3 次后四个彩灯都灭，中途按停止按钮时，点亮的彩灯立即熄灭。

（1）I/O 端口分配。根据控制要求，四个彩灯依次间隔点亮循环的 PLC 控制系统的 I/O 端口分配表如表 2-22 所示。

表 2-22　I/O 端口分配表

输 入 信 号			输 出 信 号		
PLC 地址	电气符号	功能说明	PLC 地址	电气符号	功能说明
I0.0	SB1	启动按钮，常开触点	Q0.0	HL1	1#彩灯
I0.1	SB2	停止按钮，常开触点	Q0.1	HL2	2#彩灯
			Q0.2	HL3	3#彩灯
			Q0.3	HL4	4#彩灯

（2）四个彩灯依次循环间隔点亮的 PLC 控制系统的外部接线图如图 2-76 所示。

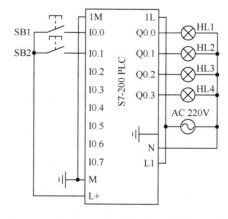

图 2-76　四个彩灯依次循环间隔点亮的 PLC 控制系统的外部接线图

（3）程序设计。根据控制要求，可用两种方法设计其对应的梯形图，如图 2-77 所示。

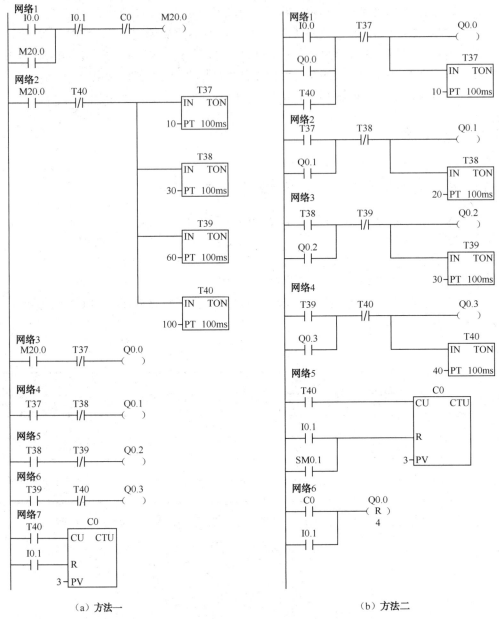

（a）方法一　　　　　　　　　　（b）方法二

图 2-77　四个彩灯依次循环间隔点亮的 PLC 控制系统梯形图

任务 5.2　交通信号灯的 PLC 控制系统

在十字路口的东西、南北方向装设红、绿、黄灯，它们按照一定时序轮流点亮。信号灯受一个启动开关控制，当启动开关接通时，信号灯系统开始工作。首先南北红灯亮，东西绿灯亮，南北红灯亮维持 15s，东西绿灯亮维持 10s；到 10s 时，东西绿灯闪亮，绿灯闪亮周期为 1s（亮 0.5s，熄 0.5s），绿灯闪亮 3s 后熄灭，东西黄灯亮，并维持 2s；到 2s 时，东西黄灯熄灭，东西红灯亮，同时南北红灯熄灭，南北绿灯亮，绿灯亮维持 10s；到 10s 时，南北绿灯闪亮，绿灯闪亮周期为 1s（亮 0.5s，熄 0.5s），绿灯闪亮 3s 后熄灭，南北黄灯亮，并维持 2s；到 2s 时，南北黄灯熄灭，南北红灯亮，同时东西红灯熄灭，东西绿灯亮；开始第二周期的动作，以后周而复始地循环。当启动开关断开时，所有信号灯熄灭。十字路口交通信号灯控制系统的示意图和时序图如图 2-78 所示。

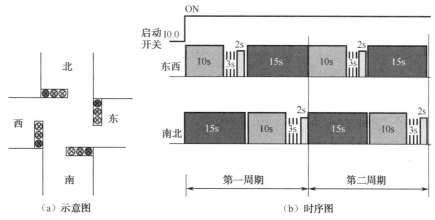

图 2-78   十字路口交通信号灯控制系统的示意图和时序图

（1）I/O 端口分配。十字路口交通信号灯 PLC 控制系统的 I/O 端口分配表如表 2-23 所示。

表 2-23   I/O 端口分配表

输 入 信 号			输 出 信 号		
PLC 地址	电气符号	功能说明	PLC 地址	电气符号	功能说明
I0.0	SD1	启动开关	Q0.0	HL1	东西绿灯
I0.1	SD2	停止开关	Q0.1	HL2	东西黄灯
			Q0.2	HL3	东西红灯
			Q0.3	HL4	南北绿灯
			Q0.4	HL5	南北黄灯
			Q0.5	HL6	南北红灯

（2）十字路口交通信号灯的 PLC 控制系统外部接线图如图 2-79 所示。

（3）程序设计。根据控制要求，其对应的梯形图如图 2-80 所示。

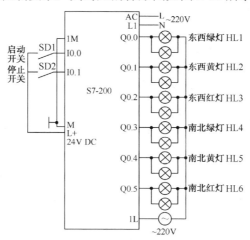

图 2-79   十字路口交通信号灯的 PLC 控制系统外部接线图

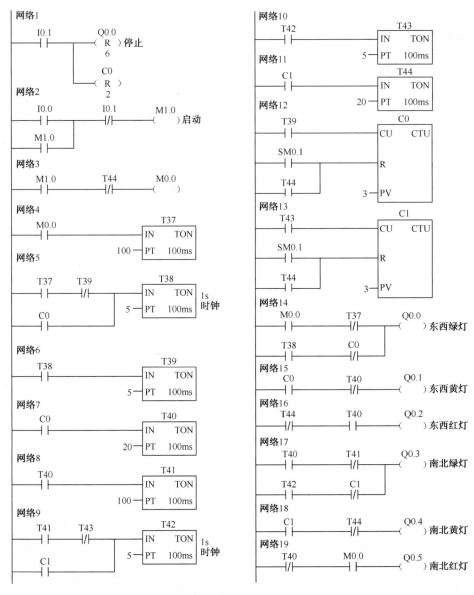

图 2-80　十字路口交通信号灯的 PLC 控制系统梯形图

任务 5.3　液体搅拌机的 PLC 控制系统

如图 2-81 所示为液体 A 和液体 B 混合搅拌机示意图。图中，H 为高液面，ST1 为高液位传感器；M 为中液面，ST2 为中液位传感器；L 为低液面，ST3 为低液位传感器；YV1、YV2、YV3 为电磁阀；当液面到达相应位置时，相应的传感器送出 ON 信号，否则送出 OFF 信号。在初始状态下，容器为空容器，电磁阀 YV1、YV2、YV3 为关闭状态；传感器 ST1、ST2、ST3 为 OFF 状态，搅拌机 M 未启动。其控制要求如下。

① 按下启动按钮 SB1，电磁阀 YV1 打开，液体 A 开始注入容器内，经过一定时间，液体达到低液面（L）处，低液位传感器 ST3=ON，继续往容器内注入液体 A。

② 当液面到达中面（M）处时，中液位传感器 ST2＝ON，此时电磁阀 YV1 关闭，电

78

磁阀 YV2 打开，液体 A 停止注入，液体 B 开始注入容器中。

③ 当液体到达高液面（H）处时，高液位传感器 ST1=ON，电磁阀 YV2 关闭，液体 B 停止注入，同时搅拌机 M 启动运转，对液体进行搅拌。

④ 经过 1min 后，搅拌机停止搅拌，电磁阀 YV3 打开，放出混合液体。

⑤ 当液面低于低液面时，低液位传感器 ST3=OFF，延时 8s 后，容器中的混合液体放完，电磁阀 YV3 关闭，搅拌机开始执行下一个循环。

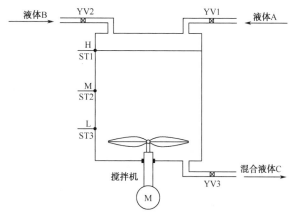

图 2-81　液体混合搅拌机示意图

（1）I/O 端口分配。根据控制要求，液体搅拌机的 PLC 控制系统 I/O 端口分配表如表 2-24 所示。

表 2-24　I/O 端口分配表

输 入 信 号			输 出 信 号		
PLC 地址	电气符号	功能说明	PLC 地址	电气符号	功能说明
I0.0	SB1	启动按钮，常开触点	Q0.0	YV1	电磁阀
I0.1	SB2	停止按钮，常开触点	Q0.1	YV2	电磁阀
I0.2	ST1	高液位传感器，常开触点	Q0.2	YV3	电磁阀
I0.3	ST2	中液位传感器，常开触点	Q0.3	KM	搅拌机控制接触器
I0.4	ST3	低液位传感器，常开触点			

（2）液体搅拌机的 PLC 控制系统外部接线图如图 2-82 所示。

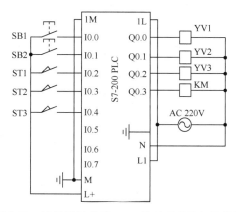

图 2-82　液体搅拌机的 PLC 控制系统外部接线图

（3）程序设计。根据控制要求，其对应的梯形图如图 2-83 所示。

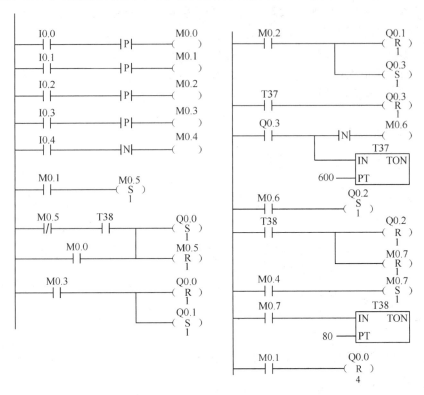

图 2-83　液体搅拌机的 PLC 控制系统梯形图

思考与练习题

2-1　填空。

（1）接通延时定时器（TON）的输入端_____时开始定时，当前值大于或等于预设值时其定时器位变为_____，其常开触点_____，常闭触点_____。

（2）接通延时定时器（TON）的输入端_____时复位，复位后其常开触点_____，常闭触点_____，当前值等于_____。

（3）接在断开延时定时器输入端接通时，定时器位变为_____，当前值_____。输入端断开后，开始_____。当前值等于预设值时，输出位变为_____，当前值_____。

（4）保持型接通延时定时器的输入端断开时，当前值_____。

（5）若增计数器的计数输入端（CU）_____、复位输入端_____，计数器的当前值加 1。当前值大于或等于预设值（PV）时，其常开触点_____，常闭触点_____。复位输入端_____时，计数器被复位，复位后其常开触点_____，常闭触点_____，当前值_____。

（6）输出指令（=）不能用于_____映像寄存器。

（7）SM_____ 在首次扫描时为 ON，SM0.0 一直为_____。

2-2　S7-200 系列 PLC 有哪些编址和寻址方式？

2-3　CPU224 PLC 有哪些元件，它们的作用是什么？

2-4　CPU224 PLC 的累加器有几个？其长度是多少？

2-5 S7-200 系列 PLC 的数据类型有几种？各类型数据的数据长度是多少？

2-6 SM0.0、SM0.1、SM0.4、SM0.5 各有何作用？

2-7 S7-200 PLC 有哪几种定时器？执行复位指令后，定时器的当前值和位的状态是什么？

2-8 S7-200 PLC 有哪几种计数器？执行复位指令后，计数器的当前值和位的状态是什么？

2-9 分别用触点与线圈指令、置位与复位指令设计一个异步电动机的启—保—停电路。

2-10 分别用触点与线圈指令、置位与复位指令设计两台异步电动机（M1 和 M2）顺序控制电路：要求 M1 启动后 M2 才能启动，M2 停止后 M1 才能停止。

2-11 用置位与复位指令设计按下启动按钮 I0.0 时 8 个灯（对应 Q0.7~Q0.0）全亮，按下停止按钮 I0.1 时 8 个灯（对应 Q0.7~Q0.0）全灭的控制电路。

2-12 用置位与复位指令设计按下启动按钮 I0.0 时 8 个灯（对应 Q0.7~Q0.0）前面 4 个灯亮，按下按钮 I0.1 时后面 4 个灯亮前面 4 个灯灭，按下 I0.2 时 8 个灯全灭的控制电路。

2-13 根据图 2-84 所示的时序图设计对应的梯形图。

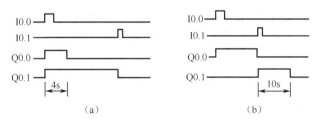

图 2-84 习题 2-13 图

2-14 设计一个 LED 闪烁的控制电路。按下启动按钮 I0.0 后该灯点亮 2s，然后灯灭 2s，不停循环，中途任意时间按下停止按钮 I0.1 LED 灭。

2-15 设计程序控制两台三相异步电动机 M1 和 M2，要求：M1 启动后，M2 才能启动；M1 停止后，M2 延时 30s 后才能停止。

2-16 设计程序控制 2 个 LED，按下启动按钮 I0.0 后灯 1（Q0.0）点亮 2s，2s 后灯 1 灭，同时灯 2（Q0.1）点亮 3s，3s 后灯 2 灭灯 1 点亮，循环 3 次停止，中途任意时间按下停止按钮 I0.1 灯灭。

2-17 用定时器指令控制电动机，按下启动按钮 I0.0 时电动机正转 5s 停 3s，然后电动机反转 5s 停 3s，循环 2 次停止，中途任意时间按下停止按钮 I0.1 电动机停止。

2-18 设计彩灯 A、B、C、D 顺序控制系统。控制顺序如下：（1）A 亮 1s 后再灭 1s；（2）B 亮 1s 后再灭 1s；（3）C 亮 1s 后再灭 1s；（4）D 亮 1s 后再灭 1s；（5）A、B、C、D 同时亮 1s 后再灭 1s。循环 3 次后所有的灯都灭。

2-19 设计三台电动机顺序控制系统，控制要求：按下启动按钮，第一台电动机 M1 启动；M1 运行 3s 后，第二台电动机 M2 启动运行；M2 运行 3s 后，M3 启动运行，M1 停止；M3 运行 3s 后，M2 停止；M3 一共运行 6s 后，M1 运行，M3 停止。如此循环动作 2 次，M1、M2 和 M3 均停止。M1、M2、M3 运行的时序图如图 2-85 所示。

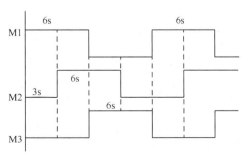

图 2-85 习题 2-19 图

模块 3　数据处理功能指令的应用

项目 1　彩灯的 PLC 控制

教学目标

◇ 能力目标

1. 能用数据传送指令、移位指令编写控制程序；
2. 会用移位寄存器指令设计简单程序。

◇ 知识目标

1. 学会数据传送指令的使用方法；
2. 学会移位指令的使用方法；
3. 学会移位寄存器指令的使用方法。

项目任务

任务 1.1　设计一个按钮控制的 8 彩灯依次点亮的 PLC 控制系统
任务 1.2　设计霓虹灯闪烁的 PLC 控制系统
任务 1.3　设计天塔之光的模拟控制系统

知识链接

3.1　数据传送指令简介

数据传送指令的作用是把常数或某存储器中的数据传送到另一个存储器中。

3.1.1　数据传送指令

数据传送指令把输入端（IN）指定的数据传送到输出端（OUT），传送过程中数据值保持不变。数据传送指令按操作数的类型可分为字节传送指令（MOVB）、字传送指令（MOVW）、双字传送指令（MOVD）、实数传送指令（MOVR）。指令格式及功能如表 3-1 所示。

表 3-1　数据传送指令的格式及功能

	MOV_B EN ENO ????—IN OUT—????	MOV_W EN ENO ????—IN OUT—????	MOV_DW EN ENO ????—IN OUT—????	MOV_R EN ENO ????—IN OUT—????
LAD				
STL	MOVB IN，OUT	MOVW IN，OUT	MOVD IN，OUT	MOVR IN，OUT
操作数	IN：VB、IB、QB、MB、SB、SMB、LB、常量。 OUT：VB、IB、QB、MB、SB、SMB、LB、AC	IN：VW、IW、QW、MW、SW、SMW、LW、T、C、AIW、常量、AC。 OUT：VW、IW、T、C、QW、MW、SW、SMW、LW、AC、AQW	IN：VD、ID、QD、MD、SD、SMD、LD、HC、AC、常量。 OUT：VD、ID、QD、MD、SD、SMD、LD、AC	IN：VD、ID、QD、MD、SD、SMD、LD、AC、常量。 OUT：VD、ID、QD、MD、SD、SMD、LD、AC
功能	使能输入（EN 为 1）有效时，将一个输入 IN 的字节、字/整数、双字/双整数或实数送到 OUT 指定的存储器输出，传送后存储器中的内容不变			

数据传送指令的用法如图 3-1 所示。

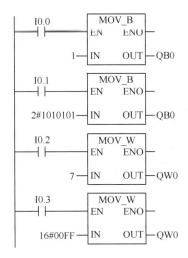

图 3-1　数据传送指令的用法

在图 3-1 所示的梯形图中，当 I0.0 闭合时，字节传送指令（MOVB）将十进制数 1（对应的 8 位二进制数为 00000001）传送到 QB0（Q0.7~Q0.0）中，则 Q0.0 为 1；当 I0.1 闭合时，字节传送指令（MOVB）将 8 位二进制数 01010101（前面补 0）传送到 QB0（Q0.7~Q0.0）中，则 Q0.0、Q0.2、Q0.4、Q0.6 均为 1；当 I0.2 闭合时，字传送指令（MOVW）将十进制数 7（对应的 16 位二进制数为 0000000000000111）传送到 QW0（Q0.7~Q0.0，Q1.7~Q1.0）中，则 Q1.0、Q1.1、Q1.2 均为 1；当 I0.3 闭合时，字传送指令（MOVW）将 16 进制数 00FF（对应的 16 位二进制数为 0000000011111111）传送到 QW0（Q0.7~Q0.0，Q1.7~Q1.0）中，则 Q1.7~Q1.0 8 位输出为 1。

3.1.2 数据块传送指令

数据块传送指令是把从输入端（IN）开始的 N 个连续字节（字、双字）的内容传送到从输出端（OUT）开始的 N 个连续字节（字、双字）的存储单元中。传送过程中各存储单元的内容不变。N 为 1~255。

数据块传送指令按操作数的类型可分为字节块传送指令（BMB）、字块传送指令（BMW）、双字块传送指令（BMD）。指令格式及功能如表 3-2 所示。

表 3-2 数据传送指令的格式及功能

LAD	BLKMOV_B EN ENO ????−IN OUT−???? ????−N	BLKMOV_W EN ENO ????−IN OUT−???? ????−N	BLKMOV_D EN ENO ????−IN OUT−???? ????−N
STL	BMB IN, OUT, N	BMW IN, OUT, N	BMD IN, OUT, N
操作数	IN: VB、IB、QB、MB、SB、SMB、LB。 OUT: VB、IB、QB、MB、SB、SMB、LB。 数据类型：字节	IN: VW、IW、QW、MW、SW、SMW、LW、T、C、AIW。 OUT: VW、IW、QW、MW、SW、SMW、LW、T、C、AQW。 数据类型：字	IN/OUT: VD、ID、QD、MD、SD、SMD、LD。 数据类型：双字
功能	使能输入有效时，即 EN=1 时，把从输入端 IN 开始的 N 个字节（字、双字）传送到以输出端 OUT 开始的 N 个字节（字、双字）中		

数据块传送指令的用法如图 3-2 所示。

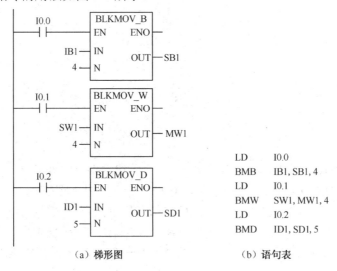

（a）梯形图　　　　（b）语句表

图 3-2 数据块传送指令的用法

在图 3-2（a）所示的梯形图中，当输入继电器 I0.0 的常开触点闭合时，字节块传送指令（BMB）将 I1.0~I4.7 中的数据传送至 S1.0~S4.7 中；当输入继电器 I0.1 的常开触点闭合时，字块传送指令（BMW）将 S1.0~S8.7 中的数据传送至 M1.0~M8.7 中；当输入继电器 I0.2 的常开触点闭合时，双字块传送指令（BMD）将 I1.0~I20.7 中的数据传送至 S1.0~S20.7 中。

3.1.3　字节交换和字节立即读、写指令

1. 字节交换指令

字节交换指令用来交换输入端 IN 的高位字节和低位字节。指令格式及功能如表 3-3 所示。

表 3-3　字节交换指令的格式及功能

LAD	STL	功能及说明
SWAP EN　ENO ????－IN	SWAP　IN	功能：使能输入有效时，将输入端 IN 中的高位字节与低位字节交换，结果仍放在 IN 中。 IN：VW、IW、QW、MW、SW、SMW、T、C、LW、AC。 数据类型：字

字节交换指令的用法如图 3-3 所示。

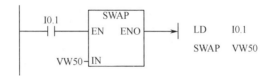

图 3-3　字节交换指令的用法

程序执行结果：假设执行指令之前 VW50 中的字为 4725H，那么执行指令之后 VW50 中的字变为 2547H。

2. 字节立即读、写指令

字节立即读指令（MOV_BIR）读取实际输入端（IN）给出的 1 字节的数值，并将结果写入 OUT 所指定的存储单元中，但输入映像寄存器未更新。

字节立即写指令（MOV_BIW）从输入端（IN）所指定的存储单元中读取 1 字节的数值并写入（以字节为单位）实际输出端（OUT）的物理输出点，同时刷新对应的输出映像寄存器。

指令格式及功能如表 3-4 所示。

表 3-4　字节立即读、写指令的格式及功能

LAD	STL	功能及说明
MOV_BIR EN　ENO ????－IN　OUT－????	BIR IN, OUT	功能：字节立即读。 IN：IB。 OUT：VB、IB、QB、MB、SB、SMB、LB、AC。 数据类型：字节
MOV_BIW EN　ENO ????－IN　OUT－????	BIW IN, OUT	功能：字节立即写。 IN：VB、IB、QB、MB、SB、SMB、LB、AC、常量。 OUT：QB。 数据类型：字节

3.2　移位和循环移位指令

移位指令分为左、右移位和循环左、右移位及移位寄存器指令 3 大类。前 2 种移位指令按操作数的长度可分为字节型、字型、双字型 3 种。

3.2.1　右移位指令 SHR

右移位指令 SHR 就是当使能输入有效时，把输入端（IN）指定的数据右移 N 位，结果存入指定的输出单元（OUT）中，左端移出位补 0，最后一个移出位保存在溢出标志位存储器 SM1.1 中。如果移出位结果为 0，则零标志位 SM1.0 置 1。

右移位指令按操作数的类型可分为字节右移位指令（SHR_B）、字右移位指令（SHR_W）、双字右移位指令（SHR_DW）。指令格式及功能如表 3-5 所示。

表 3-5　右移位指令 SHR 的格式及功能

	SHR_B	SHR_W	SHR_DW
LAD	EN ENO ????–IN OUT–???? ????–N	EN ENO ????–IN OUT–???? ????–N	EN ENO ????–IN OUT–???? ????–N
STL	SRB OUT, N	SRW OUT, N	SRD OUT, N
操作数	IN：VB、IB、QB、MB、SB、SMB、LB、AC、常数。 OUT：VB、IB、QB、MB、SB、SMB、LB、AC。 数据类型：字节	IN：VW、IW、QW、MW、SW、SMW、LW、T、C、AIW、AC、常数。 OUT：VW、IW、QW、MW、SW、SMW、LW、T、C、AC。 数据类型：字	IN：VD、ID、QD、MD、SD、SMD、LD、HC、AC、常量。 OUT：VD、ID、QD、MD、SD、SMD、LD、AC。 数据类型：双字
功能	使能输入有效时，即 EN=1 时，把从输入端 IN 开始的字节（字、双字）右移 N 位后，结果存入输出单元 OUT 中。移出位补 0，最后一个移出位保存在溢出标志位存储器 SM1.1 中		

右移位指令的用法如图 3-4 所示，当使能端 EN=1 时，其移位过程如图 3-4（c）所示。

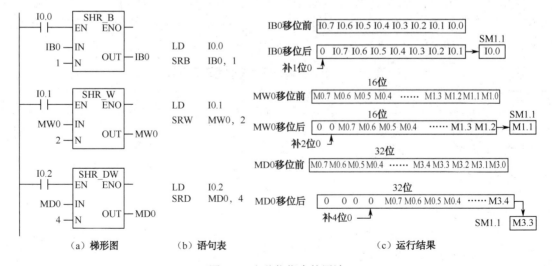

（a）梯形图　　　　（b）语句表　　　　（c）运行结果

图 3-4　右移位指令的用法

3.2.2　左移位指令 SHL

左移位指令 SHL 就是当使能输入有效时，把输入端（IN）指定的数据左移 N 位，结果存入指定的输出单元（OUT）中，右端移出位补 0，最后一个移出位保存在溢出标志位存储器 SM1.1 中。如果移出位结果为 0，则零标志位 SM1.0 置 1。

左移位指令按操作数的类型可分为字节左移位指令（SHL_B）、字左移位指令（SHL_W）、双字左移位指令（SHL_DW）。指令格式及功能如表 3-6 所示。

表 3-6　左移位指令 SHL 的格式及功能

LAD	<div style="text-align:center">SHL_B EN　ENO ????－IN　　OUT－???? ????－N</div>	<div style="text-align:center">SHL_W EN　ENO ????－IN　　OUT－???? ????－N</div>	<div style="text-align:center">SHL_DW EN　ENO ????－IN　　OUT－???? ????－N</div>
STL	SLB　OUT, N	SLW　OUT, N	SLD　OUT, N
操作数	IN：VB、IB、QB、MB、SB、SMB、LB、AC、常数。 OUT：VB、IB、QB、MB、SB、SMB、LB、AC。 数据类型：字节	IN：VW、IW、QW、MW、SW、SMW、LW、T、C、AIW、AC、常数。 OUT：VW、IW、QW、MW、SW、SMW、LW、T、C、AC。 数据类型：字	IN：VD、ID、QD、MD、SD、SMD、LD、HC、AC、常量。 OUT：VD、ID、QD、MD、SD、SMD、LD、AC。 数据类型：双字
功能	使能输入有效时，即 EN=1 时，把从输入端 IN 开始的字节（字、双字）左移 N 位后，结果存入输出单元 OUT 中。移出位补 0，最后一个移出位保存在溢出标志位存储器 SM1.1 中		

左移位指令的用法如图 3-5 所示。当使能端 EN=1 时，其移位过程如图 3-5（c）所示。

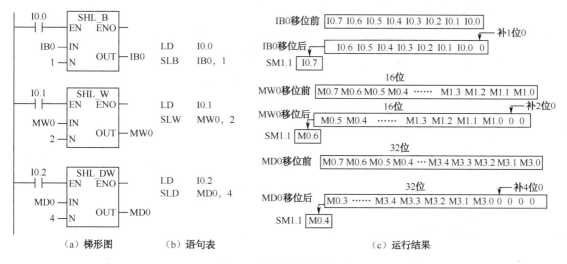

（a）梯形图　　　　　（b）语句表　　　　　　　　　（c）运行结果

图 3-5　左移位指令的用法

3.2.3　循环右移位指令 ROR

循环右移位指令 ROR 就是把输入端（IN）指定的数据循环右移 N 位，其结果存入指定的输出单元（OUT）中。最后一个移出位保存在溢出标志位存储器 SM1.1 中。如果移出位结果为 0，则零标志位 SM1.0 置 1。

循环右移位指令按操作数的类型可分为字节循环右移位指令（ROR_B）、字循环右移位指令（ROR_W）、双字循环右移位指令（ROR_DW）。其指令格式及功能如表 3-7 所示。

表 3-7　循环右移位指令的格式及功能

LAD	ROR_B	ROR_W	ROR_DW
STL	RRB OUT, N	RRW OUT, N	RRD OUT, N
操作数	IN: VB、IB、QB、MB、SB、SMB、LB、AC、常数。OUT: VB、IB、QB、MB、SB、SMB、LB、AC。数据类型：字节	IN: VW、IW、QW、MW、SW、SMW、LW、T、C、AIW、AC、常数。OUT: VW、IW、QW、MW、SW、SMW、LW、T、C、AC。数据类型：字	IN: VD、ID、QD、MD、SD、SMD、LD、HC、AC、常量。OUT: VD、ID、QD、MD、SD、SMD、LD、AC。数据类型：双字
功能	使能输入有效时，即 EN=1 时，把从输入端 IN 开始的字节（字、双字）右移 N 位后，其结果存入指定的输出单元（OUT）中。最后一个移出位保存在溢出标志位存储器 SM1.1 中		

循环右移位指令的用法如图 3-6 所示。当使能端 EN=1 时，其移位过程如图 3-6（c）所示。

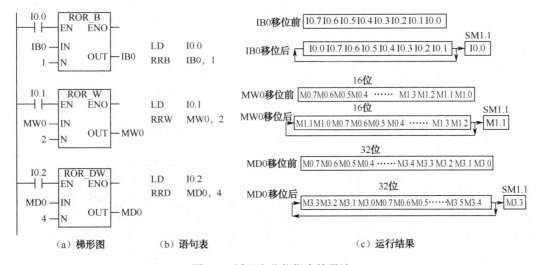

（a）梯形图　　　　（b）语句表　　　　（c）运行结果

图 3-6　循环右移位指令的用法

3.2.4　循环左移位指令 ROL

循环左移位指令 ROL 就是把输入端（IN）指定的数据循环左移 N 位，其结果存入指定的输出单元（OUT）中。最后一个移出位保存在溢出标志位存储器 SM1.1 中。如果移出位结果为 0，则零标志位 SM1.0 置 1。

循环左移位指令按操作数的类型可分为字节循环左移位指令（ROL_B）、字循环左移位指令（ROL_W）、双字循环左移位指令（ROL_DW）。指令格式及功能如表 3-8 所示。

表 3-8 循环左移位指令的格式及功能

LAD	ROL_B EN ENO ????—IN OUT—???? ????—N	ROL_W EN ENO ????—IN OUT—???? ????—N	ROL_DW EN ENO ????—IN OUT—???? ????—N
STL	RLB OUT, N	RLW OUT, N	RLD OUT, N
操作数	IN: VB、IB、QB、MB、SB、SMB、LB、AC、常数。 OUT: VB、ID、QB、MB、SB、SMB、LB、AC。 数据类型: 字节	IN: VW、IW、QW、MW、SW、SMW、LW、T、C、AIW、AC、常数。 OUT: VW、IW、QW、MW、SW、SMW、LW、T、C、AC。 数据类型: 字	IN: VD、ID、QD、MD、SD、SMD、LD、HC、AC、常量。 OUT: VD、ID、QD、MD、SD、SMD、LD、AC。 数据类型: 双字
功能	使能输入有效时，即 EN=1 时，把从输入端 IN 开始的字节（字、双字）左移 N 位后，结果存入指定的输出单元（OUT）中。最后一个移出位保存在溢出标志位存储器 SM1.1 中		

循环左移位指令的用法如图 3-7 所示，当使能端 EN=1 时，其移位过程如图 3-7（c）所示。

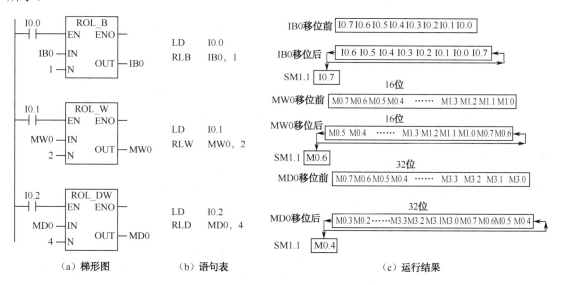

（a）梯形图   （b）语句表   （c）运行结果

图 3-7 循环左移位指令的用法

【例 3-1】 用开关 I0.0 控制接在 Q0.0~Q0.7 上的 8 个彩灯循环移位，从右到左以 0.5s 的时间间隔依次点亮，保持任意时刻只有一个彩灯亮，到达最左端后，再从右到左依次点亮 8 个彩灯。

分析：8 个彩灯循环移位控制，可以使用字节的循环移位指令。根据控制要求，首先应置彩灯的初始状态为 QB0=1，即右边第一盏灯亮；接着灯从右到左以 0.5s 的时间间隔依次点亮，即要求字节 QB0 中的"1"每 0.5s 移动一位，因此需在移位指令的 EN 端接一个 0.5s 的移位脉冲（可用定时器指令实现）。用循环左移位和左移位指令编程的梯形图如图 3-8 所示。

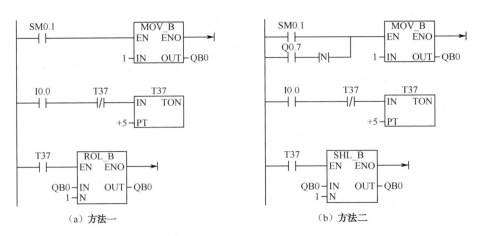

（a）方法一   （b）方法二

图 3-8　8 个彩灯循环点亮的梯形图

3.2.5　移位寄存器指令 SHRB

移位寄存器指令是可以指定移位寄存器的长度和移位方向的指令。指令格式如图 3-9 所示。

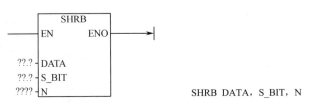

SHRB DATA，S_BIT，N

图 3-9　移位寄存器指令格式

说明：

（1）EN 为使能端，连接移位脉冲信号，DATA 为数据输入端，连接输入移位寄存器的二进制数值。每次使能输入有效时，在每个扫描周期内，且在 EN 端的上升沿对 DATA 端采样一次，移位寄存器指令 SHRB 将 DATA 端数值移入移位寄存器中，整个移位寄存器移动 1 位。S_BIT 指定移位寄存器的最低位，N 指定移位寄存器的长度和移位方向。移位寄存器的最大长度为 64，N 为正值表示左移位，输入数据（DATA）移入移位寄存器的最低位（S_BIT）中，移位寄存器的最高位移出的数据被放置在溢出位（SM1.1）中。N 为负值表示右移位，输入数据移入移位寄存器的最高位中，移位寄存器的最低位移出的数据被放置在溢出位（SM1.1）中。

（2）DATA 和 S_BIT 的操作数为 I、Q、M、SM、T、C、V、S、L，数据类型为 BOOL 变量。N 的操作数为 VB、IB、QB、MB、SB、SMB、LB、AC、常量，数据类型为字节。

（3）使 ENO=0 的错误条件：0006（间接地址），0091（操作数超出范围），0092（计数区错误）。

（4）移位寄存器指令影响特殊内部标志位：SM1.1（为移出的位设置溢出位）。

如图 3-10 所示为一个 4 位寄存器的移位过程示意图，观察该图可直观地了解 SHRB 指令是如何实现移位的。

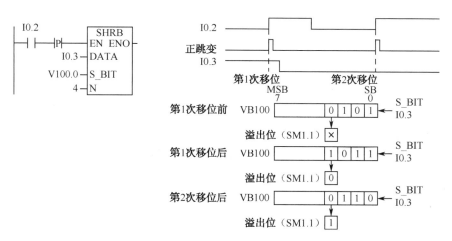

图 3-10 4 位寄存器的移位过程示意图

【例 3-2】 用 PLC 构成对喷泉的控制。用灯 L1~L12 分别代表喷泉的 12 个喷水柱。

（1）控制要求：按下启动按钮后，隔灯闪烁，L1 亮 0.5s 后灭，接着 L2 亮 0.5s 后灭，接着 L3 亮 0.5s 后灭，接着 L4 亮 0.5s 后灭，接着 L5、L9 亮 0.5s 后灭，接着 L6、L10 亮 0.5s 后灭，接着 L7、L11 亮 0.5s 后灭，接着 L8、L12 亮 0.5s 后灭，L1 亮 0.5s 后灭，如此循环下去，直至按下停止按钮，如图 3-11 所示。

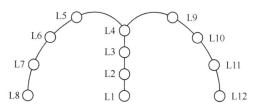

图 3-11 喷泉模拟控制示意图

（2）I/O 端口分配表如表 3-9 所示。

表 3-9 I/O 端口分配表

输入			输　　　出					
PLC 地址	电气符号	功能说明	PLC 地址	电气符号	功能说明	PLC 地址	电气符号	功能说明
I0.0	SB1	启动按钮，常开	Q0.0	HL1	灯 L1	Q0.4	HL5	灯 L5
I0.1	SB2	停止按钮，常闭	Q0.1	HL2	灯 L2	Q0.5	HL6	灯 L6
			Q0.2	HL3	灯 L3	Q0.6	HL7	灯 L7
			Q0.3	HL4	灯 L4	Q0.7	HL8	灯 L8

（3）喷泉模拟控制的 PLC 梯形图如图 3-12 所示。

分析：应用移位寄存器指令控制，根据喷泉模拟控制的 8 位输出（Q0.0~Q0.7），需指定一个 8 位的移位寄存器（M10.1~M11.0），移位寄存器的 S_BIT 位为 M10.1，并且移位寄存器的每一位对应一个输出，如图 3-13 所示。

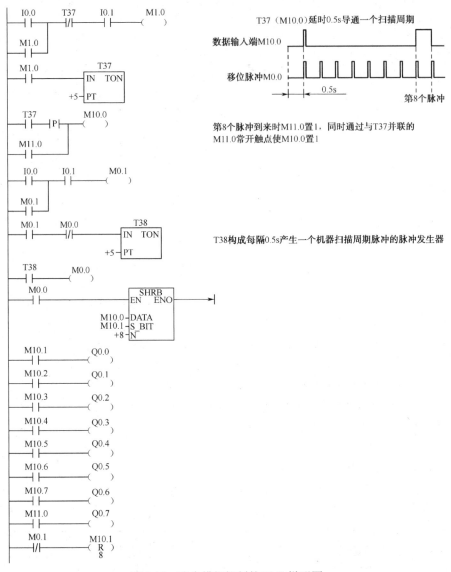

图 3-12　喷泉模拟控制的 PLC 梯形图

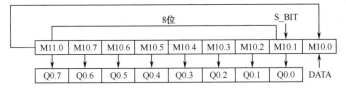

图 3-13　移位寄存器的位与输出的对应关系

 项目实施

任务 1.1　设计 10 个彩灯间隔 1s 依次点亮的 PLC 控制系统

控制要求：10 个彩灯间隔 1s 依次点亮，设置启动按钮和停止按钮，任意时刻按下停止

按钮时，所有的彩灯都熄灭。

（1）I/O 端口分配。根据控制要求，该控制系统的 I/O 端口分配表如表 3-10 所示。

表 3-10　I/O 端口分配表

输 入 信 号			输 出 信 号		
PLC 地址	电气符号	功能说明	PLC 地址	电气符号	功能说明
I0.0	SB1	启动按钮，常开	Q0.0～Q0.7	HL1～HL8	1~8 个彩灯
I0.1	SB2	停止按钮，常开	Q1.0、Q1.1	HL9、HL10	9、10 彩灯

（2）程序设计。根据控制要求，其对应的梯形图如图 3-14 所示。

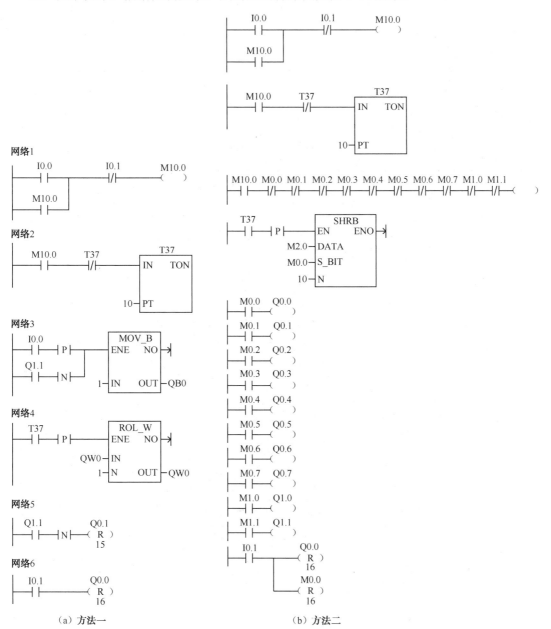

图 3-14　10 个彩灯间隔 1s 依次点亮的 PLC 控制系统梯形图

任务 1.2 设计霓虹灯闪烁的 PLC 控制系统

控制要求：用 4 个霓虹灯 HL1~HL4，显示"欢迎光临"4 个字。其闪烁要求如表 3-11 所示，闪烁时间间隔为 1s，循环反复进行。

表 3-11 "欢迎光临"闪烁流程表

灯 号	步 序							
	1	2	3	4	5	6	7	8
HL1	亮				亮		亮	
HL2		亮			亮		亮	
HL3			亮		亮		亮	
HL4				亮	亮		亮	

（1）I/O 端口分配。根据控制要求，霓虹灯闪烁的 PLC 控制系统的 I/O 端口分配表如表 3-12 所示。

表 3-12 I/O 端口分配表

输 入 信 号			输 出 信 号		
PLC 地址	电气符号	功能说明	PLC 地址	电气符号	功能说明
I0.0	SB1	启动按钮，常开	Q0.0	HL1	"欢"字灯
I0.1	SB2	停止按钮，常开	Q0.1	HL2	"迎"字灯
			Q0.2	HL3	"光"字灯
			Q0.3	HL4	"临"字灯

（2）PLC 控制系统的外部接线图如图 3-15 所示。

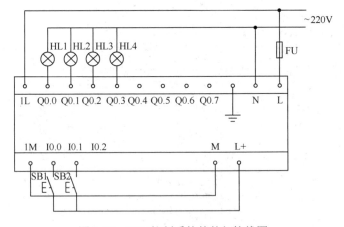

图 3-15 PLC 控制系统的外部接线图

（3）程序设计。根据控制要求，其对应的梯形图如图 3-16 所示。

图 3-16　霓虹灯闪烁的 PLC 控制梯形图

任务 1.3　设计天塔之光的模拟控制系统

控制要求：如图 3-17 所示的天塔的彩灯，可以用 PLC 控制灯光每隔 0.5s 闪烁移位并按时序进行变化。按下启动按钮，按 L12→L11→L10→L8→L1→L1、L2、L9→L1、L5、L8→L1、L4、L7→L1、L3、L6→L1→L2、L3、L4、L5→L6、L7、L8、L9→L1、L2、L6→L1、L3、L7→L1、L4、L8→L1、L5、L9→L1→L2、L3、L4、L5→L6、L7、L8、L9→L12→

L11→L10······的顺序循环闪烁下去，直至按下停止按钮。

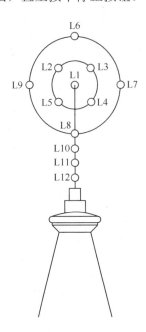

图 3-17　天塔之光控制示意图

（1）I/O 端口分配。根据控制要求，天塔之光的模拟控制系统的 I/O 端口分配表如表 3-13 所示。

表 3-13　I/O 端口分配表

输　入　信　号			输　出　信　号		
PLC 地址	电气符号	功能说明	PLC 地址	电气符号	功能说明
I0.0	SB1	启动按钮，常开	Q0.0~Q1.3	L1~L12	12 个彩灯
I0.1	SB2	停止按钮，常闭			

（2）程序设计。

分析：灯光闪烁移位分为 19 步，因此可以指定一个 19 位的移位寄存器（M10.1~M10.7，M11.0~M11.7，M12.0~M12.3），移位寄存器的每一位对应一步。而对于输出，如 L1（Q0.0），分别在第 5、6、7、8、9、10、13、14、15、16、17 步被点亮，即其对应的移位寄存器位 M10.5、M10.6、M10.7、M11.0、M11.1、M11.2、M11.5、M11.6、M11.7、M12.0、M12.1 置 1 时，Q0.0 置 1，所以需要将这些位所对应的常开触点并联后输出 Q0.0，以此类推其他的输出。移位寄存器移位脉冲和数据输入配合的关系如图 3-18 所示。

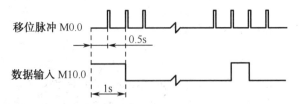

图 3-18　移位寄存器移位脉冲和数据输入配合的关系

天塔之光模拟控制系统梯形图如图 3-19 所示。

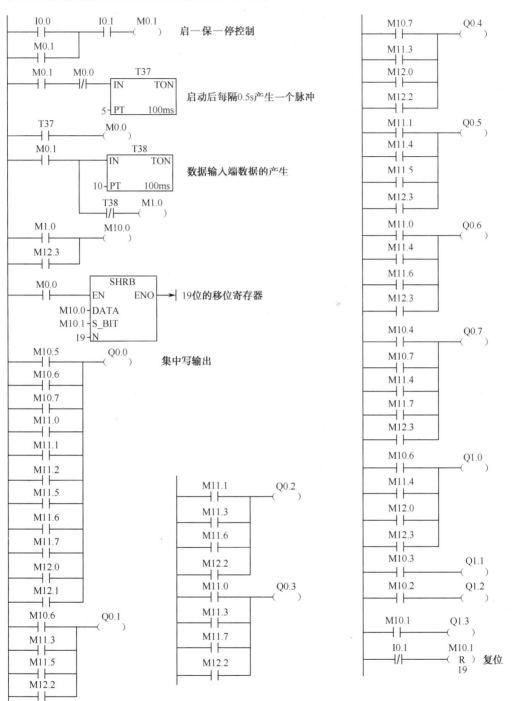

图 3-19　天塔之光的模拟控制系统梯形图

项目 2　数据处理的 PLC 控制系统

 教学目标

◇ 能力目标

1. 能用数据比较指令编写控制程序；
2. 能用算术、逻辑运算指令编写简单程序；
3. 能用数据转换指令编写控制程序。

◇ 知识目标

1. 熟悉、理解数据比较指令的使用方法；
2. 熟悉算术运算指令的使用方法；
3. 熟悉逻辑运算指令的使用方法；
4. 熟悉数据转换指令的使用方法。

 **项目任务**

任务 2.1　小车定位的 PLC 控制系统

任务 2.2　抢答器的 PLC 控制系统

任务 2.3　停车场数码显示 PLC 控制系统

 **知识链接**

3.3　数据比较指令及应用

　　数据比较指令用于比较两个数据的大小，并根据比较结果使触点闭合，进而实现某种控制要求。它包括字节比较、字整数比较、双字整数比较和实数比较指令 4 种。

1. 数据比较指令格式及功能（如表 3-14 所示）

表 3-14　数据比较指令格式及功能

LAD	STL	功　能
IN1 —|FX|— IN2	LDXF　IN1, IN2 AXF　IN1, IN2 OXF　IN1, IN2	比较两个数 IN1 和 IN2 的大小，若比较式为真，则该触点闭合

说明：

（1）STL 的操作码中的 F 代表比较符号，可分为 "==" "<>" ">=" "<=" ">" "<" 6 种。

（2）STL 的操作码中的 X 代表数据类型，分为字节、字整数、双字整数和实数 4 种。

（3）STL 的操作数的寻址范围要与 X 一致。其中字节比较指令、实数比较指令不能寻址专用的字及双字存储器，如 T、C 和 HC 等；字整数比较指令不能寻址专用的双字存储器 HC；双字整数比较指令不能寻址专用的字存储器 T、C 等。

（4）字节比较指令是无符号的，字整数、双字整数和实数比较指令都是有符号的。

（5）比较指令中的< >、<、>指令不适用于 CPU21X 系列机型。为了实现这 3 种比较功能，在用 CPU21X 系列机型编程时，可采用 NOT 指令与=、>=、<=指令的组合。如要表达 VD10<>100，可写成语句表程序：

```
LD=  VD10，100
NOT
```

2. 数据比较指令用法举例（如图 3-20 所示）

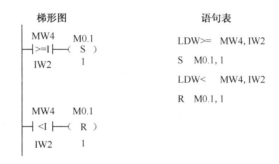

图 3-20 数据比较指令用法举例

【例 3-3】 设计四个彩灯依次循环间隔点亮的 PLC 控制系统。要求按下启动按钮时第一个彩灯 HL1 点亮，HL1 点亮 1s 后灭，同时第二个彩灯 HL2 点亮，HL2 点亮 2s 后灭，同时第三个彩灯 HL3 点亮，HL3 点亮 3s 后灭，同时第四个彩灯 HL4 点亮，HL4 点亮 4s 后灭，同时第一个彩灯 HL1 又点亮，重复刚才的动作进行循环，中途按下停止按钮，点亮的彩灯立即熄灭。

根据控制要求，用数据比较指令设计的梯形图如图 3-21 所示。

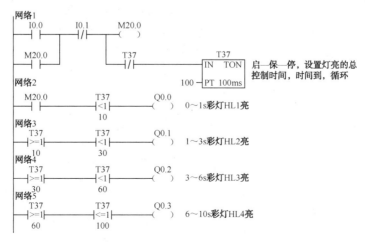

图 3-21 四个彩灯依次循环间隔点亮的 PLC 控制梯形图

3.4 数据转换指令及应用

数据转换指令对操作数的类型进行转换，并输出到指定目标地址中去。数据转换指令包括数据类型转换指令、数据的编码和译码指令及字符串类型转换指令。

不同功能的指令对操作数要求不同。数据类型转换指令可将一个固定的数据用到有不同要求的指令中，包括字节与整数之间的转换、整数与双整数之间的转换、双整数与实数之间的转换、BCD 码与整数之间的转换等。

3.4.1 字节与整数之间的转换指令

字节与整数之间的转换指令格式及功能如表 3-15 所示。

表 3-15 字节与整数之间的转换指令格式及功能

LAD	B_I EN ENO ????-IN OUT-????	I_B EN ENO ????-IN OUT-????
STL	BTI IN, OUT	ITB IN, OUT
操作数	IN：VB、IB、QB、MB、SB、SMB、LB、AC、常量。数据类型：字节。 OUT：VW、IW、QW、MW、SW、SMW、LW、T、C、AC。数据类型：整数	IN：VW、IW、QW、MW、SW、SMW、LW、T、C、AIW、AC、常量。数据类型：整数。 OUT：VB、IB、QB、MB、SB、SMB、LB、AC。数据类型：字节
功能	BTI 指令将字节数值（IN）转换成整数值，并将结果置入 OUT 指定的存储单元中。因为字节不带符号，所以无符号扩展	ITB 指令将整数值（IN）转换成字节数值，并将结果置入 OUT 指定的存储单元中。输入的整数 0~255 被转换。超出部分导致溢出，SM1.1=1，输出不受影响

3.4.2 整数与双整数之间的转换指令

整数与双整数之间的转换指令格式及功能如表 3-16 所示。

表 3-16 整数与双整数之间的转换指令格式及功能

LAD	I_DI EN ENO ????-IN OUT-????	DI_I EN ENO ????-IN OUT-????
STL	ITD IN, OUT	DTI IN, OUT
操作数	IN：VW、IW、QW、MW、SW、SMW、LW、T、C、AIW、AC、常量。数据类型：整数。 OUT：VD、ID、QD、MD、SD、SMD、LD、AC。数据类型：双整数	IN：VD、ID、QD、MD、SD、SMD、LD、HC、AC、常量。数据类型：双整数。 OUT：VW、IW、QW、MW、SW、SMW、LW、T、C、AC。数据类型：整数
功能	ITD 指令将整数值（IN）转换成双整数值，并将结果置入 OUT 指定的存储单元中。符号被扩展	DTI 指令将双整数值（IN）转换成整数值，并将结果置入 OUT 指定的存储单元中。如果转换的数值过大，则无法在输出中表示，产生溢出，SM1.1=1，输出不受影响

3.4.3　双整数与实数之间的转换指令

双整数与实数之间的转换指令格式及功能如表 3-17 所示。

表 3-17　双整数与实数之间的转换指令格式及功能

	DI_R	ROUND	TRUNC
LAD	EN　ENO ????-IN　OUT-????	EN　ENO ????-IN　OUT-????	EN　ENO ????-IN　OUT-????
STL	DTR IN, OUT	ROUND IN, OUT	TRUNC IN, OUT
操作数	IN：VD、ID、QD、MD、SD、SMD、LD、AC、HC、常量。数据类型：双整数。 OUT：VD、ID、QD、MD、SD、SMD、LD、AC。数据类型：实数	IN：VD、ID、QD、MD、SD、SMD、LD、AC。数据类型：实数。 OUT：VD、ID、QD、MD、SD、SMD、LD、AC。数据类型：双整数	IN：VD、ID、QD、MD、SD、SMD、LD、AC。数据类型：实数。 OUT：VD、ID、QD、MD、SD、SMD、LD、AC。数据类型：双整数
功能	DTR指令将32位带符号整数（IN）转换成 32 位实数，并将结果置入OUT 指定的存储单元中	ROUND 指令按小数部分四舍五入的原则，将实数（IN）转换成双整数值，并将结果置入 OUT 指定的存储单元中	TRUNC（截位取整）指令按将小数部分直接舍去的原则，将 32 位实数（IN）转换成 32 位双整数值，并将结果置入 OUT 指定的存储单元中

3.4.4　BCD 码与整数之间的转换指令

BCD 码与整数之间的转换指令格式及功能如表 3-18 所示。

表 3-18　BCD 码与整数之间的转换指令格式及功能

	BCD_I	I_BCD
LAD	EN　ENO ????-IN　OUT-????	EN　ENO ????-IN　OUT-????
STL	BCDI OUT	IBCD OUT
操作数	IN：VW、IW、QW、MW、SW、SMW、LW、T、C、AIW、AC、常量。数据类型：字。 OUT：VW、IW、QW、MW、SW、SMW、LW、T、C、AC。数据类型：字	
功能	BCDI指令将二进制编码的十进制数（IN）转换成整数，并将结果送入 OUT 指定的存储单元中。IN 的有效范围是 BCD 码 0~9999	IBCD 指令将输入整数（IN）转换成二进制编码的十进制数，并将结果送入 OUT 指定的存储单元中。IN 的有效范围是 0~9999

在表 3-18 中，IN 和 OUT 的操作数地址相同。若 IN 和 OUT 操作数地址不是同一个存储器，对应的语句表指令为：

　　MOV　IN, OUT
　　BCDI　OUT

3.4.5 译码和编码指令

译码和编码指令的格式及功能如表 3-19 所示。

表 3-19 译码和编码指令的格式及功能

LAD	DECO EN ENO ???? - IN OUT - ????	ENCO EN ENO ???? - IN OUT - ????
STL	DECO IN，OUT	ENCO IN，OUT
操作数	IN：VB、IB、QB、MB、SMB、LB、SB、AC、常量。数据类型：字节。 OUT：VW、IW、QW、MW、SMW、LW、SW、AQW、T、C、AC。数据类型：字	IN：VW、IW、QW、MW、SMW、LW、SW、AIW、T、C、AC、常量。数据类型：字。 OUT：VB、IB、QB、MB、SMB、LB、SB、AC。数据类型：字节
功能	译码指令根据输入字节（IN）的低 4 位表示的输出字的位号，将输出字的相对应的位置 1，输出字的其他位均置 0	编码指令将输入字（IN）最低有效位（其值为 1）的位号写入输出字节（OUT）的低 4 位中

【例 3-4】 译码和编码指令用法举例，如图 3-22 所示。

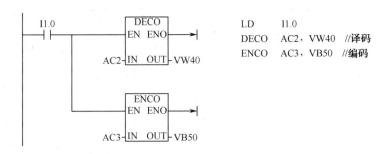

图 3-22 译码和编码指令用法举例

若（AC2）=2，执行译码指令，则将输出字 VW40 的第 2 位 VW40.2 置 1，VW40 中的二进制数为 2#0000 0000 0000 0100；若（AC3）=2#0000 0000 0000 0100，执行编码指令，则输出字节 VB50 中的位号 2。

3.4.6 七段显示译码指令

七段显示译码指令的格式及功能如表 3-20 所示。

表 3-20 七段显示译码指令的格式及功能

LAD	STL	功 能
SEG EN ENO ???? - IN OUT - ????	SEG IN，OUT	当使能端 EN 为 1 时，将输入字节 IN 的低 4 位有效数字转换为七段显示码，并输出到字节 OUT 中

说明:

操作数 IN、OUT 寻址范围不包括专用的字及双字存储器,如 T、C、HC 等, OUT 不能寻址常数。

七段显示码的编码规则如图 3-23 所示。

IN	段显示	(OUT) -gfe dcba	段码显示	IN	段显示	(OUT) -gfe dcba
0	□	0011 1111		8	吕	0111 1111
1	l	0000 0110		9	马	0110 0111
2	己	0101 1011		A	吊	0111 0111
3	∃	0100 1111		B	b	0111 1100
4	닠	0110 0110		C	ㄷ	0011 1001
5	与	0110 1101		D	ㅁ	0101 1110
6	듬	0111 1101		E	ㄷ	0111 1001
7	ㄱ	0000 0111		F	ㄷ	0111 0001

图 3-23 七段显示码的编码规则

【例 3-5】 七段显示译码指令用法举例,如图 3-24 所示。

	地址	格式	当前值
1	VB2	不带符号	9
2	VB8	二进制	2#0110_0111

(a) 梯形图   (b) 执行结果

图 3-24 七段显示译码指令的用法举例

3.4.7 ASCII 码与十六进制数之间的转换指令

ASCII 码与十六进制数之间的转换指令的格式及功能如表 3-21 所示。

表 3-21 ASCII 码与十六进制数之间的转换指令的格式及功能

LAD	ATH EN ENO ???? — IN OUT — ???? ???? — LEN	HTA EN ENO ???? — IN OUT — ???? ???? — LEN
STL	ATH IN, OUT, LEN	HTA IN, OUT, LEN
操作数	IN/ OUT:VB、IB、QB、MB、SB、SMB、LB。数据类型:字节。 LEN:VB、IB、QB、MB、SB、SMB、LB、AC、常量。数据类型:字节。最大值为 255	
功能	ATH 指令将从 IN 开始的长度为 LEN 的 ASCII 字符串转换成十六进制数,放入从 OUT 开始的存储单元中	HTA 指令将从 IN 开始的长度为 LEN 的十六进制数转换成 ASCII 字符串,放入从 OUT 开始的存储单元中

说明:

(1) 操作数 LEN 为要转换字符的长度,IN 定义被转换字符的首地址,OUT 定义转换结果的存放地址。

（2）各操作数按字节寻址，不能对一些专用字及双字存储器如 T、C、HC 等寻址，LEN 还可寻址常数。

（3）ATH 指令中，ASCII 字符串的最大长度为 255；HTA 指令中，可转换的十六进制数的最大个数也为 255。合法的 ASCII 字符的十六进制值为 30~39 和 41~46。

【例 3-6】 ASCII 码与十六进制数的转换指令的用法举例，如图 3-25 所示。

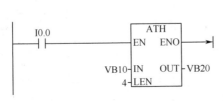

	地址	格式	当前值
1	VB10	ASCII	'A'
2	VB11	ASCII	'B'
3	VB12	ASCII	'C'
4	VB13	ASCII	'D'
5		带符号	
6	VB20	十六进制	16#AB
7	VB21	十六进制	16#CD

（a）梯形图程序　　　　　　　　　　（b）执行结果

图 3-25　ASCII 码与十六进制数的转换指令的用法举例

3.5　算术运算、逻辑运算指令

算术运算指令包括加、减、乘、除法和数学函数变换指令。逻辑运算指令包括逻辑与、或、非指令等。

3.5.1　整数与双整数加、减法指令

整数加法（ADD_I）和整数减法（SUB_I）指令：使能输入有效时，将两个 16 位有符号整数相加或相减，并产生一个 16 位的结果输出到 OUT 中。

双整数加法（ADD_DI）和双整数减法（SUB_DI）指令：使能输入有效时，将两个 32 位有符号整数相加或相减，并产生一个 32 位结果输出到 OUT 中。

整数与双整数加、减法指令格式及功能如表 3-22 所示。

表 3-22　整数与双整数加、减法指令格式及功能

	ADD_I	SUB_I	ADD_DI	SUB_DI
LAD	EN ENO IN1 OUT IN2	EN ENO IN1 OUT IN2	EN ENO IN1 OUT IN2	EN ENO IN1 OUT IN2
STL	MOVW IN1，OUT +I　IN2，OUT	MOVW IN1，OUT −I　IN2，OUT	MOVD IN1，OUT +D　IN2，OUT	MOVD IN1，OUT −D　IN2，OUT
操作数	IN1/IN2：VW、IW、QW、MW、SW、SMW、LW、T、C、AIW、常量、AC、*VD、*LD、*AC。数据类型：整数。 OUT：VW、IW、T、C、QW、MW、SW、SMW、LW、AC、*VD、*LD、*AC。数据类型：整数		IN1/IN2：VD、ID、QD、MD、SD、SMD、LD、AC、HC、常量、*VD、*LD、*AC。数据类型：双整数。 OUT：VD、ID、QD、MD、SD、SMD、LD、AC、*VD、*LD、*AC。数据类型：双整数	
功能	IN1+IN2=OUT	IN1−IN2=OUT	IN1+IN2=OUT	IN1−IN2=OUT

说明：

（1）当操作数 IN1、IN2 和 OUT 的地址不同时，在语句表指令中，首先用数据传送指令将 IN1 中的数值送入 OUT 中，再进行加、减运算，即 OUT+IN2=OUT，OUT-IN2=OUT。为了节省内存，在整数加法的梯形图中，可以指定 IN1 或 IN2=OUT，这样可以不用数据传送指令。如指定 IN1=OUT，则语句表指令为+I　IN2，OUT；如指定 IN2=OUT，则语句表指令为+I　IN1，OUT。在整数减法的梯形图中，可指定 IN1=OUT，则语句表指令为-I　IN2，OUT。这个原则适用于所有的算术运算指令，且乘法和加法指令对应，减法和除法指令对应。

（2）整数与双整数加、减法指令影响算术标志位 SM1.0（零）、SM1.1（溢出）和 SM1.2（负）。

【例 3-7】　求 5000 加 400 的和，5000 在数据存储器 VW200 中，结果放入 AC0 中。程序如图 3-26 所示。

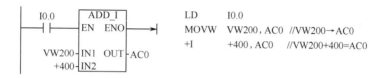

```
LD      I0.0
MOVW    VW200，AC0    //VW200→AC0
+I      +400，AC0     //VW200+400=AC0
```

图 3-26　整数加法指令举例

3.5.2　整数与双整数乘、除法指令

整数乘法指令（MUL_I）：使能输入有效时，将两个 16 位有符号整数相乘，并产生一个 16 位乘积，从 OUT 指定的存储单元输出。

整数除法指令（DIV_I）：使能输入有效时，将两个 16 位有符号整数相除，并产生一个 16 位商，从 OUT 指定的存储单元输出，不保留余数。如果输出结果大于一个字，则溢出位 SM1.1 置 1。

双整数乘法指令（MUL_DI）：使能输入有效时，将两个 32 位有符号整数相乘，并产生一个 32 位乘积，从 OUT 指定的存储单元输出。

双整数除法指令（DIV_DI）：使能输入有效时，将两个 32 位整数相除，并产生一个 32 位商，从 OUT 指定的存储单元输出，不保留余数。

整数乘法产生双整数指令（MUL）：使能输入有效时，将两个 16 位整数相乘，得出 32 位乘积，从 OUT 指定的存储单元输出。

整数除法产生双整数指令（DIV）：使能输入有效时，将两个 16 位整数相除，得出 32 位结果，从 OUT 指定的存储单元输出。其中，高 16 位放余数，低 16 位放商。

整数与双整数乘、除法指令格式及功能如表 3-23 所示。

表 3-23　整数与双整数乘、除法指令格式及功能

	MUL_I	DIV_I	MUL_DI	DIV_DI	MUL	DIV
LAD	EN　ENO IN1　OUT IN2	EN　ENO IN1　OUT IN2	EN　ENO IN1　OUT IN2	EN　ENO IN1　OUT IN2	EN　ENO IN1　OUT IN2	EN　ENO IN1　OUT IN2
STL	MOVW IN1，OUT *I　IN2，OUT	MOVW IN1，OUT /I　IN2，OUT	MOVD IN1，OUT *D　IN2，OUT	MOVD IN1，OUT /D　IN2，OUT	MOVW IN1，OUT MUL IN2，OUT	MOVW IN1，OUT DIV IN2，OUT

续表

操作数	IN1/IN2：VW、IW、QW、MW、SW、SMW、LW、AC、常量、*VD、*LD、*AC。数据类型：整数。 OUT：VD、ID、QD、MD、SD、SMD、LD、AC、*VD、*LD、*AC。数据类型：双整数					
功能	IN1×IN2=OUT	IN1/IN2=OUT	IN1×IN2=OUT	IN1/IN2=OUT	IN1×IN2=OUT	IN1/IN2=OUT

说明：

（1）整数与双整数乘、除法指令操作数及数据类型和加、减法指令的相同。

（2）操作数的寻址范围要与操作码中的一致。OUT 不能寻址常数。

（3）如果结果大于一个字输出，则设定溢出位。

（4）该指令影响下列特殊内存位：SM1.0（零）、SM1.1（溢出）、SM1.2（负）、SM1.3（除数为 0）。

【例 3-8】 整数乘、除法指令用法举例。其程序及运算过程如图 3-27 所示。

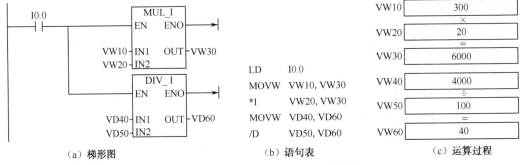

图 3-27 整数乘、除法指令用法举例

3.5.3 实数加、减、乘、除法指令

实数加法指令（ADD_R）、实数减法指令（SUB_R）：使能输入有效时，将两个 32 位实数相加、减，并产生一个 32 位结果，从 OUT 指定的存储单元输出。

实数乘法指令（MUL_R）、实数除法指令（DIV_R）：使能输入有效时，将两个 32 位实数相乘、除，并产生一个 32 位的乘积、商，从 OUT 指定的存储单元输出。

指令格式及功能如表 3-24 所示。

表 3-24 实数加、减、乘、除法指令格式及功能

	ADD_R	SUB_R	MUL_R	DIV_R
LAD	EN ENO IN1 OUT IN2	EN ENO IN1 OUT IN2	EN ENO IN1 OUT IN2	EN ENO IN1 OUT IN2
STL	MOVD IN1, OUT +R IN2, OUT	MOVD IN1, OUT -R IN2, OUT	MOVD IN1, OUT *R IN2, OUT	MOVD IN1, OUT /R IN2, OUT
操作数	IN1/IN2：VD、ID、QD、MD、SD、SMD、LD、AC、常量、*VD、*LD、*AC。数据类型：实数。 OUT：VD、ID、QD、MD、SD、SMD、LD、AC、*VD、*LD、*AC。数据类型：实数			
功能	IN1+IN2=OUT	IN1-IN2=OUT	IN1×IN2=OUT	IN1/IN2=OUT

说明：

（1）各操作数要按双字寻址，不能寻址专用的字及双字存储器，如 T、C 及 HC 等；OUT

不能寻址常数。

（2）该指令影响下列特殊内存位：SM1.0（零）、SM1.1（溢出）、SM1.3（除数为 0）、SM1.2（负）。

【例 3-9】　实数加法指令用法举例。其梯形图及运算过程如图 3-28 所示。

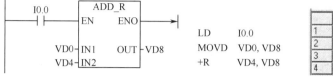

（a）梯形图　　　　　　（b）语句表　　　　　　（c）运算过程

图 3-28　实数加法指令用法举例

【例 3-10】　实数乘、除法指令用法举例。其程序及运算过程如图 3-29 所示。

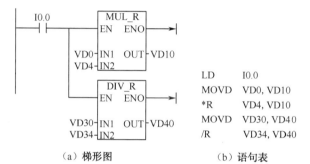

（a）梯形图　　　　　　（b）语句表　　　　　　（c）运算过程

图 3-29　实数乘、除法指令用法举例

3.5.4　数学函数变换指令

数学函数变换指令包括平方根、自然对数、指数、三角函数指令等。

平方根指令（SQRT）：对 32 位实数（IN）取平方根，并产生一个 32 位实数结果，从 OUT 指定的存储单元输出。

自然对数指令（LN）：对 IN 中的数值进行自然对数计算，并将结果置于 OUT 指定的存储单元中。求以 10 为底的对数时，用自然对数除以 2.302585（约等于 10 的自然对数）。

自然指数指令（EXP）：将 IN 取以 e 为底的指数，并将结果置于 OUT 指定的存储单元中。将自然指数指令与自然对数指令相结合，可以实现以任意数为底，任意数为指数的计算。

三角函数指令：将一个实数的弧度值 IN 分别求 SIN、COS、TAN，得到实数运算结果，从 OUT 指定的存储单元输出。

数学函数变换指令格式及功能如表 3-25 所示。

表 3-25　数学函数变换指令格式及功能

LAD	SQRT EN ENO IN OUT	LN EN ENO IN OUT	EXP EN ENO IN OUT	SIN EN ENO IN OUT	COS EN ENO IN OUT	TAN EN ENO IN OUT
STL	SQRT IN, OUT	LN IN, OUT	EXP IN, OUT	SIN IN, OUT	COS IN, OUT	TAN IN, OUT

续表

操作数	IN: VD、ID、QD、MD、SD、SMD、LD、AC、常量、*VD、*LD、*AC。数据类型：实数。
	OUT: VD、ID、QD、MD、SD、SMD、LD、AC、*VD、*LD、*AC。数据类型：实数
功能	三角函数指令：将一个实数的弧度值 IN 分别求 SIN、COS、TAN，得到实数运算结果，从 OUT 指定的存储单元输出

说明：

（1）操作数要按双字寻址，不能寻址某些专用的字及双字存储器，如 T、C、HC 等，OUT 不能对常数寻址。

（2）此指令影响下列特殊内存位：SM1.0（零）、SM1.1（溢出）、SM1.2（负）。

【例 3-11】 数学函数变换指令用法举例。其程序及运算过程如图 3-30 所示。

（a）梯形图　　　　　（b）语句表　　　　（c）运算过程

图 3-30　数学函数变换指令用法举例

3.5.5　逻辑运算指令

逻辑运算指令是对无符号数按位进行与、或、异或、取反等操作的指令。操作数分为 B、W、DW。指令格式及功能如表 3-26 所示。

表 3-26　逻辑运算指令的格式及功能

LAD	WAND_B / WAND_W / WAND_DW	WOR_B / WOR_W / WOR_DW	WXOR_B / WXOR_W / WXOR_DW	INV_B / INV_W / INV_DW
STL	ANDB IN1, OUT ANDW IN1, OUT ANDD IN1, OUT	ORB IN1, OUT ORW IN1, OUT ORD IN1, OUT	XORB IN1, OUT XORW IN1, OUT XORD IN1, OUT	INVB OUT INVW OUT INVD OUT

续表

操作数	B	IN1/IN2: VB、IB、QB、MB、SB、SMB、LB、AC、常量、*VD、*LD、*AC。			
		OUT: VB、IB、QB、MB、SB、SMB、LB、AC、*VB、*LB、*AC			
	W	IN1/IN2: VW、IW、QW、MW、SW、SMW、LW、AC、常量、*VD、*LD、*AC。			
		OUT: VW、IW、QW、MW、SW、SMW、LW、AC、*VD、*LD、*AC			
	DW	IN1/IN2: VD、ID、QD、MD、SD、SMD、LD、AC、常量、*VD、*LD、SD、*AC。			
		OUT: VD、ID、QD、MD、SD、SMD、LD、AC、*VD、*LD、SD、*AC			
功能		IN1∧IN2=OUT	IN1∨IN2=OUT	IN1⊕IN2=OUT	/IN =OUT

逻辑与指令：将输入 IN1、IN2 按位相与，得到的逻辑运算结果放入 OUT 指定的存储单元中。

逻辑或指令：将输入 IN1、IN2 按位相或，得到的逻辑运算结果放入 OUT 指定的存储单元中。

逻辑异或指令：将输入 IN1、IN2 按位相异或，得到的逻辑运算结果放入 OUT 指定的存储单元中。

取反指令：将输入 IN 按位取反，将结果放入 OUT 指定的存储单元中。

说明：表 3-26 中的语句表用于梯形图中设置 IN2 和 OUT 所指定的存储单元相同时。若在梯形图中，IN2（或 IN1）和 OUT 所指定的存储单元不同，则在语句表中需要使用数据传送指令，将其中一个输入端的数据先送入 OUT，再进行逻辑运算。

【例 3-12】　逻辑运算指令用法举例。其程序及运算过程如图 3-31 所示。

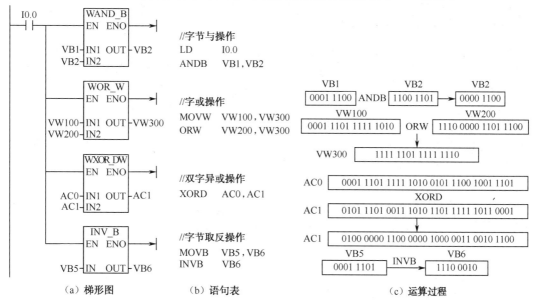

图 3-31　逻辑运算指令用法举例

3.5.6　递增、递减指令

递增字节（字、双字）和递减字节（字、双字）指令的作用是在输入字节（字、双字）上加 1 或减 1，并将结果置入 OUT 指定的变量中。指令格式及功能如表 3-27 所示。

递增字节指令（INC_B）/递减字节指令（DEC_B）：递增字节和递减字节指令的作用是

在输入字节（IN）上加 1 或减 1，并将结果置入 OUT 指定的变量中。递增和递减字节运算不带符号。

递增字指令（INC_W）/递减字指令（DEC_W）：递增字和递减字指令的作用是在输入字（IN）上加 1 或减 1，并将结果置入 OUT 指定的变量中。递增和递减字运算带符号。

递增双字指令（INC_DW）/递减双字指令（DEC_DW）：递增双字和递减双字指令的作用是在输入双字（IN）上加 1 或减 1，并将结果置入 OUT 指定的变量中。递增和递减双字运算带符号。

表 3-27 递增和递减指令格式及功能

LAD	INC_B EN ENO IN OUT	DEC_B EN ENO IN OUT	INC_W EN ENO IN OUT	DEC_W EN ENO IN OUT	INC_DW EN ENO IN OUT	DEC_DW EN ENO IN OUT
STL	INCB OUT	DECB OUT	INCW OUT	DECW OUT	INCD OUT	DECD OUT
操作数	IN: VB、IB、QB、MB、SB、SMB、LB、常量、AC、*VD、*LD、*AC。数据类型：字节。 OUT：VB、IB、QB、MB、SB、SMB、LB、AC、*VD、*LD、*AC。数据类型：字节		IN：VW、IW、QW、MW、SW、SMW、LW、T、C、AIW、常量、AC、*VD、*LD、*AC。数据类型：整数。 OUT：VW、IW、T、C、QW、MW、SW、SMW、LW、AC、*VD、*LD、*AC。数据类型：整数		IN：VD、ID、QD、MD、SD、SMD、LD、AC、HC、常量、*VD、*LD、*AC。数据类型：双整数。 OUT：VD、ID、QD、MD、SD、SMD、LD、AC、*VD、*LD、*AC。数据类型：双整数	
功能	字节加 1	字节减 1	字加 1	字减 1	双字加 1	双字减 1

说明：

（1）EN 采用一个机器扫描周期的短脉冲触发；使 ENO=0 的错误条件：SM4.3（运行时间），0006（间接地址），SM1.1（溢出）。

（2）影响标志位：SM1.0（零）、SM1.1（溢出）、SM1.2（负）。

（3）在梯形图中，IN 和 OUT 可以指定为同一存储单元，这样可以节省内存，在语句表中也不需使用数据传送指令。

3.5.7 数据表指令

数据表指令的作用是创建数据表格及进行数据表格中数据的出、入操作，可定义参数表及存储成组数据，包括填表、查表、字填充、表取数指令等。

1. 填表指令

填表指令格式及功能如表 3-28 所示。

表 3-28 填表指令格式及功能

LAD	STL	功 能
AD_T_TBL EN ENO ????—DATA ????—TBL	ATT DATA, TBL	当使能端 EN 为 1 时，向表 TBL 中增加一个数据 DATA

说明：

（1）语句表中的操作数 DATA 指定被填入表格中的数据；TBL 指定表格的起始字节地址。两个操作数均按字寻址，其中对 DATA 的寻址还包括 AIW 寄存器、AC 累加器和常数。

（2）使用填表指令之前，必须首先初始化表格，即通过初始化程序将表格的最大填表数置入表中。

（3）表中第一个数是最大填表数（TL），第二个数是实际填表数（EC），指出已填入表的数据个数，新的数据添加在表中上一个数据的后面。

（4）每向表中添加一个新的数据，EC 会自动加 1。一张表除 TL 和 EC 这两个参数外，还可以有最多 100 个填表数据。

【例 3-13】 填表指令的用法举例。设一张表的起始地址为 VW20，表格的最大填表数为 6，已填入 2 个数据。现将 VW10 中的数据 1234 填入表中。其程序及填表过程如图 3-32 所示。

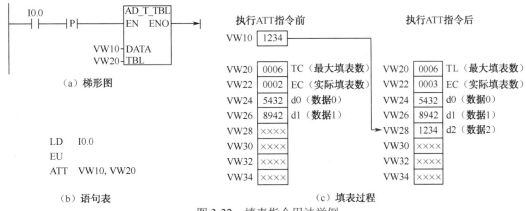

图 3-32 填表指令用法举例

2. 查表指令

查表指令格式及功能如表 3-29 所示。

表 3-29 查表指令格式及功能

LAD	STL	功　能
TBL_FIND EN　ENO ????－TBL ????－PTN ????－INDX ????－CMD	FND=　TBL, PTN, INDX FND<>　TBL, PTN, INDX FND<　TBL, PTN, INDX FND>　TBL, PTN, INDX	当使能端 EN 为 1 时，从表 TBL 中的第一个数据开始搜索符合参考数据 PTN 和条件 CMD（=、<>、<或>）的数据。如果发现一个符合条件的数据，则将该数据的位置号存入 INDX 中

说明：

（1）操作数 TBL 指定表的起始地址，直接指向表中的实际填表数；PTN 指定要查找的参考数据；INDX 存放所查数据的位置；CMD 指定被查数据与参考数据之间的关系：1 为=、2 为<>、3 为<、4 为>。

（2）除 CMD 外其余操作数均按字寻址，其中 PTN 还可以寻址常数。

（3）找到一个符合条件的数据后，为了查找下一个符合条件的数据，在激活查表指令前，必须先对 INDX 加 1。如果没有发现符合条件的数据，那么 INDX 等于最大填表数 TL；如果再次查表，需将 INDX 置 0。

【例 3-14】 查表指令的用法举例。设表格为 VW200，表格中已填入 6 个数据，现从表格中查找十六进制数 3130。其程序及查表过程如图 3-33 所示。

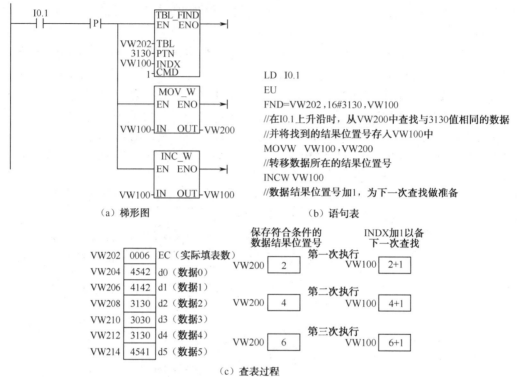

图 3-33 查表指令用法举例

3. 字填充指令

字填充指令格式及功能如表 3-30 所示。

表 3-30 字填充指令格式及功能

LAD	STL	功　能
FILL_N EN　ENO ????-IN　OUT-???? ????-N	FILL IN, OUT, N	当使能端 EN 为 1 时，将指定的 N 个字（IN）填充到从输出字（OUT）开始的存储单元中

说明：操作数 N 采用字节寻址，也可寻址常数，其范围为 1~55；OUT 不能寻址常数。

【例 3-15】 字填充指令的用法举例。将 0 填入 VW0~VW18（10 个字）中。其程序及字填充过程如图 3-34 所示。

4. 表取数指令

从数据表中取数的指令有先进先出指令（FIFO）和后进先出指令（LIFO）两种，先进先出指令和后进先出指令的格式及功能如表 3-31 所示。

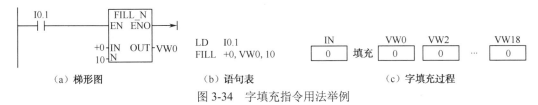

（a）梯形图　　　　（b）语句表　　　　　（c）字填充过程

图 3-34　字填充指令用法举例

表 3-31　先进先出指令和后进先出指令的格式及功能

LAD	STL	功　　能
FIFO　　　LIFO EN　ENO　EN　ENO ??─TBL DATA─??　???─TBL DATA─???	FIFO　TBL，DATA LIFO　TBL，DATA	当使能端 EN 为 1 时，FIFO 指令移出表格（TBL）中的第一个数据，并将该数据移至 DATA 指定的存储单元中，表格中的其他数据依次向上移动一个位置；LIFO 指令将表格（TBL）中的最后一个数据移至输出端 DATA 指定的存储单元中，表格中的其他数据位置不变

说明：

（1）语句表中的操作数 DATA 和 TBL 均按字寻址，其中对 DATA 的寻址还包括 AIW 寄存器、AC 累加器和常数。

（2）每执行一次先进先出指令（FIFO）和后进先出指令（LIFO），表中的实际填表数（EC）减 1。

【例 3-16】　先进先出指令（FIFO）和后进先出指令（LIFO）的用法举例。从图 3-35 所示的两个数据表中，用 FIFO、LIFO 指令取数，将取出的数值分别放入 VW300、VW400 中，程序及运行过程如图 3-35 所示。

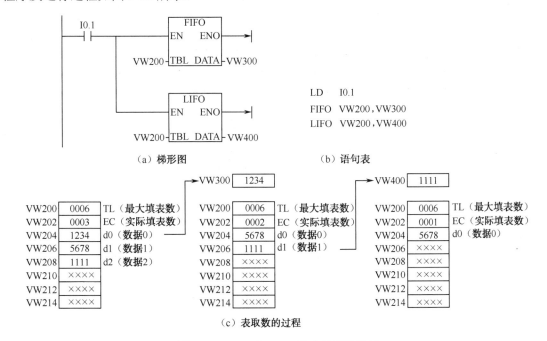

（a）梯形图　　　　　　　　　　　　（b）语句表

（c）表取数的过程

图 3-35　FIFO 和 LIFO 指令的用法举例

任务 2.1　小车定位的 PLC 控制系统

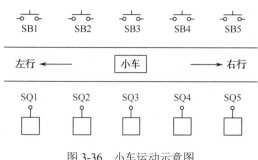

图 3-36　小车运动示意图

设计一个小车定位控制系统，如图 3-36 所示。控制要求如下：

① 当小车所停位置限位开关 SQ 的编号大于呼叫位置按钮 SB 的编号时，小车向左运动到呼叫位置时停止。

② 当小车所停位置限位开关 SQ 的编号小于呼叫位置按钮 SB 的编号时，小车向右运动到呼叫位置时停止。

③ 当小车所停位置限位开关 SQ 的编号等于呼叫位置按钮 SB 的编号时，小车不动作。

（1）I/O 端口分配。根据控制要求，小车定位的 PLC 控制系统的 I/O 端口分配表如表 3-32 所示。

表 3-32　I/O 端口分配表

输 入 信 号			输 出 信 号		
PLC 地址	电气符号	功能说明	PLC 地址	电气符号	功能说明
I0.0	SB0	启动按钮，常开	Q0.0	KM1	小车右行接触器线圈
I0.6	SB6	停止按钮，常开	Q0.1	KM2	小车左行接触器线圈
I0.1~I0.5	SB1~SB5	呼叫位置按钮，常开			
I1.1~I1.5	SQ1~SQ5	限位开关			

（2）小车定位的 PLC 控制系统的外部接线图如图 3-37 所示。

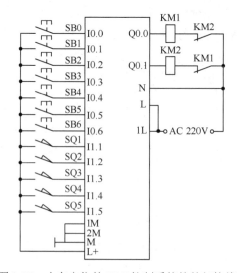

图 3-37　小车定位的 PLC 控制系统的外部接线图

（3）程序设计。根据控制要求，其对应的梯形图如图 3-38 所示。

分析：当按下启动按钮或限位开关被压下时，将呼叫位置按钮编号和限位开关的编号用数据传送指令分别送到字节 VB1 和 VB2 中，按下启动按钮后，用比较指令将 VB1 和 VB2 进行比较，决定小车左、右行或停止；当按下停止按钮时，小车停止，VB1、VB2 清零。

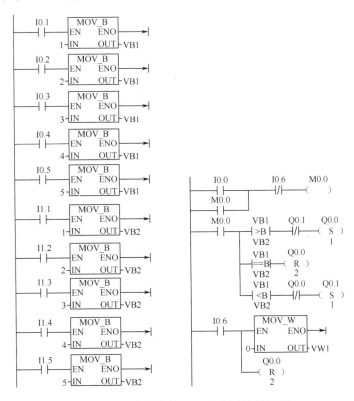

图 3-38　小车定位的 PLC 控制系统梯形图

任务 2.2　抢答器的 PLC 控制系统

设计一个抢答器的 PLC 控制系统，控制要求如下。

① 系统初始上电后，主持人在总控制台上按下启动按钮后，允许各组人员抢答，即各组抢答按钮有效。

② 抢答过程中，一至四组中的任何一组抢先按下各自的抢答按钮（S1、S2、S3、S4）后，该组指示灯（L1、L2、L3、L4）点亮，数码管显示当前的组号，并使蜂鸣器发出响声（持续 2s 后停止），同时锁住抢答器，使其他组抢答按钮无效，直至本次答题完毕。

③ 主持人对抢答状态确认后，按下复位按钮，系统又继续允许各组人员抢答；直至又有一组抢先按下抢答按钮。

分析控制要求，四组抢答台使用的 S1~S4 抢答按钮及主持人操作的复位按钮 SR、启动按钮 SD 作为 PLC 的输入信号，输出信号包括数码管和蜂鸣器。数码管的每一段应分配一个输出信号，因此总共需要 8 个输出点。为保证只有最先抢到的组号被显示，各抢答台之间应设置互锁。

复位按钮 SR 的作用有两个：一是复位抢答器；二是复位数码管，为下一次的抢答做准备。本任务中用到比较指令、七段显示译码指令。

（1）I/O 端口分配。根据控制要求，抢答器的 PLC 控制系统的 I/O 端口分配表如表 3-33 所示。

表 3-33 I/O 端口分配表

输 入 信 号			输 出 信 号		
PLC 地址	电气符号	功能说明	PLC 地址	电气符号	功能说明
I0.0	SD	启动按钮，常开	Q0.0~Q0.6	a、b、c、d、e、f、g	数码管
I0.5	SR	复位按钮，常开	Q1.0	HA	蜂鸣器
I0.1~I0.4	S1~S4	抢答按钮，常开			

（2）抢答器的控制系统的 PLC 外部接线图如图 3-39 所示。

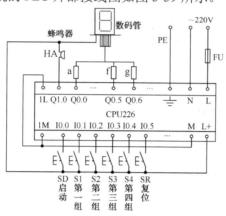

图 3-39 抢答器的控制系统的 PLC 外部接线图

（3）程序设计。根据控制要求，其对应的梯形图如图 3-40 所示。

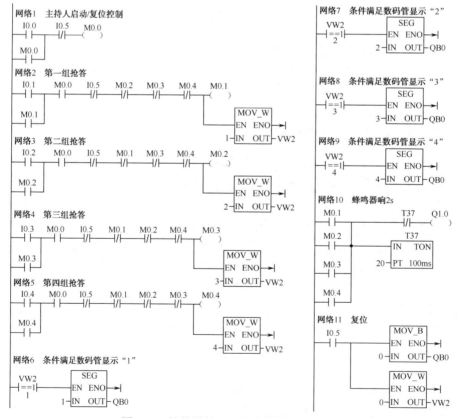

图 3-40 抢答器的 PLC 控制系统的梯形图

任务 2.3 停车场数码显示 PLC 控制系统

某停车场最多可停 50 辆车，用两位数码管显示停车数量。用传感器检测进出场车辆，每进一辆车停车数量加 1，每出一辆车停车数量减 1。场内停车数量小于 45 时，入口处绿灯亮，允许入场；停车数量大于等于 45 但小于 50 时，绿灯闪烁，提醒待进场车辆司机注意将满场；停车数量大于等于 50 时，红灯亮，禁止车辆入场。停车场输入/输出设备位置示意图如图 3-41 所示。

图 3-41 停车场输入/输出设备位置示意图

（1）I/O 端口分配。根据控制要求，停车场数码显示 PLC 控制系统 I/O 端口分配表如表 3-34 所示。

表 3-34 I/O 端口分配表

输 入 信 号			输 出 信 号	
PLC 地址	电气符号	功能说明	PLC 地址	功能说明
I0.0	入口传感器 IN	检测进场车辆	Q0.6~Q0.0	个位数字显示
I0.1	出口传感器 OUT	检测出场车辆	Q1.0	绿灯，允许信号
			Q1.1	红灯，禁行信号
			Q2.6~Q2.0	十位数字显示

（2）停车场数码显示的 PLC 控制系统外部接线图如图 3-42 所示。通常传感器有 3 个端子，分别接 PLC 内部直流电源 24V 的正极、输入公共端 1M（0V）和输入信号端 I。在图 3-42 中，入口传感器 IN 接 I0.0，出口传感器 OUT 接 I0.1。

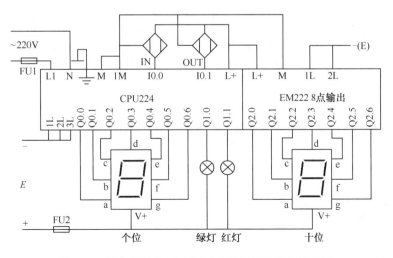

图 3-42 停车场数码显示的 PLC 控制系统外部接线图

（3）程序设计。停车场数码显示 PLC 控制系统梯形图如图 3-43 所示。

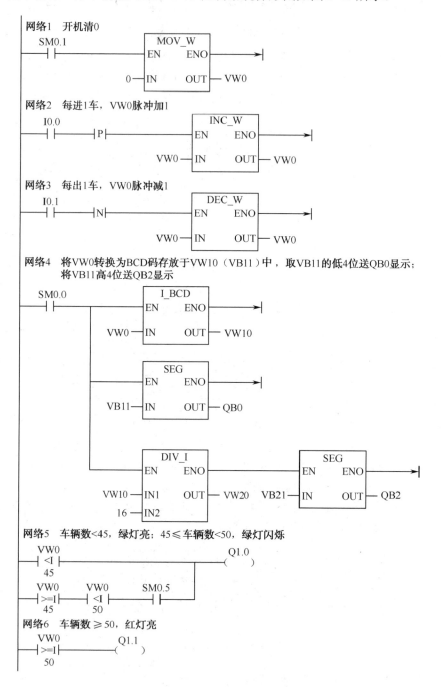

图 3-43 停车场数码显示 PLC 控制系统梯形图

思考与练习题

3-1 用数据传送指令编程。

（1）按下启动按钮 I0.0 时 8 个灯（对应 Q0.7~Q0.0）全亮，松开按钮时 8 个灯（对应 Q0.7~Q0.0）全灭。

（2）按下启动按钮 I0.0 时 8 个灯（对应 Q0.7~Q0.0）前面 4 个灯亮，按下按钮 I0.1 时后面 4 个灯亮，前面 4 个灯灭，按下按钮 I0.2 时 8 个灯全灭。

（3）8 个指示灯的控制。控制要求：当按下按钮 I0.0 时，全部灯亮；当按下按钮 I0.1 时，奇数序号灯亮；当按下按钮 I0.2 时，偶数序号灯亮；当按下按钮 I0.3 时，全部灯灭。

（4）8 个指示灯的控制。控制要求：奇数序号灯亮 2s 后停止，然后偶数序号灯亮 3s 后停止，循环。

3-2　用数据比较指令编程。

（1）控制 2 个 LED 灯的亮灭。按启动按钮 I0.0 后灯 1（Q0.0）点亮 2s，2s 后灯 1 灭灯 2（Q0.1）点亮 3s，3s 后灯 2 灭灯 1 点亮，循环 2 次停止，中途任意时间按下停止按钮 I0.1 灯灭。

（2）将模块 2 中思考与练习题 2-17 题用数据比较指令进行程序设计，完成题目的要求。

（3）将模块 2 中思考与练习题 2-18 题用数据比较指令进行程序设计，完成题目的要求。

（4）将模块 2 中思考与练习题 2-19 题用数据比较指令进行程序设计，完成题目的要求。

3-3　用移位指令或移位寄存器指令编程。

（1）控制 8 个彩灯，按下启动按钮 I0.0 后 8 个彩灯（Q0.7~Q0.0）依次循环从左向右间隔 1s 点亮，中途任意时间按下停止按钮 I0.1 灯灭。

（2）将模块 2 中思考与练习题 2-17 题用移位或移位寄存器指令进行程序设计，完成题目的要求。

（3）将模块 2 中思考与练习题 2-18 题用移位或移位寄存器指令进行程序设计，完成题目的要求。

（4）将模块 2 中思考与练习题 2-19 题用移位或移位寄存器指令进行程序设计，完成题目的要求。

3-4　应用数据传送指令设计电动机 Y-△降压启动控制电路和程序。指示灯在启动过程中亮，启动结束时灭。如果发生电动机过载，停止工作并且指示灯点亮报警。电动机 Y-△降压启动电路如图 3-44 所示。

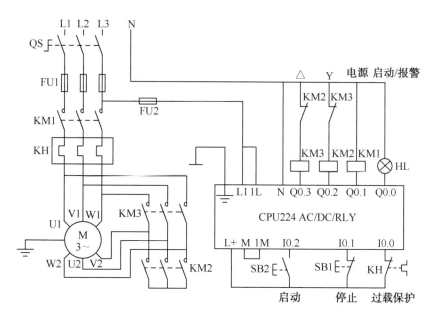

图 3-44　习题 3-4 图

3-5　如图 3-45 所示是利用数据比较指令实现十字路口交通信号灯控制的程序，试分析其工作过程。

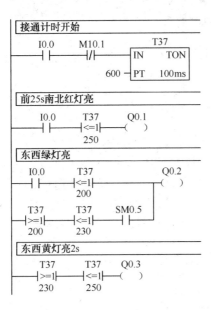

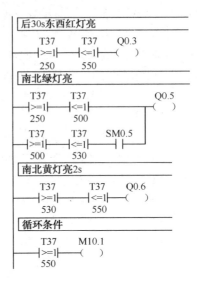

图 3-45　习题 3-5 图

模块 4　特殊功能指令的应用

项目 1　机电一体化设备的 PLC 控制

教学目标

◇　能力目标

1. 能根据实际控制要求编写顺序控制的流程图；
2. 能根据实际控制要求用 SCR 指令设计梯形图；
3. 能根据实际需要设计子程序。

◇　知识目标

1. 掌握 PLC 顺序控制指令及其应用方法；
2. 掌握程序控制类指令的使用方法。

项目任务

任务 1.1　专用钻床的 PLC 控制系统
任务 1.2　传送机分拣大小球的控制系统

知识链接

4.1　程序控制类指令

程序控制类指令用于程序运行状态的控制，主要包括有/无条件结束、暂停、监视计时器复位、跳转、标号、循环、子程序调用等指令。

4.1.1　有条件结束指令 END、无条件结束指令 MEND

所谓有条件结束指令（END），就是执行条件成立时使主程序结束，返回主程序起点的指令。有条件结束指令用在无条件结束指令（MEND）之前，必须以无条件结束指令结束主程序。西门子可编程系列软件自动在主程序结束时加上一个无条件结束指令。有条件结束指令不能在子程序或中断程序中使用。END/MEND 指令格式如图 4-1 所示。

（a）有条件结束指令   （b）无条件结束指令

图 4-1   END/MEND 指令格式

4.1.2   暂停指令 STOP

所谓暂停指令（STOP），是指当条件符合时，能够使 CPU 的工作方式发生变化，从运行（RUN）方式进入停止（STOP）方式，立即终止程序的指令。如果在中断程序中执行 STOP 指令，那么该中断程序立即终止，并且忽略所有挂起的中断，继续扫描主程序的剩余部分。在本次扫描的最后，完成 CPU 从 RUN 到 STOP 方式的转换。其指令格式如图 4-2 所示。

```
    SM5.0              LD  SM5.0    //SM5.0位检测到I/O错误时置1
    ─┤├───( STOP )      STOP         //强制转换至STOP（停止）方式
```

图 4-2   STOP 指令格式

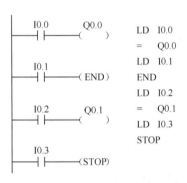

图 4-3   END/STOP 指令的区别

注意 END 和 STOP 是有区别的，如图 4-3 所示，该程序实现 CPU 从 RUN 到 STOP 方式的转换，在这个程序中，当 I0.0 接通时，Q0.0 有输出，若 I0.1 接通，终止用户程序，Q0.0 仍保持接通，下面的程序不会执行，并返回主程序起点。若 I0.0 断开，接通 I0.2，则 Q0.1 有输出，若将 I0.3 接通，则 Q0.0 和 Q0.1 均复位，CPU 转为 STOP 方式。

4.1.3   监视计时器复位指令 WDR

监视计时器复位指令（WDR）（又称看门狗定时器复位指令），是指为了保证系统可靠运行，PLC 内部设置了系统监视计时器 WDT，用于监视扫描时间是否超时，每当扫描到计时器 WDT 时，使计时器 WDT 复位的指令。

计时器 WDT 有一个预设值（100~300ms）。系统正常工作时，所需扫描时间小于 WDT 的预设值，WDT 被及时复位；在系统故障情况下，扫描时间大于 WDT 预设值，该计时器不能及时复位，则报警并停止 CPU 运行，同时复位输入、输出。这种故障称为 WDT 故障，以防止因系统故障或程序进入死循环而引起扫描时间过长。

系统正常工作时，有时会因为用户程序过长或使用中断指令、循环指令使扫描时间过长而超过计时器 WDT 的预设值，为防止这种情况下监视计时器动作，可使用监视计时器复位指令，使计时器 WDT 复位。使用 WDR 指令，在终止本次扫描之前，下列操作过程将被禁止：通信（自由端口方式除外）、I/O（立即 I/O 除外）、强制更新、SM 位更新（SM0、SM5~SM29 不能被更新）、运行时间诊断、中断程序中的 STOP 指令。监视计时器复位指令的用法举例如图 4-4 所示。

图 4-4   监视计时器复位指令用法举例

4.1.4　跳转指令 JMP 与标号指令 LBL

跳转指令（JMP），是指执行后，可使程序跳转到同一程序中的具体标号（n）处的指令。标号指令（LBL），是指标记跳转目的地位置（n）的指令。指令操作数 n 为常数，通常为 0~255。

跳转指令和相应标号指令必须在同一程序中使用。跳转与标号指令的格式及功能如表 4-1 所示，跳转与标号指令的用法举例如图 4-5 所示。

表 4-1　跳转与标号指令的格式及功能

LAD	STL	功　能
n —（ JMP ）	JMP　n	条件满足时，跳转指令可使程序跳转到同一程序中的具体标号（n）处
n ⊢ LBL	LBL　n	标号指令标记跳转目的地位置（n）

如图 4-5 所示的梯形图中，当 JMP 条件满足（即 I0.0 为 ON）时，程序跳转执行 LBL 指令标号以后的指令，即当 I0.2 接通时 Q0.2 有输出；同时在 JMP 和 LBL 之间的指令一概不执行，在这个过程中即使 I0.1 接通 Q0.1 也不会有输出。当 JMP 条件不满足时，则当 I0.1 接通时 Q0.1 有输出。

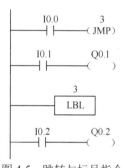

图 4-5　跳转与标号指令
用法举例

4.1.5　循环指令 FOR、NEXT

循环指令的功能是重复执行具有相同功能的计算和逻辑处理程序，极大地优化了程序结构。该指令有两个，分别为循环开始指令（FOR）和循环结束指令（NEXT）。指令的格式及功能如表 4-2 所示。

表 4-2　循环开始与循环结束指令的格式及功能

LAD	STL	功　能
FOR EN　ENO ????-INDX ????-INIT ????-FINAL	FOR INDX, INIT, FINAL	条件满足时，循环开始
—（NEXT）	NEXT	结束循环

循环开始指令的功能是条件满足时循环开始。循环开始指令有 3 个数据输入端，输入数据类型均为整数。INDX 为当前循环计数，INIT 为循环初值，FINAL 为循环终值。其中，当前循环计数 INDX，其操作数为 VW、IW、QW、MW、SW、SMW、LW、T、C、AC、*VD、*AC 和*CD；循环初值 INIT 和循环终值 FINAL 的操作数为 VW、IW、QW、MW、SW、SMW、LW、T、C、AC、常数、*VD、*AC 和*CD。循环结束指令的功能是结束循环。

执行循环指令时，FOR 和 NEXT 指令必须配合使用。循环指令可以嵌套使用，但最多不能超过 8 层，且循环体之间不可交叉。使能输入有效时，循环指令各参数将自动复位。

循环指令的用法举例如图 4-6 所示，该梯形图表示当 I0.0 的状态为 ON 时，①所示的外循环执行 3 次，由 VW200 累积循环次数；当 I0.1 的状态为 ON 时，外循环执行一次，②所示的内循环执行 3 次，且由 VW210 累积循环次数。

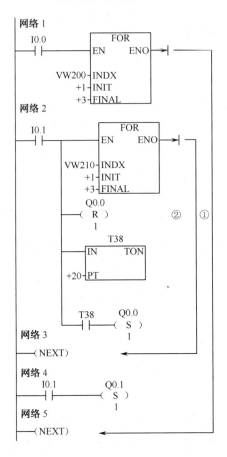

图 4-6　循环指令用法举例

4.1.6　子程序

S7-200 CPU 的控制程序由主程序、子程序和中断程序组成。STEP 7-Micro/WIN 编程软件在程序编辑器窗口中为每个程序组织单元（POU）提供了一个独立的页，主程序总在第 1 页，后面是子程序或中断程序。

子程序常用于需要反复执行相同任务的地方，只需要写一次子程序，其他的程序在需要的时候调用它，而无须重写该程序。子程序的调用是有条件的，未调用它时不会执行子程序中的指令，因此使用子程序可以减少扫描时间。

使用子程序可以将程序分成容易管理的小块，使程序结构简单清晰，易于查错和维护。如果子程序中只使用了局部变量，因为与其他 POU 没有地址冲突，可以将子程序移植到其他项目中。为了移植子程序，应避免使用全局符号和变量，如 V 存储器中的绝对地址。

可以采用下列方法创建子程序：在"编辑"菜单中选择"插入"→"子程序"命令；或在程序编辑器窗口中右击并从弹出的快捷菜单中选择"插入"→"子程序"命令，程序编辑器将从原来的 POU 显示进入新的子程序。右击指令树中的子程序或中断程序的图标，在弹出的快捷菜单中选择"重命名"命令,可以修改它们的名称。

1. 子程序调用指令、返回指令

主程序可以用子程序调用指令(CALL)来调用一个子程序。子程序调用指令把程序控制权交给子程序(SBR_n),子程序结束后,必须返回主程序。可以带参数或不带参数调用子程序,每个子程序必须以无条件返回指令(RET)作为结束,STEP 7-Micro/WIN 编程软件为每个子程序自动加入无条件返回指令。在控制条件有效时,有条件返回指令(CRET)可立即终止子程序。子程序执行完毕,回到主程序中子程序调用指令的下一条指令。其指令格式及功能如表4-3所示。

表 4-3 子程序调用、返回指令的格式及功能

梯形图 LAD	语句表 STL	指 令 功 能
SBR_n EN	CALL SBR_n	子程序调用指令(CALL)把程序的控制权交给子程序(SBR_n)
─(RET) ├(RET)	CRET RET	有条件返回指令(CRET)根据该指令前面的逻辑关系,决定是否终止子程序(SBR_n)。 无条件返回指令(RET)可立即终止子程序的执行

在中断程序、子程序中也可调用子程序,但子程序不能调用自己,子程序的嵌套深度为8。调用不带参数子程序并从子程序返回的举例如图4-7所示。

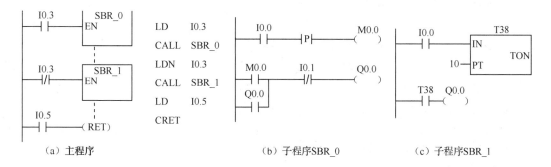

(a) 主程序　　　　　　　　　(b) 子程序SBR_0　　　　　(c) 子程序SBR_1

图 4-7 子程序指令的应用举例

子程序被调用时,系统会保存当前的逻辑堆栈。保存后再置栈顶值为 1,堆栈中的其他值为零,把控制权交给被调用的子程序。子程序执行完毕,通过子程序返回指令自动恢复逻辑堆栈原调用点的值,把控制权交还给主程序。主程序和子程序共用累加器。调用子程序时无须对累加器做存储及重装操作。

2. 局部变量表

1)局部变量与全局变量

在 SIMATIC 符号表或 IEC 的全局变量表中定义的变量为全局变量。程序中的每个 POU 均有自己的由 64 字节存储器组成的局部变量表,它们用来定义有范围限制的变量,局部变量只在它被创建的 POU 中有效。与之相反,全局变量在各 POU 中均有效,只能在符号表/全局

变量表中定义。全局变量与局部变量名称相同时，在定义局部变量的 POU 中，该局部变量的定义优先，全局变量则在其他 POU 中使用。

局部变量有以下优点。

（1）在子程序中只用局部变量，不用绝对地址或全局变量，子程序可以移植到别的项目中去。

（2）如果使用暂时变量（TEMP），同一物理存储器可以在不同的程序中重复使用。

局部变量还用来在子程序和调用它的程序之间传递输入参数和输出参数。在编程软件中，将水平条拉至程序编辑器窗口的顶部，则不再显示局部变量表，但它仍然存在；将水平条下拉，将再次显示局部变量表。

2）局部变量的类型

局部变量表中的变量类型区中定义的变量有输入参数（IN）、输入/输出参数（IN_OUT）、输出参数（OUT）和暂时变量（TEMP）4 种类型。

IN：由调用它的 POU 提供的输入参数。输入参数可以是直接寻址数据（如 VB10）、间接寻址数据（如*AC1）、常数（如 16#1234）或地址（如&VB100）。

IN_OUT：输入/输出参数。调用子程序时，将指定参数位置的值传到子程序中；子程序返回时，从子程序得到的结果值返回到指定参数的地址。参数可采用直接寻址和间接寻址，但常数和地址不允许作为输入/输出参数。

OUT：输出参数，将从子程序得来的结果值返回到指定参数的位置。输出参数可以采用直接寻址和间接寻址，但不可以是常数或地址。

TEMP：暂时变量。只能在子程序内部暂时存储数据，不能用来传递参数。

在带参数调用子程序指令中，参数必须按照一定顺序排列，输入参数（IN）在最前面，其次是输入/输出参数（IN_OUT），最后是输出参数（OUT）。

3）局部变量的赋值

局部变量表使用局部变量存储器，在局部变量表中加入一个参数时，系统自动给该参数分配局部变量存储空间。当给子程序传递值时，参数放在子程序的局部变量存储器中。在局部变量表中赋值时，只需指定局部变量的类型（TEMP、IN、IN_OUT 或 OUT）和数据类型，不用指定存储器地址，程序编辑器按照子程序的调用顺序将参数值分配给局部变量存储器，起始地址是 L0.0；8 个连续位的参数值分配 1 字节，如 LX.0~LX.7。字节、字和双字值按照字节顺序分配在局部变量存储器（LBX、LWX 或 LDX）中。

4）在局部变量表中增加新的变量

对于主程序与中断程序，局部变量表显示一组已被预先定义为 TEMP 的行。要在表中增加行，只需右击表中的某一行，在弹出的快捷菜单中选择"插入"→"行"命令，则在所选行的上部插入新的行。选择"插入"→"下一行"命令则在所选行的下部插入新的行。

对于子程序，局部变量表显示数据类型被预先定义为 IN、IN_OUT、OUT 和 TEMP 的一系列行，不能改变它们的顺序。如果要增加新的局部变量，必须右击已有的行，并用弹出的快捷菜单在所选行的上面或下面插入相同类型的另一局部变量。

5）局部变量数据类型检查

局部变量作为参数向子程序传递时，在该子程序的局部变量表中指定的数据类型必须与调用它的 POU 中的数据类型匹配。

例如，在主程序 OB1 中调用子程序 SBR0，使用名为 INPUT1 的全局符号作为子程序的输入参数，在 SBR0 的局部变量表中，已经定义了一个名为 FIRST 的局部变量作为其输入参数。当 OB1 调用 SBR0 时，INPUT1 的数值被传入 FIRST，INPUT1 和 FIRST 的数据类型必须匹配。

3. 带参数调用子程序

带参数调用子程序时需要设置调用的参数，带参数调用子程序指令举例如图 4-8 所示。参数在子程序的局部变量表（如表 4-4 所示）中定义。参数由地址、参数名称（最多 8 个字符）、变量类型和数据类型描述。子程序最多可以传递 16 个参数。

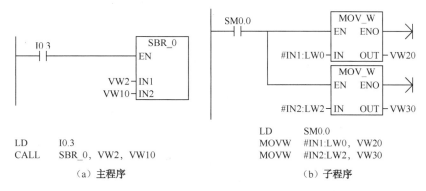

图 4-8　带参数调用子程序指令举例

局部变量表的最左列（如表 4-4 所示）是每个被传递的参数的局部变量存储器地址。当调用子程序时，输入参数值被复制到子程序的局部变量存储器中。当子程序执行完时，从局部变量存储器区复制输出参数值到指定的输出参数地址。

表 4-4　STEP 7-Micro/WIN 局部变量表

地址（L）	参数名称（Name）	变量类型（Var Type）	数据类型（Data Type）	注释（Comment）
EN	IN	BOOL		
L0.0	IN1	IN	BOOL	
LB1	IN2	IN	BYTE	
L2.0	IN3	IN	BOOL	
LD3	IN4	IN	DWORD	
LW7	IN/OUT	IN/OUT	WORD	
LD9	OUT1	OUT	DWORD	

局部变量表与名为"模拟量计算"的子程序如图 4-9 所示。在该子程序的局部变量表中，定义了名为"转换值""系数 1""系数 2"的输入变量（IN），名为"模拟值"的输出变量（OUT）和名为"暂存 1"的变量。局部变量表最左边的一列是每个参数在局部变量存储器中的地址。

创建子程序后，可以在主程序、其他子程序或中断程序中调用该子程序，调用子程序时将执行子程序的全部指令，直至子程序结束，然后返回调用程序中该子程序调用指令的下一条指令处。

一个项目中最多可以创建 64 个子程序，CPU226 型 PLC 支持 128 个子程序。子程序可以嵌套调用，最大嵌套深度为 8。在中断程序中调用的子程序中不能再调用子。不禁止递归调用（子程序调用自己），但使用时应谨慎。

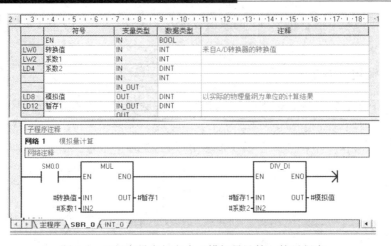

图 4-9　局部变量表与名为"模拟量计算"的子程序

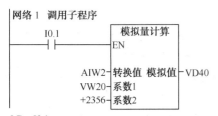

图 4-10　在主程序中调用子程序

如上例中，建立子程序后，STEP 7-Micro/WIN 软件在指令树最下面的"调用子程序"文件夹下面自动生成刚创建的子程序"模拟量计算"对应的图标。对于梯形图，在子程序局部变量表中为该子程序定义参数后，将生成客户化调用指令块，如图 4-10 所示，指令块中自动包含了子程序的输入参数和输出参数。

在梯形图中插入子程序调用指令时，首先打开程序编辑器窗口中需要调用子程序的 POU，找到需要调用子程序的地方。双击打开指令树最下面的子程序文件夹，将需要调用的子程序图标从指令树中拖到程序编辑器窗口中的正确位置，松开左键，子程序块便被放置在该位置。也可以将矩形光标置于程序编辑器窗口中需要放置该子程序的地方，然后双击指令树中要调用的子程序，子程序图标会自动出现在光标所在的位置。

如果用语句表编程，子程序调用指令的格式为：

CALL 子程序名，参数 1，参数 2，…，参数 n（n=0~16）

子程序的语句表如图 4-10 所示。在语句表中调用带参数的子程序时，参数必须按一定的顺序排列，输入参数在最前面，其次是输入/输出参数，最后是输出参数。子程序调用指令中的有效操作数为存储器地址、常量、全局变量和调用指令所在的 POU 中的局部变量，不能指定被调用子程序中的局部变量。若在使用子程序调用指令后修改该子程序中的局部变量表，调用指令将变为无效，必须删除无效调用，用能反映正确参数的新的调用指令代替。

4.2　步进顺序控制指令

在运用 PLC 进行顺序控制时常采用顺序控制指令，这是一种由顺序功能流程图设计梯形图的步进型指令。首先用顺序功能流程图描述程序的设计思想，再用指令编写出符合程序设计思想的程序。顺序控制指令可以将顺序功能流程图转换成梯形图，顺序功能流程图是设计梯形图的基础。

4.2.1　顺序功能流程图简介

顺序功能流程图是指按照顺序控制的思想，根据工艺过程，根据输出量的状态变化，将一个工作周期划分为若干顺序相连的步。在任何一步内，各输出量的 ON/OFF 状态不变，但是相邻两步输出量的状态是不同的。所以，可以将程序的执行过程分成各个状态步，通常用顺序控制继电器的位 S0.0~S31.7 代表程序的状态步。使系统由当前步进入下一步的信号称为转换条件，又称步进条件。转换条件可以是外部的输入信号，如按钮、指令开关、限位开关的按下或接通/断开等；也可以是程序运行中产生的信号，如定时器、计数器的常开触点的接通等；转换条件还可能是若干个信号的逻辑运算的组合。一个三步循环步进顺序功能流程图如图 4-11 所示，顺序功能流程图中的每个方框代表一个状态步，如图中 1、2、3 分别代表程序的 3 个状态步。与控制过程的初始状态相对应的步称为初始步，用双线框表示，初始步可以没有步动作或者在初始步进行手动复位的操作。可以分别用 S0.0、S0.1、S0.2 表示上述的 3 个状态步，程序执行到某步时，该步状态位置 1，其余置 0。例如，执行第一步时，S0.0=1，而 S0.1、S0.2 全为 0。每步所驱动的负载称为步动作，用方框中的文字或符号表示，并用线将该方框和相应的步相连。状态步之间用有向线连接，表示状态步转移的方向，有向线上没有箭头标注时，方向为自上而下、自左而右。有向线上的短线表示状态步的转换条件。

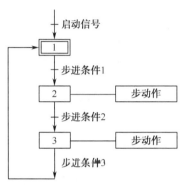

图 4-11　三步循环步进顺序功能流程图

4.2.2　顺序控制指令

可用 3 条指令描述程序的顺序控制步进状态，指令格式及功能如表 4-5 所示。

（1）顺序步开始指令 LSCR。顺序控制继电器位 SX.Y=1 时，执行该步。

（2）顺序步结束指令 SCRE。顺序步结束从 SCR（LSCR）到 SCRE 之间的顺序控制程序段的工作。

（3）顺序步转移指令 SCRT。使能输入有效时，将本顺序步的顺序控制继电器位清零，下一步顺序控制继电器位置 1。

表 4-5　顺序控制指令格式及功能

LAD	STL	功 能 说 明
??.? SCR	LSCR　n	顺序步开始指令，为步开始的标志，该步的状态元件的位置 1 时，执行该步
??.? —(SCRT)	SCRT　n	顺序步转移指令，使能输入有效时，关断本步，进入下一步。该指令由转换条件的节点启动，n 为下一步的顺序控制状态元件
—(SCRE)	SCRE	顺序步结束指令，为结束的标志

在使用顺序控制指令（SCR）时应注意如下几点。

（1）顺序控制指令只对状态元件 S 有效。为了保证程序的可靠运行，驱动状态元件 S 的信号应采用短脉冲。

（2）当输出需要保持时，可使用 S/R 指令。

（3）不能把同一编号的状态元件用在不同的程序中。如在主程序中使用 S0.1，则不能在子程序中再使用。

（4）在 SCR 段中不能使用 JMP 和 LBL 指令。即不允许跳入或跳出 SCR 段，也不允许在 SCR 段内跳转。可以使用跳转和标号指令在 SCR 段周围跳转。

（5）不能在 SCR 段中使用 FOR、NEXT 和 END 指令。

4.2.3 顺序功能流程图的基本结构

（1）单序列：顺序功能流程图的单序列结构形式简单，如图 4-12（a）所示。其特点是：每一步后面只有一个转换条件，每个转换条件后面只有一步。各个步按顺序执行，上一步执行结束，转换条件成立，立即开通下一步，同时关断上一步。

（2）并行序列：如图 4-12（b）所示，步 3 为活动步，转换条件 e=1，则步 4 和步 6 同时转换为活动步；步 3 变为非活动步，步 4 和步 6 被同时激活后，每个序列中活动步的进展是独立的。

（3）选择序列：如图 4-12（c）所示，步 5 为活动步，转换条件 h=1，则发生步 5→步 8 的转换；若步 5 为活动步，转换条件 k=1，则发生步 5→步 10 的转换，一般同一时间只允许选择一个序列。

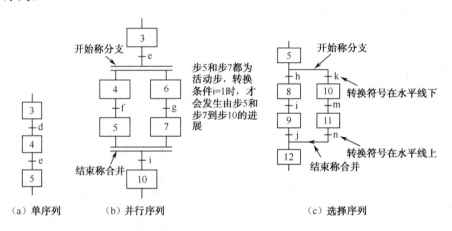

图 4-12　单序列、并行序列与选择序列流程图

4.2.4 顺序控制系统的编程方法

1. 单序列的编程方法

如图 4-13 所示为小车运动的示意图、顺序功能流程图和梯形图。设小车在初始步时停在左边，左限位开关 I0.2 为 1 状态。当按下启动按钮 I0.0 后，小车向右运动，运动到右限位开关 I0.1 处后，停在该处，3s 后开始向左运动，运动到左限位开关 I0.2 处后返回初始步，停止运动。

根据 Q0.0 和 Q0.1 的状态变化可知，一个工作周期可以分为左行、暂停和右行 3 步，另外，还应设置等待启动的初始步，并分别用 S0.0~S0.3 来代表这 4 步。启动按钮 I0.0 和限位开关的常开触点、T37 延时接通的常开触点是各步之间的转换条件。

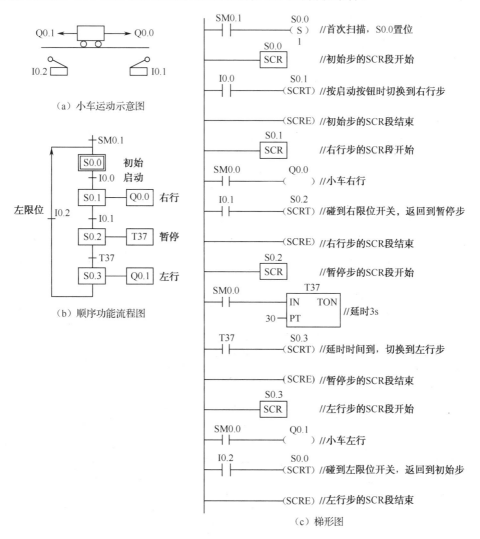

图 4-13 小车运动示意图、顺序功能流程图和梯形图

在设计梯形图时，用 LSCR 和 SCRE 指令作为 SCR 段的开始和结束指令。在 SCR 段中用 SM0.0 的常开触点来驱动在该步中应为 1 状态的输出点的线圈，并用转换条件对应的触点或电路来驱动转到后续步的 SCRT 指令。

2. 选择序列的编程方法

1）选择序列分支开始的编程方法

在图 4-14（a）中，步 S0.0 之后有一个选择序列的分支，当它为活动步并且转换条件 I0.0 得到满足时，后续步 S0.1 将变为活动步，S0.0 变为非活动步。当 S0.0 为 1 时，它对应的 SCR 段被执行，此时若转换条件 I0.0 为 1，该程序段的指令 SCRT S0.1 被执行，将转换到步 S0.1。若 I0.2 的常开触点闭合，将执行指令 SCRT S0.2，转换到步 S0.2。

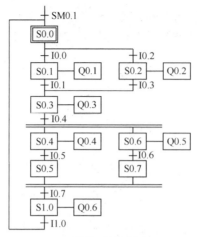

（a）顺序功能流程图

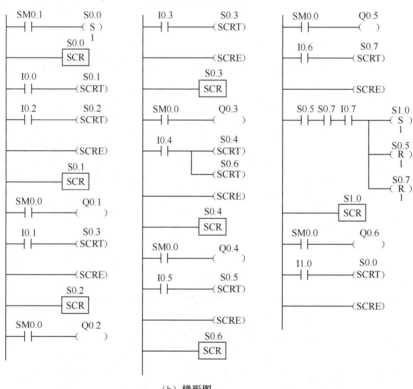

（b）梯形图

图 4-14　选择序列与并行序列的顺序功能流程图和梯形图

2）选择序列分支合并的编程方法

在图 4-14（a）中，步 S0.3 之前有一个选择序列的合并，当步 S0.1 为活动步，并且转换条件 I0.1 满足，或步 S0.2 为活动步，转移条件 I0.3 满足时，则步 S0.3 都应变为活动步。

在步 S0.1 和步 S0.2 对应的 SCR 段中，分别用 I0.1 和 I0.3 的常开触点驱动 SCRT S0.3 指令。

3. 并行序列的编程方法

1）并行序列的分支开始的编程方法

在图 4-14（a）中，步 S0.3 之后有一个并行序列的分支，当步 S0.3 是活动步，转换条件

I0.4 满足时，步 S0.4 与步 S0.6 应同时变为活动步。这是用 S0.3 对应的 SCR 段中 I0.4 的常开触点同时驱动指令 SCRT S0.4 和 SCRT S0.6 对应的线圈来实现的。与此同时，S0.3 被自动复位，步 S0.3 变为非活动步。

2）并行序列分支合并的编程方法

步 S1.0 之前有一个并行序列的合并，I0.7 对应的转换条件是所有的前级步（即步 S0.5 和 S0.7）都是活动步且转换条件 I0.7 满足，就可以使下级步 S1.0 置位。由此可知，应使用以转换条件为中心的编程方法，将 S0.5、S0.7 和 I0.7 的常开触点串联，来控制 S1.0 的置位和 S0.5、S0.7 的复位，从而使步 S1.0 变为活动步，步 S0.5 和步 S0.7 变为非活动步。其梯形图如图 4-14（b）所示。

4. 应用举例

编写十字路口交通灯循环显示控制的程序。控制要求：设置一个启动按钮 SB1、循环开关 SB2。当按下 SB1 后，交通灯控制系统开始工作。首先南北红灯亮，东西绿灯亮。按下循环开关 SB2 后，信号控制系统循环工作；否则信号控制系统停止工作，所有的信号灯灭。工作情况如图 4-15 所示。

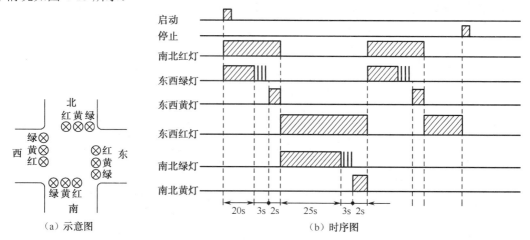

图 4-15　十字路口交通灯循环显示控制的示意图及时序图

（1）I/O 端口分配。根据控制要求，十字路口交通灯循环显示控制的 PLC I/O 端口分配表如表 4-6 所示。

表 4-6　I/O 端口分配表

输 入 信 号			输 出 信 号		
PLC 地址	电气符号	功能说明	PLC 地址	电气符号	功能说明
I0.0	SB1	启动按钮，常开	Q0.0	HL1	南北绿灯
I0.1	SB2	循环开关，常开	Q0.1	HL2	南北黄灯
			Q0.2	HL3	南北红灯
			Q0.3	HL4	东西绿灯
			Q0.4	HL5	东西黄灯
			Q0.5	HL6	东西红灯

（2）十字路口交通灯循环显示控制系统的 PLC 外部接线图如图 4-16 所示。

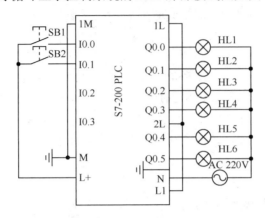

图 4-16　十字路口交通灯循环显示控制系统的 PLC 外部接线图

（3）程序设计。根据控制要求，画出交通灯控制的程序流程图如图 4-17 所示，根据程序流程图设计顺序梯形图如图 4-18 所示（也可按并行序列进行设计，大家自己思考）。

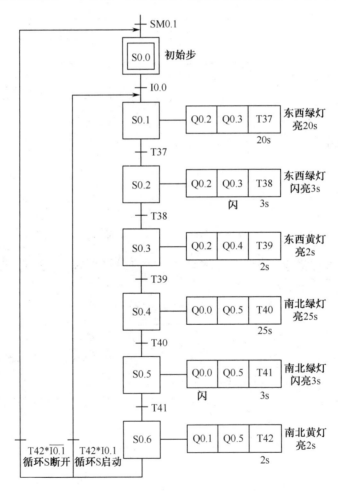

图 4-17　交通灯控制的程序流程图

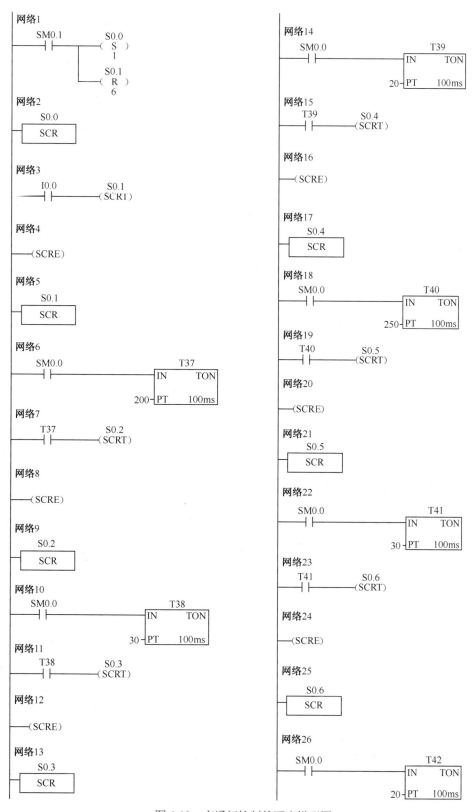

图 4-18   交通灯控制的顺序梯形图

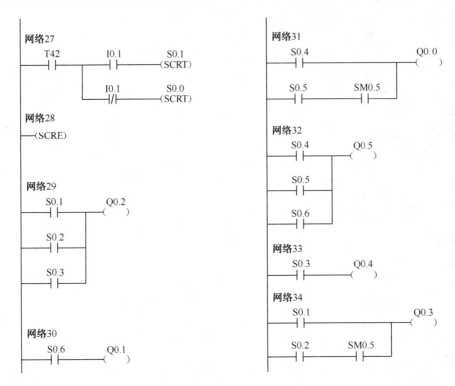

图 4-18 交通灯控制的顺序梯形图（续）

 项目实施

任务 1.1 专用钻床的 PLC 控制系统

某专用钻床用来加工圆盘状零件上均匀分布的 6 个孔，如图 4-19 所示。

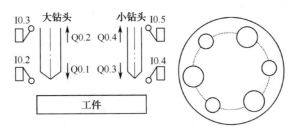

图 4-19 专用钻床结构示意图

开始时两个钻头在最上面的位置，限位开关 I0.3 和 I0.5 为 ON。操作人员放好工件后，按下启动按钮 I0.0，工件被夹紧，夹紧后压力继电器 I0.1 为 ON，接触器线圈 Q0.1 和 Q0.3 通电使两个钻头同时开始工作，分别钻到由限位开关 I0.2 和 I0.4 设定的深度时，接触器线圈 Q0.2 和 Q0.4 通电使两个钻头分别上行，升到由限位开关 I0.3 和 I0.5 设定的起始位置时，分别停止上行，预设值为 3 的计数器 C0 的当前值加 1。两个钻头都上升到位后，若没有钻完 3 对孔，C0 的常闭触点闭合，工件旋转 120°，旋转到位时限位开关 I0.6 为 ON，

旋转结束后又开始钻第二对孔。3 对孔都钻完后，计数器的当前值等于预设值 3，C0 的常开触点闭合，工件松开，松开到位时，限位开关 I0.7 为 ON，系统返回到初始状态。

（1）I/O 端口分配。根据控制要求，专用钻床控制系统的 PLC I/O 端口分配表如表 4-7 所示。

表 4-7　I/O 端口分配表

输入信号			输出信号		
PLC 地址	电气符号	功能说明	PLC 地址	电气符号	功能说明
I0.0	SB1	启动按钮，常开	Q0.0	YV1	工件夹紧电磁阀
I0.1	SP	压力继电器	Q0.1	KM1	大钻头下降接触器线圈
I0.2	SQ1	大钻头下限位开关	Q0.2	KM2	大钻头上升接触器线圈
I0.3	SQ2	大钻头上限位开关	Q0.3	KM3	小钻头下降接触器线圈
I0.4	SQ3	小钻头下限位开关	Q0.4	KM4	小钻头上升接触器线圈
I0.5	SQ4	小钻头上限位开关	Q0.5	KM5	工件旋转接触器线圈
I0.6	SQ5	限位开关	Q0.6	YV2	工件松开电磁阀
I0.7	SQ6	限位开关			

（2）专用钻床的 PLC 控制系统的外部接线图如图 4-20 所示。

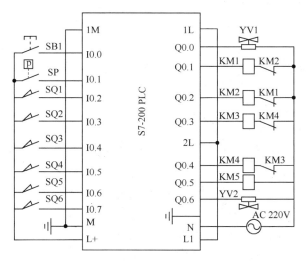

图 4-20　专用钻床的 PLC 控制系统的外部接线图

（3）程序设计。根据以上控制要求设计出的顺序功能流程图如图 4-21 所示，其对应的梯形图如图 4-22 所示。

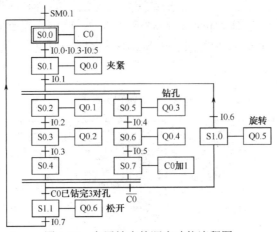

图 4-21　专用钻床的顺序功能流程图

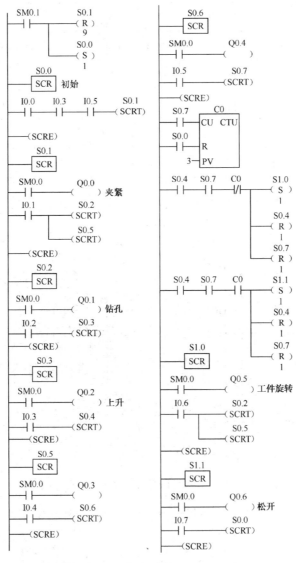

图 4-22　专用钻床的 PLC 控制系统的梯形图

任务 1.2　传送机分拣大小球的控制系统

控制要求：传送机分拣大小球示意图如图 4-23 所示。传送机分拣大小球装置可分别拣出大、小铁球。如果传送机底下的电磁铁吸住小的铁球，则将小球放入装小球的箱子里；如果传送机底下的电磁铁吸住大的铁球，则将大球放入装大球的箱子里。

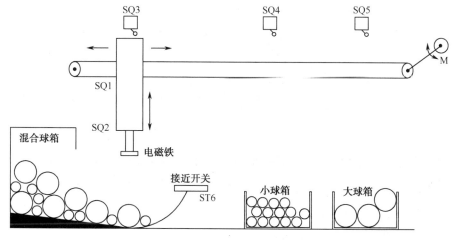

图 4-23　传送机分拣大小球示意图

传送机电磁铁的上升和下降运动由一台电动机带动，传送机的左、右运动则由另外一台电动机带动。

初始状态时，传送机停在原位（SQ1）。当按下传送机的启动按钮后，电磁铁在传送机的带动下下降到混合球箱中。如果传送机在下降过程中压合行程开关 SQ2，电磁铁的电磁线圈通电后将吸住小球，然后上升右行至行程开关 SQ4 的位置，电磁铁下降，将小球放入小球箱中。如果电磁铁由原位下降后未压合行程开关 SQ2，则电磁铁的电磁线圈通电后将吸住大球，然后右行至行程开关 SQ5 的位置，电磁铁下降，将大球放入大球箱中。左行回到原位重复以上过程。

（1）I/O 端口分配。根据控制要求，传送机分拣大小球的控制系统 I/O 端口分配表如表 4-8 所示。

表 4-8　I/O 端口分配表

输 入 信 号			输 出 信 号		
PLC 地址	电气符号	功能说明	PLC 地址	电气符号	功能说明
I0.0	SB1	启动按钮，常开	Q0.0	HL	原位指示灯
I0.1	SQ1	球定位行程开关	Q0.1	KM1	电磁铁上升接触器线圈
I0.2	SQ2	下限位行程开关	Q0.2	KM2	电磁铁下降接触器线圈
I0.3	SQ3	上限位行程开关	Q0.3	KM3	转送机左移接触器线圈
I0.4	SQ4	小球箱定位行程开关	Q0.4	KM4	转送机右移接触器线圈
I0.5	SQ5	大球箱定位行程开关	Q0.5	YV	吸球电磁阀线圈
I0.6	ST6	接近开关			

（2）传送机分拣大小球的控制系统的外部接线图如图 4-24 所示。

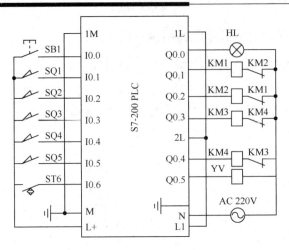

图 4-24　传送机分拣大小球的控制系统的外部接线图

（3）程序设计。程序设计采用顺序控制指令。根据控制要求，设计出传送机分拣大小球控制状态流程图，如图 4-25 所示。传送机分拣大小球的控制系统梯形图如图 4-26 所示。

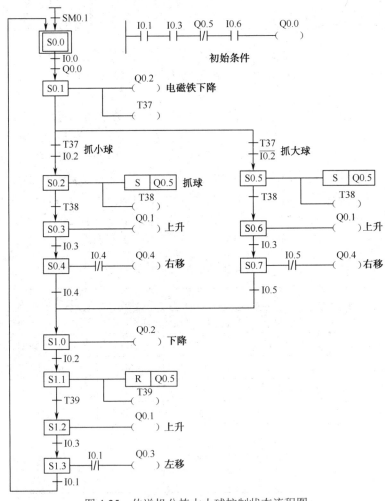

图 4-25　传送机分拣大小球控制状态流程图

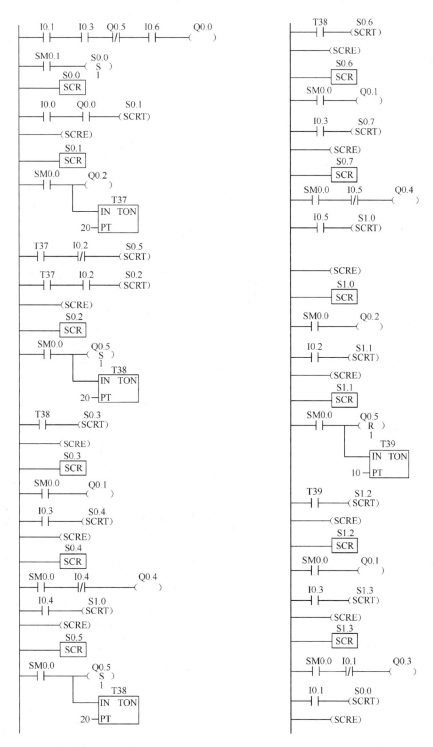

图 4-26　传送机分拣大小球的控制系统梯形图

项目 2　PLC 高速处理指令的应用

教学目标

◇ 能力目标

1．能根据实际控制要求编写中断程序；

2．能根据实际控制要求设计高速计数器梯形图；

3．能根据实际控制需要设计高速脉冲输出梯形图。

◇ 知识目标

1．掌握中断处理指令的使用；

2．掌握高速计数器计数方式、工作模式、控制字节、状态字节的意义；

3．掌握高速计数器指令的初始化步骤；

4．能够使用 PTO/PWM 发生器产生需要的控制脉冲。

**项目任务**

任务 2.1　电动机转速测量的 PLC 控制系统

任务 2.2　步进电动机的 PLC 控制系统

**知识链接**

4.3　中断处理指令

在 PLC 控制系统中，对于那些不定期产生的急需处理的事件，常常通过中断处理技术来完成。中断程序不是由程序调用，而是在中断事件发生时由系统调用的。当 CPU 响应中断请求后，会暂时停止当前正在执行的程序，进行现场保护，在将累加器、逻辑堆栈、寄存器及特殊继电器的状态和数据保存起来后，转到相应的中断程序去处理。一旦处理结束，立即恢复现场，将保存起来的现场数据和状态重新装入，返回到原程序继续执行。

在 S7-200 系列 PLC 中，中断程序的调用和处理由中断指令来完成。

4.3.1　中断事件

在 PLC 中，很多信息和事件都能够引起中断，如系统内部中断和用户操作引起的中断。系统的内部中断是由系统来处理的，如编程器、数据处理器和某些智能单元等，可能随时会向 CPU 发出中断请求，而对这种中断请求的处理，PLC 是自动完成的。由用户操作引起的中断一方面是来自控制过程的中断，常常称为过程中断；另一方面是来自 PLC 内部的定时中断，这种中断常常称为时基中断。实际应用中多以用户操作引起的中断为主，以下分别介绍。

1. 过程中断

在 S7-200 系列 PLC 中，过程中断可分为通信中断和 I/O 中断两类。通信中断包括通信口 0 和通信口 1 产生的中断；I/O 中断包括外部输入中断、高速计数器中断和高速脉冲串输出中断。

（1）通信中断：S7-200 的串行通信口可以由用户程序来控制。用户可以通过编程的方法来设置波特率、奇偶校验和通信协议等参数。对通信口的这种操作方式，又称为自由口通信。利用接收和发送中断可简化程序对通信的控制。

（2）外部输入中断：中断的信息可以通过 I0.0、I0.1、I0.2、I0.3 的上升沿或下降沿输入到 PLC 中，系统将对此中断信息进行快速响应。

（3）高速计数器中断：在应用高速计数器的场合，允许响应高速计数器的当前值等于预设值，或者计数方向发生改变，或者高速计数器外部复位等事件使高速计数器向 CPU 提出的中断请求。

（4）高速脉冲串输出中断：允许 PLC 响应完成输出给定数量的高速脉冲串时引起的中断。

2. 时基中断

在 S7-200 系列 PLC 中，时基中断可以分为定时中断和定时器中断。

（1）定时中断：定时中断响应周期性的事件，按指定的周期时间循环执行。周期时间以毫秒为计量单位，周期时间范围为 1~255ms。

定时中断有两种类型：定时中断 0 和定时中断 1，它们分别把周期时间写入特殊寄存器 SMB34 和特殊寄存器 SMB35 中。对模拟量信号进行运算控制时，利用定时中断可以设定采样周期，实现对模拟量的数据采样。

（2）定时器中断：定时器中断是指利用指定的定时器设定的时间产生的中断。在 S7-200 系列 PLC 中，指定的定时器是时基为 1ms 的定时器 T32 和定时器 T96。中断允许后，定时器 T32 和 T96 的当前时间等于预设时间时就发生中断。

S7-200 系列 PLC 中的 CPU22X，可以响应最多 34 个中断事件，每个中断事件分配不同的编号，中断事件号及优先级如表 4-9 所示。

表 4-9　中断事件号及优先级

事 件 号	中断事件描述	优 先 级		CPU221	CPU222	CPU224	CPU226
		组	组内				
0	I0.0 上升沿中断		2	Y	Y	Y	Y
1	I0.0 下降沿中断		3	Y	Y	Y	Y
2	I0.1 上升沿中断		4	Y	Y	Y	Y
3	I0.1 下降沿中断	外部输入中断	5	Y	Y	Y	Y
4	I0.2 上升沿中断	（中优先级）	6	Y	Y	Y	Y
5	I0.2 下降沿中断		7	Y	Y	Y	Y
6	I0.3 上升沿中断		8	Y	Y	Y	Y
7	I0.3 下降沿中断		9	Y	Y	Y	Y
8	通信口 0：接收字符	通信中断（高优先级）	0	Y	Y	Y	Y

续表

事 件 号	中断事件描述	优 先 级		CPU221	CPU222	CPU224	CPU226
		组	组内				
9	通信口 0：发送字符完成		0	Y	Y	Y	Y
10	定时中断 0：SMB34	定时中断（低优先级）	0	Y	Y	Y	Y
11	定时中断 1：SMB35		1	Y	Y	Y	Y
12	高速计数器 0：CV=PV	高速计数器中断（中优先级）	10	Y	Y	Y	Y
13	高速计数器 1：CV=PV		13			Y	Y
14	高速计数器 1：计数方向改变		14			Y	Y
15	高速计数器 1：外部复位		15			Y	Y
16	高速计数器 2：CV=PV		16			Y	Y
17	高速计数器 2：计数方向改变		17			Y	Y
18	高速计数器 2：外部复位		18			Y	Y
19	PTO0 脉冲串输出完成	高速脉冲串输出中断（中优先级）	0	Y	Y	Y	Y
20	PTO1 脉冲串输出完成		1	Y	Y	Y	Y
21	定时器 T32：CT=PT	定时器中断（低优先级）	2	Y	Y	Y	Y
22	定时器 T96：CT=PT		2	Y	Y	Y	Y
23	通信口 0：接收信息完成	通信中断（高优先级）	1	Y	Y	Y	Y
24	通信口 1：接收信息完成		1				Y
25	通信口 1：接收字符		1				Y
26	通信口 1：发送字符完成		1				Y
27	高速计数器 0：计数方向改变	高速计数器中断（中优先级）	11	Y	Y	Y	Y
28	高速计数器 0：外部复位		12	Y	Y	Y	Y
29	高速计数器 4：CV=PV		20	Y	Y	Y	Y
30	高速计数器 4：计数方向改变		21	Y	Y	Y	Y
31	高速计数器 4：外部复位		22	Y	Y	Y	Y
32	高速计数器 3：CV=PV		19	Y	Y	Y	Y
33	高速计数器 5：CV=PV		23	Y	Y	Y	Y

注：CV，当前值；PV，预设值；CT，当前时间；PT，预设时间。

4.3.2 中断指令

中断指令包括中断允许指令 ENI、中断禁止指令 DISI、中断连接指令 ATCH、中断分离指令 DTCH、中断返回指令 RETI 和 CRETI 及中断程序标号指令 INT。指令格式及功能如表 4-10 所示。

表 4-10　中断指令格式及功能

LAD	STL		功　能
	操作码	操作数	
—（ENI）	ENI	—	中断允许指令 ENI 全局地允许所有被连接的中断事件
—（DISI）	DISI	—	中断禁止指令 DISI 全局地禁止处理所有中断事件
ATCH EN INT EVNT	ATCH	INT，EVNT	中断连接指令 ATCH 把一个中断事件（EVNT）和一个中断程序连接起来，并允许该中断事件
DTCH EN EVNT	DTCH	EVNT	中断分离指令 DTCH 截断一个中断事件（EVNT）和所有中断程序的联系，并禁止该中断事件
n INT	INT	n	中断程序标号指令 INT 指定中断程序（n）的开始
—（RETI）	CRETI	—	中断返回指令 CRETI 在前面的逻辑条件满足时，将退出中断程序而返回主程序
—（RETI）	RETI	—	执行 RETI 指令将无条件返回主程序

说明：

（1）操作数 INT 及 n 用来指定中断程序标号，取值为 0~127。

（2）EVNT 用于指定被连接或被分离的中断事件，其编号对 CPU22X 系列 PLC 为 0~33。

（3）在 STEP 7-Micro/WIN 编程软件中无 INT 指令，中断程序的区分由不同的中断程序窗口来辨识。

（4）无条件返回指令 RETI 是每个中断程序所必须执行的，在 STEP 7-Micro/WIN 编程软件中，可自动在中断程序后加入该指令。

4.3.3　中断程序的调用原则

1. 中断优先级

在 S7-200 系列 PLC 的中断系统中，给全部中断事件按中断性质和轻重缓急分配不同的优先级，使得当多个中断事件同时发出中断请求时，按照优先级从高到低进行排队。优先级的顺序按照中断性质分，依次是通信中断、高速脉冲串输出中断、外部输入中断、高速计数器中断、定时中断、定时器中断。各个中断事件的优先级见表 4-9。

2. 中断队列

在 PLC 中，CPU 一般在指定的优先级内按照先来先服务的原则响应中断事件的中断请求，在任何时刻，CPU 只执行一个中断程序。当 CPU 按照中断优先级响应并执行一个中断程序时，就不会响应其他中断事件的中断请求（尽管此时可能会有更高级别的中断事件发出中断请求），直到将当前的中断程序执行完毕。在 CPU 执行中断程序期间，对新出现的中断事件仍然按照中断性质和优先级分别进行排队，形成中断队列。CPU22X 系列 PLC 的中断队列的长度及溢出标志位如表 4-11 所示。如果超过规定的中断队列长度，则产生溢出，使特殊继电器置位。

表 4-11　CPU22X 系列 PLC 的中断队列的长度及溢出标志位

队列	CPU 类型							中断队列溢出标志位	
	212	214	215	216	221 222	224	224XP 226		
通信中断队列	4	4	4	8	4	4	8	SM4.0	溢出为 ON
I/O 中断队列	4	16	16	16	16	16	16	SM4.1	溢出为 ON
时基中断队列	2	4	8	8	8	8	8	SM4.2	溢出为 ON

　　S7-200 中无中断嵌套功能，但在中断程序中可以调用一个嵌套子程序，因为累加器和逻辑堆栈在中断程序和被调用的子程序中是公用的。

　　多个中断事件可以调用同一个中断程序，但是同一个中断事件不能同时调用多个中断程序，否则，当某个中断事件发生时，CPU 只调用为该事件指定的最后一个中断程序。

4.3.4　中断指令应用举例

　　【例 4-1】　编程完成采样工作，要求每 10ms 采样一次。

　　分析：完成每 10ms 采样一次，需用定时中断，查表 4-9 可知，定时中断 0 的中断事件号为 10。因此在主程序中将采样周期（10ms）即定时中断的时间间隔写入定时中断 0 的特殊存储器 SMB34 中，并将中断事件 10 和中断程序 INT_0 建立关联，全局开中断。在中断程序中，读入模拟量输入信号，程序如图 4-27 所示。

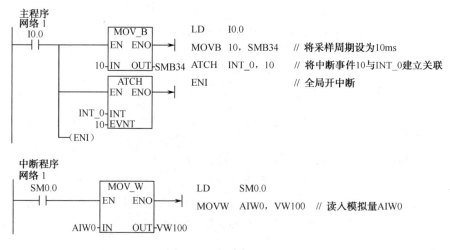

图 4-27　定时中断举例

　　【例 4-2】　利用定时器中断编制一个程序，实现如下功能：当 I0.0 由 OFF→ON 时，Q0.0 亮 1s，灭 1s，如此循环反复直至 I0.0 由 ON→OFF，Q0.0 变为 OFF，程序如图 4-28 所示。

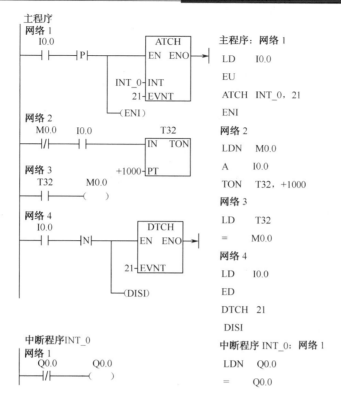

图 4-28　定时器中断举例

4.4　高速处理指令

PLC 的普通计数器的计数过程与扫描工作方式有关，CPU 采用每一个扫描周期读取一次被测信号的方法来捕捉被测信号的上升沿，被测信号的频率较高时，会丢失计数脉冲，因此普通计数器的计数频率很低，一般仅有几十赫兹。高速计数器可以对普通计数器无能为力的事件进行计数，计数频率取决于 CPU 的类型，CPU22X 系列 PLC 最高计数频率为 30kHz，用于捕捉比 CPU 扫描速度更快的事件，并产生中断，执行中断程序，完成预定的操作。高速计数器在精确定位控制领域有着重要的应用价值。

S7-200 系列 PLC 还设有高速脉冲输出，输出频率可达 20kHz，用于 PTO（输出一个频率可调、占空比为 50% 的脉冲）和 PWM（输出一个周期一定、占空比可调的脉冲），高速脉冲输出的功能可用于对电动机进行速度控制及位置控制。

4.4.1　占用输入/输出端子

1. 高速计数器占用输入端子

S7-200 系列 PLC 中有 6 个高速计数器，它们分别是 HSC0、HSC1、HSC2、HSC3、HSC4 和 HSC5。这些高速计数器可用于处理比 PLC 扫描周期还要短的高速事件。当高速计数器的当前值等于预设值、外部复位信号有效（HSC0 不支持）、计数方向改变（HSC0 不支持）时将产生中断，通过中断程序实现对目标的控制。其占用的输入端子如表 4-12 所示，各高速计数器不同的输入端有专用的功能，如脉冲输入端、方向控制端、复位端、启动端。

表 4-12 占用的输入端子

高速计数器	占用的输入端子	高速计数器	占用的输入端子
HSC0	I0.0、I0.1、I0.2	HSC3	I0.1
HSC1	I0.6、I0.7、I1.0、I1.1	HSC4	I0.3、I0.4、I0.5
HSC2	I1.2、I1.3、I1.4、I1.5	HSC5	I0.4

在表 4-12 中所用到的输入端子，如 I0.0~I0.3，既可以作为普通输入端子，又可以作为边沿中断输入端子，还可以在使用高速计数器时作为指定的专用输入端子，但一个输入端子同时只能作为上述某一功能使用。如果不使用高速计数器，这些输入端子可作为一般的数字量输入端子，或者作为输入/输出中断的输入端子使用。只要使用高速计数器，相应输入端子就分配给相应的高速计数器，实现由高速计数器产生的中断。也就是说，在 PLC 的实际应用中，每个输入端子的作用是唯一的，不能对某一个输入端子分配多个用途，因此要合理分配每一个输入端子的用途。

2. 高速计数器占用输出端子

S7-200 晶体管输出型的 PLC（如 CPU224 DC/DC/DC）有 PTO、PWM 两个高速脉冲发生器。若一个发生器指定给数字输出端子 Q0.0，另一个发生器则指定给数字输出端子 Q0.1，当 PTO、PWM 脉冲发生器产生输出时，将禁止输出端子 Q0.0、Q0.1 的正常使用；当不使用 PTO、PWM 脉冲发生器时，输出端子 Q0.0、Q0.1 恢复正常使用。

4.4.2 高速计数器的工作方式

1. 高速计数器的计数方式

（1）单路脉冲输入的内部方向控制加/减计数。此种工作方法只有一个脉冲输入端，通过高速计数器字节的第 3 位来控制加计数或者减计数。该位=1，加计数；该位=0，减计数。单路脉冲输入的内部方向控制的加/减计数方式如图 4-29 所示。

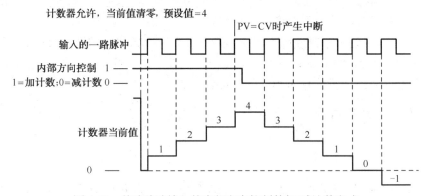

图 4-29 单路脉冲输入的内部方向控制的加/减计数方式

（2）单路脉冲输入的外部方向控制加/减计数。此种工作方式有一个脉冲输入端，一个方向控制端。方向控制端等于 1 时，加计数；方向控制端等于 0 时，减计数。单路脉冲输入的外部方向控制的加/减计数方式如图 4-30 所示。

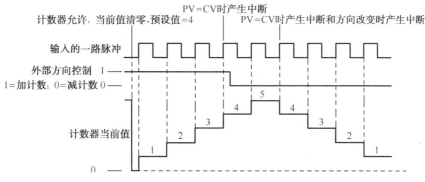

图 4-30　单路脉冲输入的外部方向控制的加/减计数方式

（3）两路脉冲输入的单相加/减计数。此种工作方式有两个脉冲输入端，一个是加计数脉冲，一个是减计数脉冲，计数值为两个输入端脉冲的代数和。两路脉冲输入的单相加/减计数方式如图 4-31 所示。

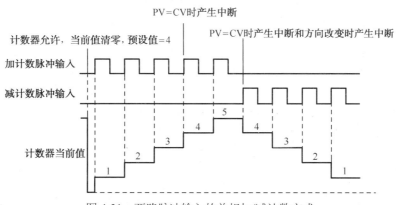

图 4-31　两路脉冲输入的单相加/减计数方式

（4）两路脉冲输入的双相正交计数。此种工作方式有两个脉冲输入端，输入的两路脉冲A 相、B 相，相位互差 90°（正交）。A 相脉冲超前 B 相脉冲 90° 时，加计数；A 相脉冲滞后 B相脉冲 90° 时，减计数。在这种计数方式下，可选择 1X 模式（单倍频，一个脉冲周期计1 个数，如图 4-32 所示）和 4X 模式（4 倍频，一个脉冲周期计 4 个数，如图 4-33 所示）。

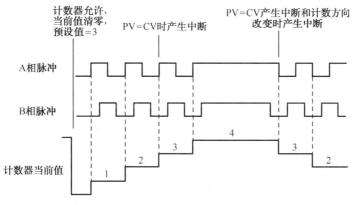

图 4-32　两路脉冲输入的双相正交计数 1X 模式

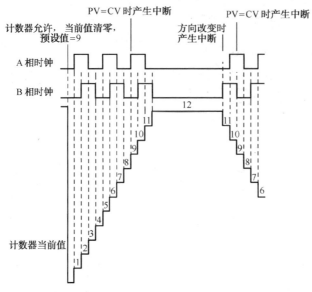

图 4-33   两路脉冲输入的双相正交计数 4X 模式

2. 高速计数器的工作模式

高速计数器依据计数脉冲、复位脉冲、启动脉冲端子的不同接法可组成 12 种工作模式，不同的高速计数器有多种功能不同的工作模式。每个高速计数器的工作模式和其占用的输入端子有关，如表 4-13 所示。

表 4-13   高速计数器的工作模式和输入端子的关系

高速计数器 HSC 的工作模式	功能及说明		占用的输入端子及其功能			
	高速计数器编号	HSC0	I0.0	I0.1	I0.2	×
		HSC4	I0.3	I0.4	I0.5	×
		HSC1	I0.6	I0.7	I1.0	I1.1
		HSC2	I1.2	I1.3	I1.4	I1.5
		HSC3	I0.1	×	×	×
		HSC5	I0.4	×	×	×
0	单路脉冲输入的内部方向控制加/减计数：控制字节第 3 位为 0，减计数；控制字节第 3 位为 1，加计数		脉冲输入端	×	×	×
1				×	复位端	×
2				×	复位端	启动端
3	单路脉冲输入的外部方向控制加/减计数：方向控制端=0，减计数；方向控制端=1，加计数		脉冲输入端	方向控制端	×	×
4					复位端	×
5					复位端	启动端
6	两路脉冲输入的单相加/减计数：加计数端有脉冲输入，加计数；减计数端有脉冲输入，减计数		加计数脉冲输入端	减计数脉冲输入端	×	×
7					复位端	×
8					复位端	启动端
9	两路脉冲输入的双相正交计数：A 相脉冲超前 B 相脉冲，加计数；A 相脉冲滞后 B 相脉冲，减计数		A 相脉冲输入端	B 相脉冲输入端	×	×
10					复位端	×
11					复位端	启动端

由表 4-13 可知，高速计数器的工作模式确定以后，高速计数器所使用的输入端子便被指定。如选择 HSC1 在模式 11 下工作，则必须用 I0.6 作为 A 相脉冲输入端，I0.7 作为 B 相脉冲输入端，I1.0 作为复位端，I1.1 作为启动端。

4.4.3 高速计数器指令

1. 指令格式及功能（如表 4-14 所示）

表 4-14 高速计数器指令格式及功能

LAD	STL	功　　能
HDEF EN　ENO ????－HSC ????－MODE	HDEF　HSC, MODE	当使能输入有效时，根据高速计数器特殊存储器位的状态及 HDEF 指令指定的工作模式，设置高速计数器并控制其工作
HSC EN　ENO ????－N	HSC　N	当使能输入有效时，为高速计数器分配一种工作模式

说明：

（1）在高速计数器定义指令 HDEF 中，操作数 HSC 指定高速计数器编号（0~5），MODE 指定高速计数器的工作模式（0~11）。每个高速计数器只能用一条 HDEF 指令。

（2）在高速计数器指令 HSC 中，操作数 N 指定高速计数器编号（0~5）。

2. 高速计数器的控制字节

高速计数器的控制字节用于设置计数器的计数允许、计数方向等，各高速计数器的控制字节含义如表 4-15 所示。

表 4-15 高速计数器的控制字节含义

HSC0	HSC1	HSC2	HSC3	HSC4	HSC5	含　　义
SM37.0	SM47.0	SM57.0	SM137.0	SM147.0	SM157.0	复位信号有效电平： 0=高电平有效；1=低电平有效
SM37.1	SM47.1	SM57.1	SM137.1	SM147.1	SM157.1	启动信号有效电平： 0=高电平有效；1=低电平有效
SM37.2	SM47.2	SM57.2	SM137.2	SM147.2	SM157.2	正交计数器的倍频选择： 0=4 倍频；1=单倍频
SM37.3	SM47.3	SM57.3	SM137.3	SM147.3	SM157.3	计数方向控制位： 0=减计数；1=加计数
SM37.4	SM47.4	SM57.4	SM137.4	SM147.4	SM157.4	向 HSC 写入计数方向： 0=不更新；1=更新

续表

HSC0	HSC1	HSC2	HSC3	HSC4	HSC5	含　义
SM37.5	SM47.5	SM57.5	SM137.5	SM147.5	SM157.5	向 HSC 写入新的预设值： 0=不更新；1=更新
SM37.6	SM47.6	SM57.6	SM137.6	SM147.6	SM157.6	向 HSC 写入新的当前值： 0=不更新；1=更新
SM37.7	SM47.7	SM57.7	SM137.7	SM147.7	SM157.7	启用 HSC： 0=关；1=开

3. 高速计数器的当前值及预设值寄存器

每个高速计数器都有一个 32 位当前值和一个 32 位预设值寄存器，当前值和预设值均为带符号的整数。高速计数器的值可以通过高速计数器标识符 HSC 加计数器编号（0、1、2、3、4 或 5）寻址来读取。要改变高速计数器的当前值和预设值，必须使控制字节（如表 4-16 所示）的第 5 位和第 6 位为 1，在允许更新预设值和当前值的前提下，新当前值和新预设值才能写入当前值及预设值寄存器；当前值和预设值占用的特殊内部寄存器如表 4-16 所示。

表 4-16　高速计数器当前值和预设值占用的特殊内部寄存器

寄存器名称	HSC0	HSC1	HSC2	HSC3	HSC4	HSC5
当前值寄存器	SMD38	SMD48	SMD58	SMD138	SMD148	SMD158
预设值寄存器	SMD42	SMD52	SMD62	SMD142	SMD152	SMD162

4. 高速计数器的状态字节

高速计数器的状态字节位存储当前的计数方向、当前值是否等于预设值、当前值是否大于预设值。PLC 通过监控高速计数器状态字节，可产生中断事件，以便完成用户希望的重要操作。高速计数器的状态字节描述如表 4-17 所示。

表 4-17　高速计数器的状态字节描述

HSC0	HSC1	HSC2	HSC3	HSC4	HSC5	含　义
SM36.0	SM46.0	SM56.0	SM136.0	SM146.0	SM156.0	未用
SM36.1	SM46.1	SM56.1	SM136.1	SM146.1	SM156.1	
SM36.2	SM46.2	SM56.2	SM136.2	SM146.2	SM156.2	
SM36.3	SM46.3	SM56.3	SM136.3	SM146.3	SM156.3	
SM36.4	SM46.4	SM56.4	SM136.4	SM146.4	SM156.4	
SM36.5	SM46.5	SM56.5	SM136.5	SM146.5	SM156.5	当前计数方向状态位： 0=减计数；1=加计数
SM36.6	SM46.6	SM56.6	SM136.6	SM146.6	SM156.6	当前值等于预设值状态位： 0=不等；1=相等
SM36.7	SM46.7	SM56.7	SM136.7	SM146.7	SM156.7	当前值大于预设值状态位： 0=小于或等于；1=大于

注：HSC0、HSC1、HSC2、HSC3、HSC4 和 HSC5 的状态位仅当高速计数器中断程序执行时才有效。

5. 高速计数器指令的使用

（1）每个高速计数器都有一个 32 位当前值和一个 32 位预设值寄存器，当前值和预设值均为带符号的整数。要设置高速计数器的新当前值和新预设值，必须设置控制字节（如表 4-16 所示），令其第 5 位和第 6 位为 1，允许更新预设值和当前值，新当前值和新预设值写入特殊内部寄存器，然后执行 HSC 指令，将新数值传输到高速计数器。

（2）执行 HDEF 指令之前，必须将高速计数器控制字节的位设置成需要的状态，否则将采用默认设置。默认设置：复位和启动高电平有效，正交计数倍频选择 4X 模式。执行 HDEF 指令后，就不能再改变计数器的设置了，除非 CPU 进入停止方式。

（3）执行 HSC 指令时，CPU 检查控制字节及有关的当前值和预设值。

（4）高速计数器指令的初始化步骤如下。

① 用首次扫描时接通一个扫描周期的特殊内部存储器 SM0.1 调用一个子程序，完成初始化操作。因为采用了子程序，在随后的扫描中，不必再调用这个子程序，以减少扫描时间，使程序结构更好。

② 在初始化的子程序中，根据希望的控制要求设置控制字节（SMB37、SMB47、SMB57、SMB137、SMB147、SMB157），如设置 SMB47=16#F8，则为允许计数，写入新当前值，写入新预设值，更新计数方向为加计数，若为正交计数则设为 4X 模式，复位和启动设置为高电平有效。

③ 执行 HDEF 指令，设置 HSC 的编号（0~5），设置工作模式（0~11）。如 HSC 的编号设置为 1，工作模式设置为 11，则为既有复位又有启动的正交计数工作模式。

④ 用新的当前值写入 32 位当前值寄存器（SMD38、SMD48、SMD58、SMD138、SMD148、SMD158）。如写入 0，则清除当前值，用指令 MOVD 0，SMD48 实现。

⑤ 用新的预设值写入 32 位预设值寄存器（SMD42、SMD52、MD62、SMD142、SMD152、SMD162）。如执行指令 MOVD 1000，SMD52，则设置预设值为 1000。若写入预设值为 16#00，则高速计数器处于不工作状态。

⑥ 为了捕捉当前值等于预设值的事件，将条件 CV=PV 中断事件（事件 13）与一个中断程序相关联。

⑦ 为了捕捉计数方向的改变，将计数方向改变的中断事件（事件 14）与一个中断程序相关联。

⑧ 为了捕捉外部复位，将外部复位中断事件（事件 15）与一个中断程序相关联。

⑨ 执行中断允许指令（ENI）允许 HSC 中断。

⑩ 执行 HSC 指令使 PLC 对高速计数器进行编程，然后结束子程序。

6. 高速计数器指令向导的应用

高速计数器程序可以通过 STEP 7-Micro/WIN 编程软件的指令向导自动生成，指令向导如下。

（1）打开 STEP 7-Micro/WIN 软件，选择菜单"工具"→"指令向导"命令进入指令向导对话框，如图 4-34 所示。

（2）选择"HSC"，单击"下一步"按钮，出现如图 4-35 所示对话框。只能在符号编址模式下使用指令向导，单击"是"按钮进行确认。

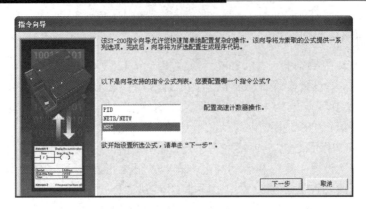

图 4-34　指令向导对话框

图 4-35　符号编址确认对话框

（3）确认后，出现如图 4-36 所示计数器编号和工作模式选择对话框，可以选择计数器的编号和工作模式。按例 4-3 选择"HC1"（软件中将 HSC1 简写为 HC1，将工作模式写为操作模式）和"模式 11"，然后单击"下一步"按钮。

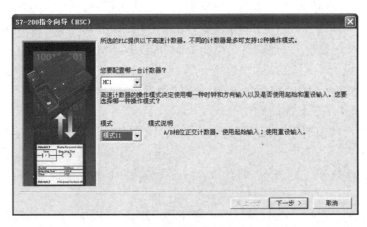

图 4-36　计数器编号和工作模式选择对话框

（4）在图 4-37 所示高速计数器初始化设定对话框中分别输入高速计数器初始化子程序的名称（默认的名称为"HSC_INIT"）、计数器的预设值（按例 4-3 输入"10000"）、计数器当前值的初始值（按例 4-3 输入"0"）、初始计数方向（按例 4-3 选择"向上"）、重设输入（即复位信号）的极性（按例 4-3 选择"高"电平有效）、起始输入（即启动信号）的极性（按例 4-3 选择"高"电平有效）、计数器的倍频选择（按例 4-3 选择 4 倍频"4X"）。完成后单击"下一步"按钮。

（5）在完成高速计数器的初始化设定后，出现高速计数器中断设置对话框，如图 4-38 所示。本例中为当前值等于预设值时产生中断，并输入中断程序的名称（默认为"COUNT_EQ"）。在"您希望为 HC1 编程多少个步骤？"栏中，输入需要中断的步数，例 4-3 中只有当前值清零 1 步, 因此选择 "1", 完成后单击 "卜一步" 按钮。

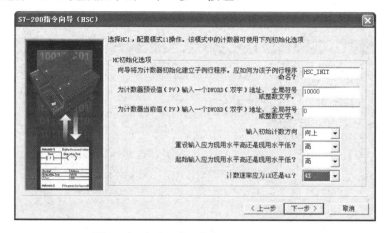

图 4-37 高速计数器初始化设定对话框

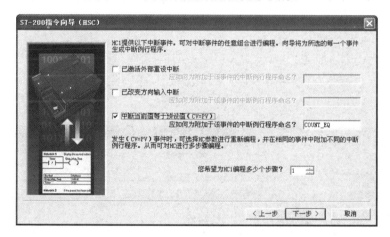

图 4-38 高速计数器中断设置对话框

（6）高速计数器中断处理方式设定对话框如图 4-39 所示。按例 4-3, 当 CV = PV 时需要将当前值清除, 所以选择 "更新当前值（CV）" 选项, 并在 "新 CV" 栏内输入新的当前值 "0", 完成后单击 "下一步" 按钮。

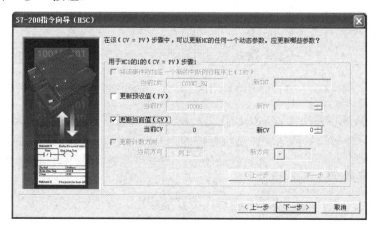

图 4-39 高速计数器中断处理方式设定对话框

（7）高速计数器中断处理方式设定完成后，出现高速计数器编程确认对话框，如图 4-40 所示。该对话框中显示了由指令向导完成的程序及使用说明，单击"完成"按钮。

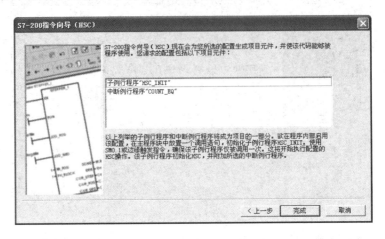

图 4-40　高速计数器编程确认对话框

（8）指令向导完成后在程序编辑器窗口中自动增加了"HSC_INIT"子程序和"COUNT_EQ"中断程序。分别单击"HSC_INIT"子程序和"COUNT_EQ"中断程序标签，可见其程序内容，如图 4-41 所示。

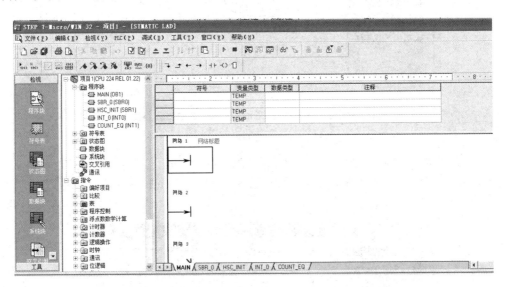

图 4-41　在程序编辑器窗口中增加了"HSC_INIT"子程序和"COUNT_EQ"中断程序

【例 4-3】　某设备采用位置编码器作为检测元件，需要使用高速计数器进行位置值的计数，其要求如下：计数信号为 A、B 两相相位差为 90°的脉冲输入；使用外部计数器复位与启动信号，高电平有效；编码器每转的脉冲数为 2500，在 PLC 内部为 4 倍频，当前值的初始值为 0，当转动一转后，需要清除当前值进行重新计数。

（1）主程序。如图 4-42 所示，用首次扫描时接通一个扫描周期的特殊内部存储器 SM0.1 调用一个子程序，

主程序 首次扫描时，调用SBR_0

LD SM0.1
CALL SBR_0

图 4-42　主程序

完成初始化操作。

（2）初始化子程序。如图 4-43 所示，定义 HSC1 的工作模式为模式 11（两路脉冲输入的双相正交计数，具有复位和启动功能），设置 SMB47=16#F8（允许计数，更新当前值，更新预设值，更新计数方向为加计数，若为正交计数设为 4X 模式，复位和启动设置为高电平有效）。HSC1 的当前值 SMD48 清零，预设值 SMD52=10000，当前值=预设值，产生中断事件（中断事件 13），中断事件 13 连接中断程序 INT_0。

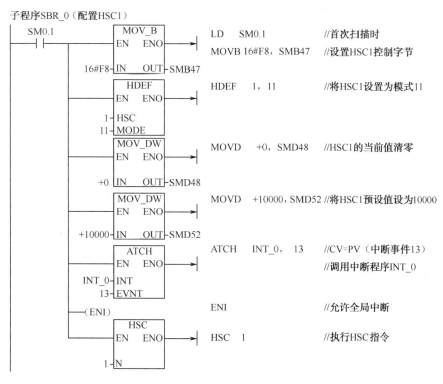

图 4-43　高速计数器初始化的子程序

（3）中断程序 INT_0，如图 4-44 所示。

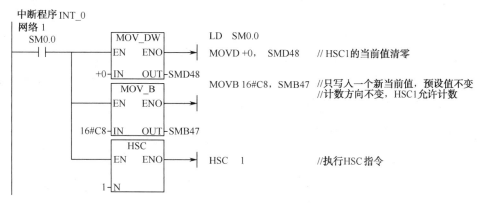

图 4-44　高速计数器中断程序

4.4.4　高速脉冲输出指令及应用

S7-200 系列 PLC 的高速脉冲输出功能可在 Q0.0 或 Q0.1 输出端产生高速脉冲，用来驱动如步进电动机一类的负载，实现速度和位置控制。

1. 高速脉冲输出方式

高速脉冲输出有脉冲串输出 PTO 和脉宽调制输出 PWM 两种形式。

每个 CPU 都有 PTO/PWM 两个发生器，一个发生器分配给输出端子 Q0.0，另一个分配给 Q0.1。当 Q0.0 或 Q0.1 设定为 PTO 或 PWM 功能时，其他操作均失效。不使用 PTO/PWM 发生器时，Q0.0 或 Q0.1 作为普通输出端子使用。通常在启动 PTO 或 PWM 之前，用复位指令将 Q0.0 或 Q0.1 清零。

1）脉宽调制输出（PWM）

使用 PWM 功能可输出周期一定、占空比可调的高速脉冲串，其时间基准（简称时基，也称为时间单位）可以是 µs 或 ms，周期的变化范围为 10~65535µs 或 2~65535ms，脉冲宽度（简称脉宽）的变化范围为 0~65535µs 或 0~65535ms。

当指定的脉冲宽度大于周期值时，占空比为 100%，输出连续接通。当脉冲宽度为 0 时，占空比为 0%，输出断开。如果指定的周期小于两个时间单位，周期默认为两个时间单位。可以用以下两种方式改变 PWM 波形的特性。

（1）同步更新。如果不要求改变时间基准，即可以进行同步更新。同步更新时，波形的变化发生在两个周期的交界处，可以实现平滑过渡。

（2）异步更新。如果需要改变时间基准，则应使用异步更新。异步更新瞬时关闭 PTO/PWM 发生器，与 PWM 的输出波形不同步，可能引起被控设备的抖动。为此通常不使用异步更新，而是选择一个适用于所有周期时间的时间基准，使用同步 PWM 更新。

PWM 输出的更新方式由控制字节中的 SM67.4 或 SM77.4 位来指定，执行高速脉冲输出指令 PLS 使改变生效。如果改变了时间基准，不管 PWM 更新方式位的状态如何，都会产生一个异步更新。

2）脉冲串输出（PTO）

使用 PTO 功能可输出一定脉冲个数和占空比为 50% 的方波脉冲。输出脉冲个数在 1~4294 967295 可调；输出脉冲的周期以 µs 或 ms 为增量单位，变化范围分别是 10~65535µs 或 2~65535ms。

如果指定的周期小于两个时间单位，周期默认为两个时间单位。如果指定的脉冲数为 0，则脉冲数默认为 1。

PTO 功能允许多个脉冲串排队输出，从而形成流水线。流水线分为两种：单段流水线和多段流水线。

单段流水线是指流水线中每次只能存储一个脉冲串的控制参数，初始 PTO 段一旦启动，必须按照对第二个波形的要求立即刷新特殊存储器，并再次执行 PLS 指令，在第一个脉冲串完成后，第二个脉冲串立即开始输出，重复这一步骤可以实现多个脉冲串的输出。单段流水线中的各段脉冲串可以采用不同的时间基准，但有可能造成脉冲串之间的不平稳过渡。输出多段高速脉冲时，编程比较复杂。

多段流水线是指在变量存储区（V）建立一个包络表（包络表 Profile 是一条预先定义的横坐标为位置、纵坐标为速度的曲线，是运动的图形描述）。包络表存放每个脉冲串的参数，执行 PLS 指令时，PLC 自动按包络表中的顺序及参数进行脉冲串输出。包络表中每段脉冲串的参数占用 8 字节，由一个 16 位周期值（2 字节）、一个 16 位周期增量值 Δ（2 字节）和一个 32 位脉冲数（4 字节）组成。包络表的格式如表 4-18 所示。

表 4-18　多段流水线的包络表的格式

从包络表起始地址开始的字节偏移	段	说　明
VB*n*		总段数（1~255）；数值为 0 产生非致命错误，无 PTO 输出
VB*n*+1	段 1	初始周期（2~65535 个时间单位）
VB*n*+3		每个脉冲的周期增量值Δ（有符号整数：−32768~32767 个时基单位）
VB*n*+5		脉冲数（1~4294967295）
VB*n*+9	段 2	初始周期（2~65535 个时间单位）
VB*n*+11		每个脉冲的周期增量值Δ（有符号整数：−32768~32767 个时基单位）
VB*n*+13		脉冲数（1~4294967295）
VB*n*+17	段 3	初始周期（2~65535 个时间单位）
VB*n*+19		每个脉冲的周期增量值Δ（有符号整数：−32768~32767 个时基单位）
VB*n*+21		脉冲数（1~4294967295）

注：周期增量值Δ为整数微秒或毫秒。

多段流水线的特点是编程简单，能够通过指定脉冲的数量自动增加或减少周期，周期增量值Δ为正会增加周期，周期增量值Δ为负减少周期，若Δ为零，则周期不变。在包络表中的所有的脉冲串必须采用同一时基，在执行多段流水线时，包络表的各段参数不能改变。多段流水线常用于步进电动机的控制。

使用 STEP 7-Micro/WIN 编程软件中的位控向导可以方便地设置 PTO/PWM 输出功能，使 PTO/PWM 编程自动实现，大大减轻用户的编程负担。

3）PTO/PWM 寄存器

输出端子 Q0.0 和 Q0.1 的高速输出功能通过对 PTO/PWM 寄存器的不同设置来实现。PTO/PWM 寄存器由 SM66~SM85 特殊存储器组成，它们的作用是监视和控制脉冲串输出（PTO）和脉宽调制输出（PWM）功能。寄存器的字节值和位值的意义如表 4-19 所示。

表 4-19　PTO/PWM 寄存器的字节值和位值的意义

Q0.0	Q0.1	说　明	寄 存 器 名
SM66.4	SM76.4	PTO 包络由于增量计算错误异常终止。 0：无错；1：异常终止	脉冲串输出状态寄存器
SM66.5	SM76.5	PTO 包络由于用户命令异常终止。0：无错；1：异常终止	
SM66.6	SM76.6	PTO 流水线溢出。0：无溢出；1：溢出	
SM66.7	SM76.7	PTO 空闲。0：运行中；1：PTO 空闲	
SM67.0	SM77.0	PTO/PWM 刷新周期值。0：不刷新；1：刷新	PTO/PWM 输出控制寄存器
SM67.1	SM77.1	PWM 刷新脉冲宽度值。0：不刷新；1：刷新	
SM67.2	SM77.2	PTO 刷新脉冲计数值。0：不刷新；1：刷新	
SM67.3	SM77.3	PTO/PWM 时基选择。0：1μs；1：1ms	
SM67.4	SM77.4	PWM 更新方式。0：异步更新；1：同步更新	
SM67.5	SM77.5	PTO 操作。0：单段操作；1：多段操作	
SM67.6	SM77.6	PTO/PWM 模式选择。0：选择 PTO；1：选择 PWM	
SM67.7	SM77.7	PTO/PWM 允许。0：禁止；1：允许	

续表

Q0.0	Q0.1	说　　明	寄 存 器 名
SMW68	SMW78	PTO/PWM 周期时间值（范围：2~65535 个时间单位）	周期值设定寄存器
SMW70	SMW80	PWM 脉冲宽度值（范围：0~65535μs 或 ms）	脉宽值设定寄存器
SMD72	SMD82	PTO 脉冲计数值（范围：1~4294967295）	脉冲计数值设定寄存器
SMB166	SMB176	段号（仅用于多段 PTO 操作），多段流水线 PTO 运行中的段的编号	多段 PTO 操作寄存器
SMW168	SMW178	包络表起始位置，用距离 V0 的字节偏移量表示（仅用于多段 PTO 操作）	

2. 高速脉冲输出指令

高速脉冲输出指令格式及功能如表 4-20 所示。

表 4-20　高速脉冲输出指令格式及功能

LAD	STL	功　　能
PLS —EN　ENO— ????—Q0.X	PLS　Q0.X	使能输入有效时，检查用于脉冲输出（Q0.0 或 Q0.1）的特殊存储器位（SM），然后执行特殊存储器位定义的脉冲操作

说明：

（1）脉冲串输出 PTO 和脉宽调制输出 PWM 都由 PLS 指令来激活。

（2）操作数 X 用来指定脉冲输出端子，0 为 Q0.0 输出，1 为 Q0.1 输出。

（3）脉冲串输出 PTO 可采用中断方式进行控制，而脉宽调制输出 PWM 只能由 PLS 指令来激活。

3. PTO/PWM 指令编程举例

【例 4-4】　脉宽调制输出 PWM 举例。

假定 PLC 运行后，通过 Q0.1 连续输出周期为 10000ms、脉冲宽度为 5000ms 的脉宽调制输出波形，并利用 I0.1 上升沿中断实现脉宽的更新（每中断一次，脉冲宽度增加 10ms）。

调用子程序设置 PWM 操作，通过中断程序来改变脉宽。主程序如图 4-45 所示，子程序如图 4-46 所示，中断程序如图 4-47 所示，时序图如图 4-48 所示。

图 4-45　PWM 主程序

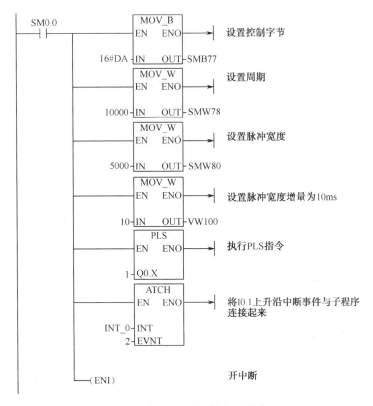

图 4-46 PWM 初始化子程序

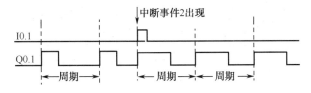

图 4-47 PWM 中断程序

图 4-48 PWM 时序图

【例 4-5】 脉冲串输出 PTO 举例。

假定脉冲串通过 Q0.0 输出。脉冲串输出时，先输出 6 个脉冲周期为 500ms 的脉冲串后，自动更新为输出 6 个脉冲周期为 1000ms 的脉冲串，再输出 6 个脉冲周期为 500ms 的脉冲串，不断循环输出。使用 I0.0 上升沿启动脉冲串输出，使用 I0.1 上升沿停止脉冲串输出。通过 I0.0 上升沿调用子程序设置 PTO 操作，通过脉冲串输出完成中断程序来改变脉冲周期，通过 I0.1 上升沿禁止中断使脉冲串输出停止。PTO 输出结果示意图如图 4-49 所示，主程序如图 4-50

所示，子程序如图 4-51 所示，中断程序如图 4-52 所示。

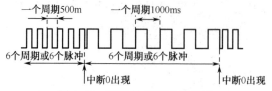

图 4-49 PTO 输出结果示意图

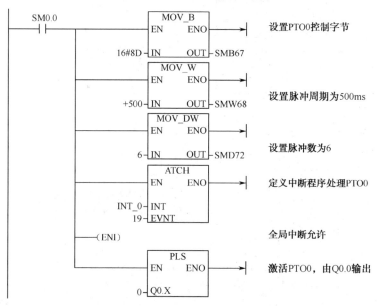

图 4-52 改变 PTO 输出脉冲周期的中断程序

项目实施

任务 2.1 电动机转速测量的 PLC 控制系统

电动机输出轴与齿轮刚性连接，齿轮的齿数为 12。电动机旋转时通过齿轮传感器测量转过的齿轮齿数，进而可以计算出电动机的转速（r/min）。齿轮传感器与 PLC 的接线图如图 4-53 所示。

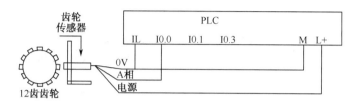

图 4-53 齿轮传感器与 PLC 的接线图

采用高速计数器测量电动机转速的主程序如图 4-54 所示，高速计数器初始化子程序如图 4-55 所示，转速计算中断子程序如图 4-56 所示。

```
SM0.1          SBR_0
——| |——      EN
```
在 PLC 运行的第一个扫描周期，将用于记录累加数据次数和累加数据的中间变量 VB8 和 VD0 置 0

图 4-54 采用高速计数器测量电动机转速的主程序

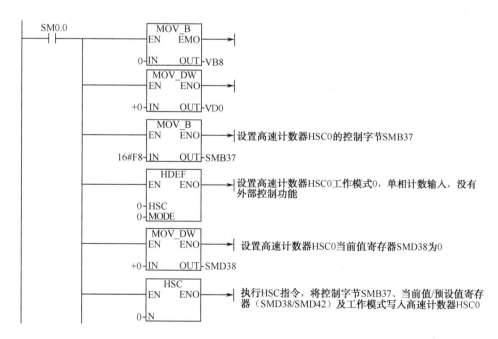

图 4-55 高速计数器初始化子程序

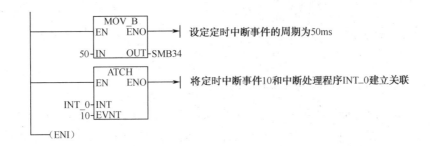

图 4-55　高速计数器初始化子程序（续）

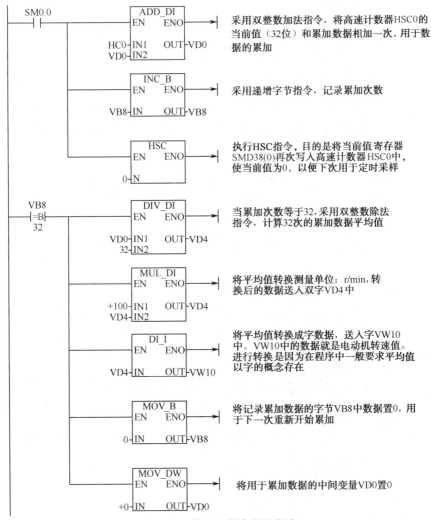

图 4-56　转速计算中断子程序

任务 2.2　步进电动机的 PLC 控制系统

（1）控制要求：步进电动机的控制要求如图 4-57 所示。从 A 到 B 为加速运行过程，从 B 到 C 为恒速运行过程，从 C 到 D 为减速运行过程。

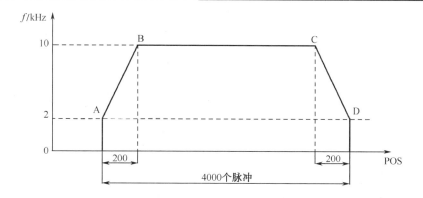

图 4-57　步进电动机的控制要求

（2）脉冲输出包络表的设计。根据步进电动机的控制要求确定 PTO 为 3 段流水线输出。为实现 3 段流水线输出，需建立 3 段脉冲的包络表。设初始和终止脉冲频率为 2kHz，最大脉冲频率为 10kHz，则最小频率初始和终止周期为 500μs，最大频率周期为 100μs。由此各段对应的脉冲数为：加速运行的第 1 段约需 200 个脉冲达到最大脉冲频率；恒速运行的第 2 段约需（4000−200−200）=3600 个脉冲完成；减速运行的第 3 段约需 200 个脉冲完成。

根据周期增量值的计算公式：周期增量值Δ=（该段终止时的周期时间−该段初始时的周期时间）/该段的脉冲数，可计算出第 1 段的周期增量值Δ为−2μs，第 2 段的周期增量值Δ为 0，第 3 段的周期增量值Δ为 2μs。假设包络表位于从 VB200 开始的 V 存储区中，包络表如表 4-21 所示。

（3）程序设计。编程前首先选择高速脉冲发生器为 Q0.0，并确定 PTO 为 3 段流水线。设置控制字节 SMB67 为 16#A0，表示允许 PTO 功能，选择 PTO 操作，选择多段操作，选择时基为 μs，不允许更新周期和脉冲数。建立 3 段的包络表（如表 4-21 所示），并将包络表的起始地址装入 SMW168 中。PTO 调用中断程序，使 Q1.0 接通。

多段流水线 PTO 初始化和操作步骤：用一个子程序实现 PTO 初始化，首次扫描（SM0.1）时从主程序调用初始化子程序，执行初始化操作。对应的主程序、子程序如图 4-58、图 4-59 所示。

表 4-21　包络表

V 变量存储器地址	段　号	参　数　值	说　明
VB200		3	段数
VB201		500μs	初始周期
VB203	段 1	−2μs	每个脉冲的周期增量值Δ
VB205		200	脉冲数
VB209		100μs	初始周期
VB211	段 2	0	每个脉冲的周期增量值Δ
VB213		3600	脉冲数
VB217		100μs	初始周期
VB219	段 3	2μs	每个脉冲的周期增量值Δ
VB221		200	脉冲数

图 4-58 步进电动机控制主程序

图 4-59 步进电动机转速控制初始化子程序

PTO 完成的中断事件号为 19。用中断连接指令 ATCH 将中断事件 19 与中断程序 INT_0 建立连接，并全局开中断。执行 PLS 指令，退出子程序。对应的中断程序如图 4-60 所示。

```
中断程序
网络 1                         中断程序
   SM0.0            Q1.0      LD SM0.0              //PTO完成时，输出 Q1.0
   ─┤ ├─────────────( )       =Q1.0
```

图 4-60　步进电动机转速停止中断程序

 思考与练习题

4-1　使用中断指令设计程序。

（1）当 I0.1 动作时，使用中断事件 0，在中断程序中将中断事件 0 送入 VB0。

（2）用定时器 T32 进行中断定时，控制接在 Q0.0~Q0.7 上的 8 个彩灯循环左移，每秒移动一次。

（3）用定时中断 0 实现每隔 4s 寄存器 VB0 加 1。

（4）用定时中断 0 实现周期为 1s 的高精度定时，并在 QB0 端口以增 1 形式输出。

4-2　用顺序控制指令设计程序，要求设计顺序功能流程图和步进梯形图。

（1）将模块 2 中思考与练习题 2-17 题用顺序控制指令进行程序设计，完成题目的要求；

（2）将模块 2 中思考与练习题 2-18 题用顺序控制指令进行程序设计，完成题目的要求；

（3）将模块 2 中思考与练习题 2-19 题用顺序控制指令进行程序设计，完成题目的要求。

4-3　电动机 Y-△降压启动控制电路如图 4-61 所示，要求设计其顺序功能流程图和步进梯形图。

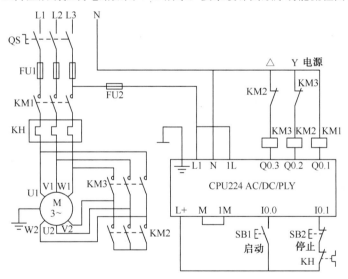

图 4-61　习题 4-3 图

4-4　如图 4-62 所示，小车一个工作周期的动作要求如下。

（1）按下启动按钮 SB1（I0.0），小车电动机正转（Q1.0），小车第一次前进，碰到限位开关 SQ1（I0.1）后小车电动机反转（Q1.1），小车后退。

（2）小车后退碰到限位开关 SQ2（I0.2）后，小车电动机停转。5s 后，小车第二次前进，碰到限位开关 SQ3（I0.3）后，再次后退。

（3）第二次后退碰到限位开关 SQ2（I0.2）时，小车停止。

要求设计顺序功能流程图和步进梯形图。

167

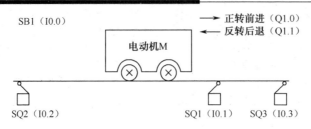

图 4-62　习题 4-4 图

模块 5 模拟量处理功能的应用

项目 恒压供水的 PLC 控制系统

 教学目标

◇ 能力目标
1. 能根据实际控制要求编写模拟量控制系统的程序;
2. 能使用模拟量模块 EM231、EM232、EM235;
3. 能使用 PID 指令设计程序。

◇ 知识目标
1. 掌握模拟量模块 EM231、EM232、EM235 的使用方法;
2. 掌握 PID 指令的使用方法;
3. 掌握模拟量控制系统的设计方法。

 **项目任务**

任务 设计一个恒压供水的 PLC 控制系统

 **知识链接**

在工业生产中有很多物理量,如温度、液压、速度等都不是数字量,而是模拟量,这就需要通过专用的 PLC 模拟量输入/输出模块及用户程序来完成转换。

5.1 模拟量输入/输出模块

S7-200 系列 PLC 模拟量 I/O 模块主要有 EM231 模拟量 4 路输入、EM232 模拟量 2 路输出和 EM235 模拟量 4 输入/1 输出混合模块 3 种,还有专门用于温度控制的 EM231 模拟量输入热电偶模块和 EM231 模拟量输入热电阻模块。模拟量 I/O 模块的规格如表 5-1 所示。

表 5-1　模拟量 I/O 模块的规格

型　　号	输入点数	输出点数	电　　压	功率/W	电源要求	
					5V DC	24V DC
EM231	4	0	24V DC	2	20mA	60mA
EM232	0	2	24V DC	2	20mA	70mA
EM235	4	1	24V DC	2	30mA	60mA

5.1.1　模拟量输入模块

1．模拟量输入模块的基本工作原理

模拟量在过程控制中的应用很广，如常用的温度、压力、速度、流量、酸碱度、位移等，各种工业检测都要将电压、电流的模拟量值进行一定运算（PID），达到控制生产过程的目的。模拟量输入电压大多是经传感器变换后得到的，模拟量的输入信号为 4~20mA 的电流信号或 1~5V、−10~10V、0~10V 的直流电压信号。输入模块接收这种模拟量信号之后，把它转换成二进制数字量信号，送给中央处理器进行处理，因此模拟量输入模块又叫 A/D 转换输入模块。总之，模拟量输入模块的作用是把现场连续变化的模拟量标准信号转换成可在 PLC 内部处理的、由若干位表示的数字量信号。模拟量输入模块一般由滤波、A/D 转换、光电耦合隔离等部分组成，其原理图如图 5-1 所示。输入模拟量为电压时，正端接 V，负端接 M；输入模拟量为电流时，正端接 I，负端接 M，但是 I 与 V 要连接在一起。

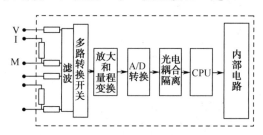

图 5-1　模拟量输入模块原理图

模拟量输入模块设有电压信号和电流信号输入端。输入信号通过滤波、运算放大器的放大和量程变换，转换成 A/D 转换器能够接收的电压范围，经过 A/D 转换器后的数字量信号，再经光电耦合器隔离后进入 PLC 的内部电路。根据 A/D 转换器的分辨率不同，模拟量输入模块能提供 8 位、10 位、12 位或 16 位等精度的数字量信号并传送给 PLC 进行处理。模拟量的输入点数可以是 2~8，模拟量输入模块类型不同，输入点数也不同。对多通道的模拟量输入模块，通常设置多路转换开关进行通道的切换，而在输出端应设置信号的寄存器。为了适应工业生产过程的控制要求，还对模拟量输入模块采取了必要的防电磁干扰措施，如光电耦合隔离、阻容滤波等。为了防止其他信号产生影响，也采取了设置反向二极管或熔丝管等措施。这些措施为 PLC 可靠工作提供了保证。

2．EM231 模拟量输入模块

1）EM231 模拟量输入模块的内部结构及数据格式

EM231 模拟量输入模块的功能是把模拟量输入信号转换为数字量信号，其内部结构示意

图如图 5-2 所示。由图可见，该模块可连接 4 个模拟量回路的输入信号。模拟量输入信号经输入滤波器通过多路转换开关送入差动放大器，差动放大器输出的信号经增益调整电路进入电压缓冲器，等待进行模/数转换，进行模/数转换后的数字量直接送入 PLC 内部的模拟量输入寄存器 AIW 中。

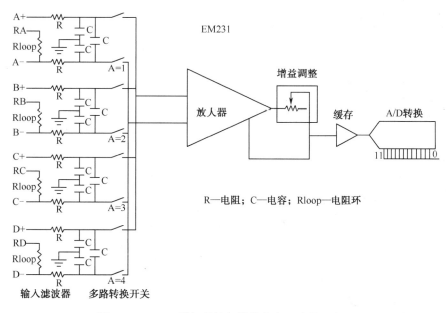

图 5-2　EM231 模拟量输入模块的内部结构示意图

存储在 16 位模拟量输入寄存器 AIW 中的数据的有效位有 12 位，格式如图 5-3 所示。对单极性输入而言，最高位为符号位，最低 3 位是测量精度位，即 A/D 转换是以 8 为单位进行的；对双极性输入而言，最低 4 位是测量精度位，即 A/D 转换是以 16 为单位进行的。

MSB															LSB
15	14	13	12	11	10	9	8	7	6	5	4	3	2	1	0
0	数字值12位											0	0	0	

单极性数据格式

MSB															LSB
15	14	13	12	11	10	9	8	7	6	5	4	3	2	1	0
数字值12位												0	0	0	0

双极性数据格式

图 5-3　模拟量输入数据的数字量格式

2）模拟量输入模块的性能

模拟量输入模块的性能如表 5-2 所示，使用时应特别注意输入信号的规格，不得超出其使用范围。

表 5-2　模拟量输入模块的性能

常　　规	6ES7 231-0HC22-0X（EM231）	6ES7 235-0KD22-0XA0（EM235）
双极性，满量程	−32000~+32000	−32000~+32000
单极性，满量程	0~32000	0~32000

续表

常　规	6ES7 231-0HC22-0X（EM231）	6ES7 235-0KD22-0XA0（EM235）
直流输入阻抗	≥10MΩ 电压输入 250Ω 电流输入	≥10MΩ 电压输入 250Ω 电流输入
输入滤波衰减	−3db，3.1kHz	3db，3.1kHz
最大输入电压	DC 30V	DC 30V
最大输入电流	32mA	32mA
分辨率	12 位 A/D 转换器	12 位 A/D 转换器
隔离（现场到逻辑）	否	否
输入类型	差动	差动
输入 范围 电压（单极性）	0~10V，0~5V	0~10V，0~5V；0~1V，0~500mV；0~100mV，0~50mV
电压（双极性）	±5V，±2.5V	±10V，±5V，±2.5V，±1V，±500mV，±250mV，±100mV，±50mV，±25mV
电流	0~20mA	0~20mA
输 入 分 辨 率 电压（单极性）	0~10V，2.5 mV ±2.5V，1.2mV	0~50mV，12.5 μV；100mV，25μV； 0~500mV，125 μV；0~1V，250μV； 0~5V，1.25 mV；0~10V，2.5mV
电压（双极性）	±5V，2.5mV ±2.5V，1.25mV	±25mV，12.5 μV；±50mV，25μV； ±100mV，50 μV；±250mV，125μV； ±500mV，250 μV；±1mV，500μV； ±2.5mV，1.25 μV；±5V，2.5mV； ±10V，5mV
电流	0~20 mA，5μA	0~20mA，5μA
模拟量到数字量转换 时间	<250μs	<250μs
模拟输入阶跃响应	1.5ms（95%）	1.5ms（95%）
共模抑制	4db，60Hz（DC）	4db，60Hz（DC）
共模电压	信号电压加共模电压必须≤±12V	信号电压加共模电压必须≤±12V
DC 24V 电压范围	20.4~28.8V	20.4~28.8V

3）EM231 模拟量输入模块输入信号的整定

使用模拟量输入模块时，首先需要根据模拟量信号的类型及范围通过模拟量模块右下侧的 DIP 开关进行输入信号的选择，选择的具体操作如表 5-3 所示。例如，若选择 0~10V 作为模拟量模块的输入信号范围，则 DIP 开关（如图 5-4 所示）应选择 SW1 开、SW2 关、SW3 开。

表 5-3　EM231 模拟量输入范围的选择

	SW1	SW2	SW3	满量程输入	分　辨　率
单极性	ON	OFF	ON	0~10V	2.5mV
		ON	OFF	0~5V	1.25mV
				0~20mA	5μA
双极性	OFF	OFF	ON	±5V	2.5mV
		ON	OFF	±2.5V	1.25mV

设置好 DIP 开关后，还需对输入信号进行整定，输入信号的整定就是要确定模拟量输入信号与数字量转换结果的对应关系，通过调节 DIP 开关左侧的增益电位器可调整该模块的输入/输出关系。其调整步骤如下。

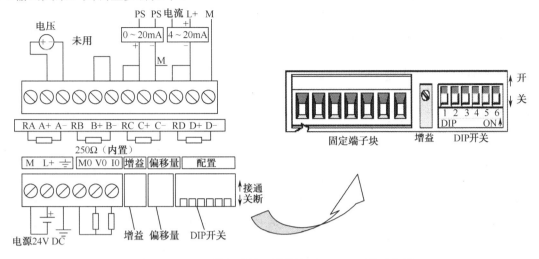

图 5-4 EM231 模拟量输入模块端子及 DIP 开关示意图

（1）在模块脱离电源的条件下，通过 DIP 开关选择需要的输入范围。

（2）接通 CPU 及模块电源，并使模块稳定 15min。

（3）用一个电压源或电流源，给模块输入一个零值信号。

（4）读取模拟量输入寄存器 AIW 相应地址中的值，获得偏置误差（输入为 0 时，模拟量输入模块产生的数字量偏差值），该误差在模块中无法得到校正；如图 5-5 所示的 EM231 转换曲线偏置误差为 32000/10V。

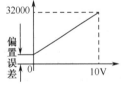

（5）将一个工程量的最大值加到模块输入端，调节增益电位器，直到读数为 32000 或所需要的数值。经上述调整后，若输入电压范围为 0~10V 的模拟量信号，则对应的数字量结果应为 0~32000 或所需要数字，其关系如图 5-5 所示。

图 5-5 EM231 转换曲线

4）EM231 外部接线

如图 5-4 所示，EM231 上部有 12 个端子，每 3 个为一组，共 4 组，每组可作为 1 路模拟量的输入通道（电压信号或电流信号）。输入信号为电压信号时，用 2 个端子（如 A+、A-）；输入信号为电流信号时，用 3 个端子（如 RC、C+、C-），其中 RC 与 C+端子短接；未用的输入通道应短接（如 B+、B-）。4 路模拟量地址分别是 AIW0、AIW2、AIW4 和 AIW6。

使用模拟量输入模块时，要注意以下问题。

（1）模拟量输入模块有专用的扁平电缆（与模块打包出售）与 CPU 通信，并通过此电缆由 CPU 向模拟量模块提供 5V DC 的电源。此外，模拟量模块必须外接 24V DC 电源。

（2）模拟量输入模块能同时输入电流或者电压信号，对于模拟量输入的电压或者电流信号选择通过 DIP 开关来设定，量程的选择也是通过 DIP 开关来设定的。

一个模块可以同时作为电流信号或者电压信号输入模块使用，但必须分别按照电流和电压信号的要求接线。DIP 开关设置对整个模块的所有通道有效，在这种情况下，电流、电压信号的规格必须能设置为相同的 DIP 开关状态。如表 5-3 中，0~5V 和 0~20mA 信号具有相同的 DIP 开关状态，可以接入同一个模拟量输入模块的不同通道。

（3）对于模拟量输入模块，传感器电缆线应尽可能短，而且应使用屏蔽双绞线，导线应避免弯成锐角。靠近信号源屏蔽线的屏蔽层应单端接地。

（4）未使用的通道应短接，如图 5-4 中的 B+ 和 B− 端子未使用，应进行短接。

（5）一般电压信号比电流信号容易受干扰，应优先选用电流信号。

（6）模拟量输入模块的电源地和传感器的信号地必须连接（工作接地），否则将产生一个很高的上下振动的共模电压，影响模拟量输入值，测量结果可能是一个变动很大的不稳定的值。

3. EM231 热电偶模块及热电阻模块

EM231 热电偶模块是专门用于对热电偶输出信号进行 A/D 转换的智能模块。它可以连接 7 种类型的热电偶（J、K、E、N、S、T 和 R），还可用于测量 0~±80mV 范围的低电平模拟信号。其接线端子示意图如图 5-6 所示。

EM231 热电阻模块是专门用于将热电阻信号转换为数字量信号的智能模块，它可以连接 4 种类型的热电阻（Pt、Cu、Ni 和电阻）。其接线端子示意图如图 5-7 所示。

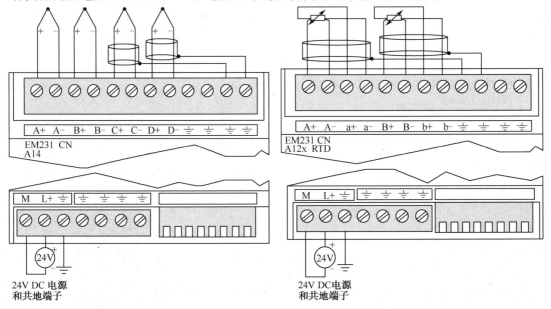

图 5-6　热电偶模块接线端子示意图　　　图 5-7　热电阻模块接线端子示意图

使用 EM231 热电偶或热电阻模块时，需要通过模块右下侧的设置开关进行必要的设置。对热电偶模块，其热电偶的类型通过设置开关 SW1、SW2、SW3 进行选择，如表 5-4 所示。SW4 为备用开关，SW5、SW6、SW7、SW8 用来设定断线检测、冷端补偿、温度单位等，如表 5-5 所示。热电阻模块的设置类似热电偶模块，这里不再赘述。

表 5-4　热电偶类型选择

热电偶类型	SW1	SW2	SW3
J	0	0	0
K	0	0	1
T	0	1	0

续表

热电偶类型	SW1	SW2	SW3
E	0	1	1
R	1	0	0
S	1	0	1
N	1	1	0
+/-80mV	1	1	1

表 5-5　EM231 热电偶模块 DIP 开关的其他选项设置

DIP 开关	状　态	作　　用	项 目 名 称
SW5	1	负极限+3276°	开路故障方向、传感器方向的检测
	0	正极限+3276°	
SW6	1	禁止断线检测电流	断线检测的选择
	0	启动断线检测电流	
SW7	1	华氏温度测量	温度单位的选择
	0	摄氏温度测量	
SW8	1	冷端补偿禁止	冷端补偿的选择
	0	冷端补偿启用	

5.1.2　模拟量输出模块

1. 模拟量输出模块的基本工作原理

模拟量输出模块的作用是把 PLC 运算处理后的若干位数字量信号转换成相应的模拟量信号然后输出，以满足生产过程现场连续信号的控制要求。模拟量输出模块一般由光电耦合隔离、D/A 转换和信号转换等部分组成。

模拟量输出模块将中央处理器中的二进制数字信号转换成 4~20mA 的电流输出信号或0~10V、1~5V 的电压输出信号，提供给执行机构。因此模拟量输出模块又叫 D/A 转换输出模块。PLC 输出的若干位数字量信号由内部电路送至光电耦合器的输入端，光电耦合器输出端输出的数字量信号进入 D/A 转换器，转换后的模拟量直流电压信号经运算放大器放大后驱动输出。

通常，模拟量输出模块还设有直流电流信号输出端供用户选用。根据实际要求的数字量信号的分辨率不同，模拟量输出模块用的 D/A 转换器有 8 位、10 位、12 位等几种不同精度，型号不同，精度有所不同。

2. EM232 模拟量输出模块的内部结构、数据格式及输出性能

1）EM232 模拟量输出模块的内部结构及数据格式

EM232 模拟量输出的过程是将 PLC 模拟量输出寄存器 AQW 中的数字量转换为可用于驱动执行元件的模拟量，其外部接线端子及内部结构图如图 5-8 所示。由图可知，存储于 AQW中的数字量经 EM232 模块中的数/模转换器分为两路信号输出，一路经电压输出缓冲器输出标准的-10~10V 电压信号，另一路经电压/电流转换器输出标准的 0~20mA 电流信号。

175

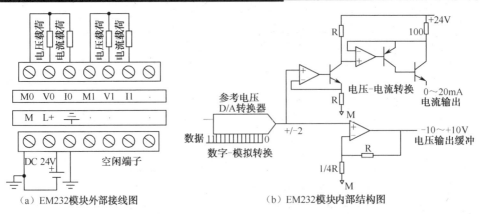

(a) EM232模块外部接线图　　　　　　　（b）EM232模块内部结构图

图 5-8　EM232 模拟量输出模块外部接线端子及内部结构图

MSB															LSB
15	14	13	12	11	10	9	8	7	6	5	4	3	2	1	0
0	数字值11位											0	0	0	0

电流输出数据格式

MSB															LSB
15	14	13	12	11	10	9	8	7	6	5	4	3	2	1	0
数字值12位												0	0	0	0

电压输出数据格式

图 5-9　模拟量输出数据的数字量格式

存储在 16 位模拟量输出寄存器 AQW 中的数据的有效位有 12 位，格式如图 5-9 所示。输出电流时，数据的最高有效位是符号位，最低 4 位在转换为模拟量输出值时，将自动屏蔽。

2）模拟量输出模块的输出性能

模拟量输出模块的输出性能如表 5-6 所示，表中主要描述了输出电压、电流的范围及其对应的输出精度和带负载的能力等。

表 5-6　模拟量输出模块的输出性能

常　　　规			6ES7232-0HB22-0X（EM232）	6ES7235-0KD22-0XA0（EM235）
模拟量输出点数			2	1
隔离（现场到逻辑）			否	否
信号范围		电压输出	±10V	±10V
		电流输出	0~20mA	0~20mA
分辨率，满量程		电压	12 位	
		电流	11 位	
数据格式		电压	−32000~32000	−32000~32000
		电流	0~32000	0~32000
精度	最差情况（0~55℃）	电压	满量程的±2%	满量程的±2%
		电流	满量程的±2%	满量程的±2%
	典型 55℃	电压	满量程的±0.5%	满量程的±0.5%
		电流	满量程的±0.5%	满量程的±0.5%
	设置时间	电压	100μs	100μs
		电流	2ms	2ms
最大驱动		电压输出	5000Ω 最小	5000Ω 最小
		电流输出	500Ω 最大	500Ω 最大

使用模拟量输出模块时要注意以下问题。

（1）对于模拟量输出模块，电压和电流信号的输出信号的接线不同，各自的负载接到各自的端子上。

（2）模拟量输出模块总要占据两个通道的输出地址。即便有些模块（EM235）只有一个实际的输出通道，它也要占用两个通道的地址。在计算机和 CPU 实际联机时，使用 STEP 7-Micro/WIN 软件的菜单命令"PLC"→"信息"，可以查看 CPU 和扩展模块的实际 I/O 地址分配。

5.1.3　EM235 模拟量输入/输出混合模块的使用

EM235 模拟量输入/输出混合模块及 DIP 开关示意图如图 5-10 所示。该模块可同时连接 4 个模拟量输入回路的输入信号及 1 个模拟量输出回路的输出信号。EM235 上部有 12 个端子，每 3 个为一组，共 4 组，每组可作为 1 路模拟量的输入通道。下部电源右边的 3 个端子是 1 路模拟量输出（电压或电流信号）通道，V0 端接电压负载，I0 端接电流负载，M0 端为公共端。4 路输入模拟量地址分别是 AIW0、AIW2、AIW4 和 AIW6；1 路输出模拟量地址是 AQW0。

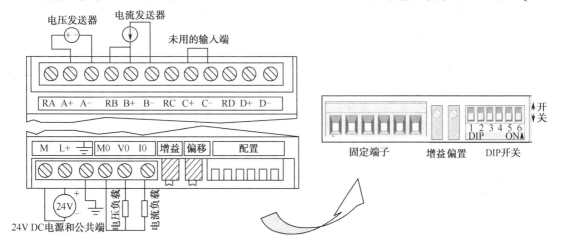

图 5-10　EM235 模拟量输入/输出混合模块及 DIP 开关示意图

1. EM235 模拟量输入/输出混合模块的输入/输出特性

EM235 模拟量输入/输出混合模块的输入回路与 EM231 模拟量输入模块的输入回路稍有不同，它增加了一个偏置电压调整回路，通过调节输出接线端子右侧的偏置电位器可以消除偏置误差，其输入特性较 EM231 模块的输入特性的不同之处主要表现在可供选择的输入信号范围更加细致，以便适应更加广泛的场合。EM235 模拟量输入/输出混合模块的 DIP 开关设置及分辨率如表 5-7 所示，在此不再赘述。

2. EM235 模拟量输入/输出混合模块的使用

使用 EM235 模拟量输入/输出混合模块时，主要根据输入信号的范围对 EM235 模块的输入信号进行整定，输入信号的整定步骤如下。

（1）在模块脱离电源的条件下，通过 DIP 开关选择需要的输入范围（如表 5-7 所示）。

（2）接通 CPU 及模块电源，并使模块稳定 15min。

（3）用一个电压源或电流源，给模块输入一个零值信号。

表 5-7　EM235 模拟量输入/输出混合模块的 DIP 开关设置及分辨率

单　极　性						满量程输入	分　辨　率
SW1	SW2	SW3	SW4	SW5	SW6		
ON	OFF	OFF	ON	OFF	ON	0~50mV	12.5μV
OFF	ON	OFF	ON	OFF	ON	0~100mV	25μV
ON	OFF	OFF	OFF	ON	ON	0~500mV	125μV
OFF	ON	OFF	OFF	ON	ON	0~1V	250μV
ON	OFF	OFF	OFF	OFF	ON	0~5V	1.25μV
ON	OFF	OFF	OFF	OFF	ON	0~20mA	5μV
OFF	ON	OFF	OFF	OFF	ON	0~10V	2.5μV
双　极　性						满量程输入	分　辨　率
SW1	SW2	SW3	SW4	SW5	SW6		
ON	OFF	OFF	ON	OFF	OFF	±25mV	12.5μV
OFF	ON	OFF	ON	OFF	OFF	±50mV	25μV
OFF	OFF	ON	ON	OFF	OFF	±100mV	50μV
ON	OFF	OFF	OFF	ON	OFF	±250mV	125μV
OFF	ON	OFF	OFF	ON	OFF	±500	250μV
OFF	OFF	ON	OFF	OFF	OFF	±1V	500μV
ON	OFF	OFF	OFF	OFF	OFF	±2.5V	1.25μV
OFF	ON	OFF	OFF	OFF	OFF	±5V	2.5μV
OFF	OFF	ON	OFF	OFF	OFF	±10V	5μV

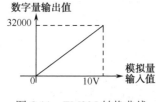

图 5-11　EM235 转换曲线

（4）调节偏置电位器，使模拟量输入寄存器的读数为零或所需要的数值。

（5）将一个满刻度的信号加到模块输入端，调节增益电位器，直到读数为 32000 或所需要的数值。

经上述调整后，若输入电压范围为 0~10V 的模拟量信号，则对应的数字量结果应为 0~32000 或所需要数字，其关系如图 5-11 所示。

5.2　模拟数据的处理

5.2.1　模拟量输入信号的整定

通过模拟量输入模块转换后的数字量信号直接存储在 S7-200 系列 PLC 的模拟量输入寄存器 AIW 中，这种数字量与被转换的过程量之间具有一定的函数关系，但在数值上并不相等，必须经过某种转换才能使用，这种将模拟量输入值的数字量信号在 PLC 内部按一定函数关系进行转换的过程称为模拟量输入信号的整定。模拟量输入信号的整定通常需要考虑以下问题。

1. 模拟量输入值的数字量表示方法

模拟量输入值的数字量表示方法即查看模拟量输入模块的输入数据的位数是多少，是否从数据字的第 0 位开始。若不是，应进行移位操作使数据的最低位排列在数据字的第 0 位上，以保证数据的准确性；如 EM231 模拟量输入模块，在单极性信号输入时，其模拟量的数字值是从第 3 位开始的，因此数据整定的任务是把该数据字右移 3 位。

2. 模拟量输入值的数字量的表示范围

模拟量输入值的数字量的表示范围一方面由模拟量输入模块的转化精度位数决定，另一方面也可以由系统外部的某些条件使输入值的范围限定在某一数值区域，使输入值的范围小于模块可能表示的范围。

3. 系统偏置误差的消除

系统偏置误差是指在无模拟量信号输入的情况下由测量元件的测量误差及模拟量输入模块的转换死区所引起的具有一定数值的转换结果。消除偏置误差的方法是在硬件方面进行必要的调整（如调整 EM235 中偏置电位器）或使用 PLC 的运算指令去除其影响。

4. 过程量的最大变化范围

过程量的最大变化范围与转换后的数字量最大变化范围应有一一对应的关系，这样就可以使转换后的数字量精确地反映过程量的变化。如用 0~0FH 反映 0~10V 的电压与用 0~FFH 反映 0~10V 的电压相比较，后者的灵敏度或精确度显然要比前者高得多。

5. 标准化问题

从模拟量输入模块采集到的过程量都是实际的工程量，其幅度、范围和测量单位都会不同。在 PLC 内部进行数据运算之前，必须将这些值转换为无量纲的标准化格式。

下面一段程序将实数格式的工程实际值转换为[0.0，1.0]范围的无量纲相对值（即标准化格式），用到了下面的公式：

$$R_S = R_R/S_P + E \tag{5-1}$$

式中，R_S 是工程实际值的标准化值；R_R 是工程实际值的实数格式，未经标准化处理；E 对应单极性取 0，对应双极性取 0.5；S_P 等于最大允许值减去最小允许值，通常取 32000（单极性）、64000（双极性）。

```
XORD        AC0，AC0              //清累加器 AC0
MOVW        AIW0，AC0             //读模拟量存入 AC0
LDW>=AC0，   0                    //若模拟量为正
JMP         0                    //转到标号为 0 的程序段进行直接转换
NOT                              //否则（即模拟量为负）
ORD         16#FFFF0000，AC0      //处理 AC0 中的符号
LBL         0                    //定义一个跳转的标号 0
ITD         AIW0，AC0             //将输入数值转换成双字
DTR         AC0，AC0              //将 32 位整数格式转换为实数格式
/R          64000.0，AC0          //将 AC0 中的值标准化
+R          0.5，AC0             //将所得结果转移到[0.0，1.0]范围
MOVR        AC0，VD100            //将标准化结果存入 PID 运算数据存储区
```

6. 数字量滤波问题

电压、电流等模拟量常常会因为现场的瞬时干扰而产生较大波动，这种波动经 A/D 转换后也反映在 PLC 的数字量输入端。若仅用瞬时采样值进行控制计算，将产生较大误差，有必要进行数字滤波。工程上数字滤波方法有算术平均值滤波、去极值平均滤波及惯性滤波法等。算术平均值滤波法的效果与采样次数有关，次数越多效果越好，但这种滤波方法对于强干扰的抑制作用不大。而去极值平均滤波法则可有效地消除明显的干扰信号，消除的方法是对多次采样值进行累加后，找出最大值和最小值，然后从累加和中减去最大值和最小值，再进行平均值滤波。惯性滤波法是进行逐次修正，它类似于较大惯性的低通滤波法。这些方法也可同时使用，效果更好。

5.2.2　模拟量输出信号的整定

在 PLC 内部进行模拟量输入信号处理时，通常已把模拟量输入模块转换后的数字量转换为标准工程量，经过工程实际需要的运算处理后，可得出上下限报警信息及控制信息。报警信息经过逻辑控制程序可直接通过 PLC 的数字量输出端输出，而控制信息则需要暂存到模拟量输出寄存器 AQWx 中，经模拟量输出模块转换为连续的电压或电流信号输出到控制系统的执行部件，以便进行调节。模拟量输出信号的整定就是要将 PLC 的运算结果按照一定的函数关系转换为模拟量输出寄存器中的数字值，以备模拟量输出模块转换为现场需要的输出电压或电流。已知某温度控制系统由 PLC 控制其温度的升降，当 PLC 的模拟量输出模块输出 10V 电压时，要求系统温度达到 500℃。现 PLC 的运算结果为 230℃，则应向模拟量输出寄存器 AQWx 写入的数字量为多少？这就是一个模拟量输出信号的整定问题。

显然，解决这一问题的关键是要了解模拟量输出模块中的数字量与模拟量之间的对应关系，这一关系通常为线性关系。如 EM232 模拟量输出模块输出的 0~10V 电压信号对应的内部数字量为 0~32000。上述运算结果 230℃所对应的数字量可用简单的算术运算程序得出。

在后面要介绍的 PID 指令中，PID 的运算结果是一个在[0.0, 1.0]范围内的标准化实数格式的数据，它必须首先转换为按工程量标定的 16 位的值后方可用于驱动实际机构。这一转换实际上是标准化过程的逆过程，转换的第一步是用下式将 PID 运算结果转换为按工程量标定的实数格式。

$$R_S=(R_R-E)S_P \tag{5-2}$$

式中，R_S 是按工程量标定的实数格式的 PID 运算结果；R_R 是标准化实数格式的 PID 运算结果；E 对应单极性模拟量取 0，对应双极性模拟量取 0.5；S_P 等于最大允许值减去最小允许值，通常取 32000（单极性）、64000（双极性）。

假定 PID 运算的标准化实数格式结果存储在 AC0 中，则经下面程序段的转换，存储在模拟量寄存器 AQW0 中的数据为一个按工程量标定的 16 位数字量。

```
MOVR    VD108, AC0        //将 PID 运算结果放入 AC0 中
-R      0.5, AC0          //仅用于双极性的场所
*R      64000.0, AC0      //将 AC0 中的值按工程量标定
TRUNC   AC0, VD100        //将实数四舍五入取整，变为 32 位整数
DTI     AC0, AC0          //将双整数转换成整数
MOVW    AC0, AQW0         //将 16 位整数值输出至模拟量输出模块
```

这段程序中前 3 句将 PID 运算的[0.0，1.0]范围内的数据转换为按工程量标定的实数值，后 3 句将按工程量标定的实数值转换为 16 位的数字量。

5.3 PLC 的 PID 控制

过程控制系统在对模拟量进行采样的基础上，一般还要对采样值进行 PID（比例+积分+微分）运算，并根据运算结果，形成对模拟量的控制。这种控制系统的结构如图 5-12 所示。

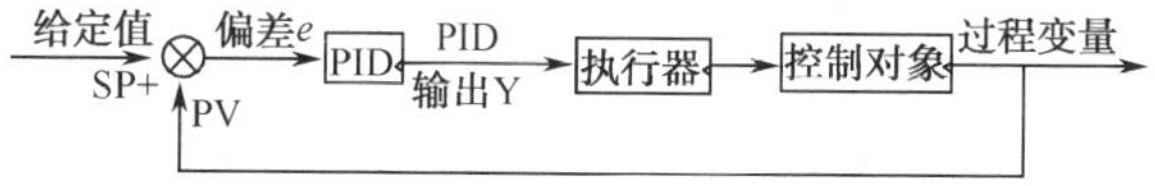

图 5-12 PID 控制系统结构

PID 运算中的积分作用可以消除系统的静态误差，提高精度，加强对系统参数变化的适应能力，而微分作用可以克服惯性滞后，提高抗干扰能力和系统的稳定性，改善系统动态响应速度。因此，对于速度、位置等快过程及温度、化工合成等慢过程，PID 控制都具有良好的实际效果。

5.3.1 PID 算法

在工业生产过程控制中，模拟信号 PID（由比例、积分、微分构成的闭合回路）调节是常见的一种控制方法。执行 PID 指令，S7-200 系列 PLC 将根据参数表中的输入值、预设值（给定值）及 PID 参数，进行 PID 运算，求得输出值。PID 控制回路的参数表如表 5-8 所示。参数表中有 9 个参数，全部为 32 位的实数，共占用 36 字节。

表 5-8 PID 控制回路的参数表

偏移地址（VB）	参 数 名	格 式	类 型	描 述
0	过程变量（PV_n）	实数	输入	过程变量，必须为 0.0~1.0
4	给定值（SP_n）	实数	输入	预设值，必须为 0.0~1.0
8	输出值（M_n）	实数	输入/输出	输出值，必须为 0.0~1.0
12	增益（K_c）	实数	输入	比例常数，可正可负
16	采样时间（T_s）	实数	输入	单位是 s，必须是正数
20	积分时间（T_i）	实数	输入	单位是 min，必须是正数
24	微分时间（T_d）	实数	输入	单位是 min，必须是正数
28	上一次积分值（M_x）	实数	输入/输出	积分项前值
32	上一次过程变量（PV_{n-1}）	实数	输入/输出	最近一次 PID 运算的过程变量

说明：

（1）PLC 可同时对多个生产过程（回路）实行闭环控制。由于每个生产过程的具体情况不同，PID 算法的参数也不同，参数表用于存放控制算法的参数和过程中的其他数据，运算完毕后有关数据结果仍送回参数表。

（2）表中过程变量 PV_n 和给定值 SP_n 为 PID 算法中的输入值，只可由 PID 指令读取并不可更改。过程变量 PV_n 归一化处理：[0~10V]→模拟量输入模块（如 EM231）→模拟量输入寄存器 AIWx→16 位整数→32 位整数→32 位实数 $\xrightarrow{\text{利用公式5-1}}$ 标准化数值[0.0，1.0]→地址偏移量为 0 的存储区。给定值 SP_n 由模拟量输入（或常数）→标准化数值[0.0，1.0]。

（3）表中回路输出值 M_n 由 PID 指令计算得出，仅当 PID 指令执行完毕才予以更新。输出值 M_n 归一化处理：标准化数值[0.0，1.0] $\xrightarrow{\text{利用公式5-2}}$ 32 位实数→32 位整数→16 位整数→

模拟量输出寄存器 AQWx→模拟量输出模块（如 EM232）→[0~10V]。

（4）表中增益（K_c）、采样时间（T_s）、积分时间（T_i）和微分时间（T_d）是由用户事先写入的值，通常也可通过人机对话设备（如 TD200、触摸屏、组态软件监控系统）输入。

（5）表中上一次积分值（M_x）由 PID 运算结果更新，且此更新值用作下一次 PID 运算的输入值。积分和的调整值必须为 0.0~1.0 的实数。

比例、积分、微分调节（即 PID 调节）是闭环模拟量控制中的传统调节规律。它在改善控制系统品质，保证系统偏差 e（给定值（SP_n）与过程变量（PV_n）的差）达到预定指标，使系统实现稳定状态方面具有良好的效果。该系统的结构简单，容易实现自动控制，在各个领域得到了广泛的应用。PID 调节控制的原理基于下面的方程式，描述输出 $M(t)$ 与比例项、积分项和微分项的函数关系，即输出=比例项+积分项+初始值+微分项。

$$M(t) = K_c e + \frac{K_c}{T_i} \int_0^t e\,\mathrm{d}t + M_{\text{initial}} + K_c T_d \frac{\mathrm{d}e}{\mathrm{d}t}$$

式中　$M(t)$——PID 回路的输出，是时间的函数；

　　　K_c——PID 回路的增益，也叫比例常数；

　　　e——偏差（给定值与过程变量之差）；

　　　M_{initial}——PID 回路输出的初始值；

　　　T_i——积分时间；

　　　T_d——微分时间。

在实际应用中，典型的 PID 算法包括 3 项：比例项、积分项和微分项，即输出=比例项+积分项+微分项。计算机在周期性地采样并离散化后进行 PID 运算，算法如下。

$$M_n = K_c \times (SP_n - PV_n) + K_c \times (T_s/T_i) \times (SP_n - PV_n) + M_x + K_c \times (T_d/T_s) \times (PV_{n-1} - PV_n)$$

其中各参数的含义在表 5-8 中已有描述。

比例项 $K_c \times (SP_n - PV_n)$：能及时地产生与偏差（$SP_n - PV_n$）成正比的调节作用，比例常数 K_c 越大，比例调节作用越强，系统的稳态精度越高，但 K_c 过大会使系统的输出量振荡加剧，稳定性降低。

积分项 $K_c \times (T_s/T_i) \times (SP_n - PV_n) + M_x$：与偏差有关，只要偏差不为 0，PID 控制的输出就会因积分作用而不断变化，直到偏差消失，系统处于稳定状态，所以积分的作用是消除稳态偏差，提高控制精度，但积分的动作缓慢，给系统的动态稳定带来不良影响，很少单独使用。从式中可以看出，积分时间增大，积分作用减弱，消除稳态偏差的速度减慢。

微分项 $K_c \times (T_d/T_s) \times (PV_{n-1} - PV_n)$：根据偏差变化的速度（即偏差的微分）进行调节，具有超前和预测的特点。微分时间 T_d 增大时，超调量减少，动态性能得到改善，如 T_d 过大，系统输出量在接近稳态时可能上升缓慢。

5.3.2　PID 控制回路选项

在很多控制系统中，有时只采用一种或两种控制回路。例如，可能只要求比例控制回路或比例积分控制回路。通过设置常量参数值选择所需的控制回路。

（1）如果不需要积分回路（即在 PID 计算中无"I"），则应将积分时间 T_i 设为无限大。由于上一次积分值 M_x 有初始值，虽然没有积分运算，积分项的数值也可能不为零。

（2）如果不需要微分运算（即在 PID 计算中无"D"），则应将微分时间 T_d 设定为 0。

（3）如果不需要比例运算（即在 PID 计算中无"P"），但需要 I 或 ID 控制，则应将增益

K_c 指定为 0。因为 K_c 是计算积分和微分项公式中的系数，将增益设为 0 会导致在积分和微分项计算中使用的增益为 1.0。

5.3.3　PID 指令

PID 指令：使能输入有效时，根据参数表（TBL）中的输入值、预设值及 PID 参数进行 PID 计算。格式及功能如表 5-9 所示。

表 5-9　PID 指令格式及功能

LAD	STL	说　明
PID EN　ENO ????－TBL ????－LOOP	PID TBL，LOOP	TBL：参数表起始地址，VB；数据类型：字节。LOOP：回路号，常量（0~7）；数据类型：字节。 指令功能：利用以 TBL 为起始地址的参数表中提供的回路参数，进行 PID 运算

说明：

（1）程序中可使用 8 条 PID 指令，分别编号 0~7，不能重复使用。

（2）使 ENO = 0 的错误条件：0006（间接地址），SM1.1（溢出，参数表起始地址或指令中指定的 PID 指令编号操作数超出范围）。

（3）PID 指令不对参数表输入值进行范围检查，必须保证过程变量和上一次积分值及上一次过程变量在 0 和 1.0 之间。

5.3.4　PID 控制功能的应用

【例 5-1】　某温控系统由 S7-200 PLC、EM231、EM232 和控制对象（电炉）等组成。温度控制的原理：通过输入电压加热使电炉升温，再通过温度变送器将温度变换为电压。电炉根据加热时间的长短产生不同的热能，这就需要用到脉冲。输入电压对应不同的脉冲宽度，输入电压越大，脉冲越宽，通电时间越长，热能越大，温度越高。

温度控制系统的 PID 参数表如表 5-10 所示，程序如图 5-13 所示。

表 5-10　温度控制系统的 PID 参数表

地　址	参　数	数　值
VB100	过程变量 PV_n	温度模拟量经 A/D 转换后的标准化数值
VB104	给定值 SP_n	0.335
VB108	输出值 M_n	PID 回路的输出值（标准化数值）
VB112	增益 K_c	0.05
VB116	采样时间 T_s	35
VB120	积分时间 T_i	30
VB124	微分时间 T_d	0（关闭微分作用）
VB128	上　次积分值 M_x	根据 PID 运算结果更新
VB132	上一次过程变量 PV_{n-1}	最近一次 PID 运算的过程变量

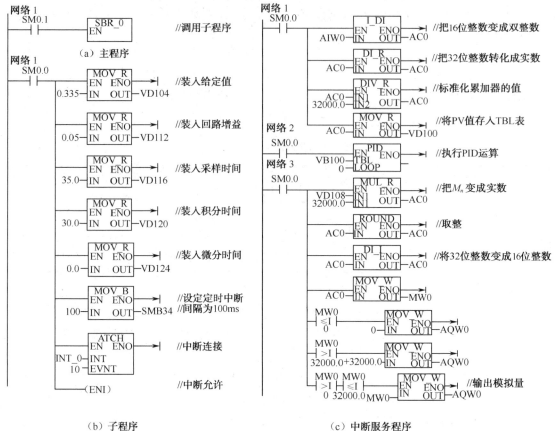

图 5-13　温度控制系统的程序

【例 5-2】　一恒压供水水箱，通过变频器驱动的水泵供水，维持水位在满水位的 70%。过程变量 PV_n 为水箱的水位（由水位检测计提供），给定值为 70%，PID 输出控制变频器，即控制水箱注水调速电动机的转速。要求开机后，先手动控制电动机，水位上升到 70% 时，转换到 PID 自动调节。

（1）恒压供水控制系统的 PID 参数表如表 5-11 所示。

表 5-11　恒压供水控制系统的 PID 参数表

地　　址	参　　数	数　　值
VB100	过程变量 PV_n	水位检测计提供的模拟量经 A/D 转换后的标准化数值
VB104	给定值 SP_n	0.7
VB108	输出值 M_n	PID 回路的输出值（标准化数值）
VB112	增益 K_c	0.3
VB116	采样时间 T_s	0.1
VB120	积分时间 T_i	30
VB124	微分时间 T_d	0（关闭微分作用）
VB128	上一次积分值 M_x	根据 PID 运算结果更新
VB132	上一次过程变量 PV_{n-1}	最近一次 PID 的过程变量

（2）I/O 分配表如表 5-12 所示。

表 5-12　恒压供水控制系统 I/O 分配表

地　　址	说　　明	功　　能
I0.0	按钮，手动/自动切换	0 为手动，1 为自动
AIW0	输入模拟电压（0~10V）	反馈信号输入端
AQW0	输出模拟电压（0~10V）	输出信号，控制变频器的输出频率

（3）控制程序由主程序、子程序和中断程序构成。主程序用来调用初始化子程序，子程序用来建立 PID 回路初始参数表和设置中断，由于定时采样，所以采用定时中断（中断事件号为 10），设置周期时间和采样时间相同（0.1s），并写入 SMB34。中断程序用于执行 PID 运算，I0.0=1 时，执行 PID 运算，本例标准化时采用单极性（取值 32000）。

（4）恒压供水控制系统程序如图 5-14 所示。

图 5-14　恒压供水控制系统程序

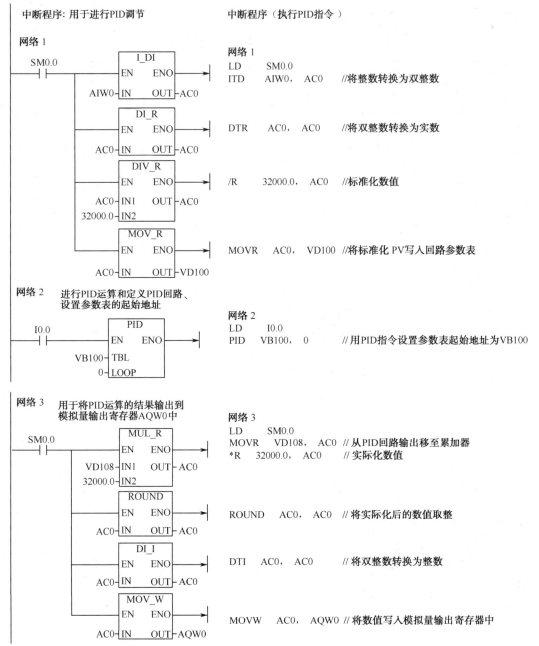

图 5-14　恒压供水控制系统程序（续）

5.3.5　PID 指令向导的应用

高速脉冲输出的程序可以用编程软件的指令向导生成，具体步骤如下。

（1）打开 STEP 7-Micro/WIN 编程软件，选择菜单"工具"→"指令向导"命令，出现如图 5-15 所示对话框。选择"PID"，并单击"下一步"按钮。

（2）确认编译项目并使用符号编址，如图 5-16 所示。

（3）指定 PID 指令的编号，如图 5-17 所示。

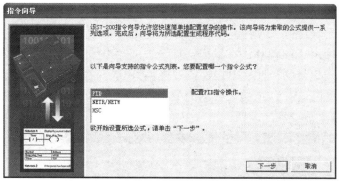

图 5-15 指令向导

图 5-16 确认编译项目并使用符号编址

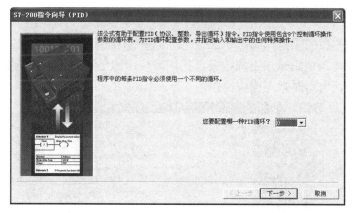

图 5-17 指定 PID 指令的编号

（4）设定 PID 调节的基本参数，如图 5-18 所示。其中包括以百分数指定给定值的下限；以百分数指定给定值的上限；增益；采样时间（图中为样本时间）；积分时间（图中为整数时间）；微分时间（图中为导出时间）。设定完成单击"下一步"按钮。

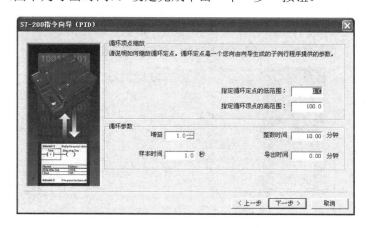

图 5-18 设定 PID 调节的基本参数

（5）输入、输出参数的设定，如图 5-19 所示。在输入选项区选择输入信号 A/D 转换数据的极性，可以选择单极性或双极性，单极性数值为 0~32000，双极性数值为-32000~32000，可以选择使用或不使用 20%偏移；在输出选项区选择输出信号的类型，可以选择模拟量输出或数字量输出，输出信号的极性（单极性或双极性），选择是否使用 20%的偏移，选择 D/A 转换数据的下限（可以输入 D/A 转换数据的最小值）和上限（可以输入 D/A 转换数据的最大值）。设定完成单击"下一步"按钮。

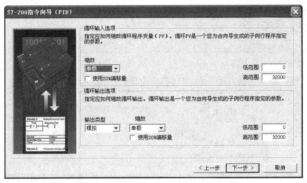

图 5-19　输入、输出参数的设定

（6）输出警报参数的设定，如图 5-20 所示。选择是否使用输出下限报警，使用时应指定下限报警值；选择是否使用输出上限报警，使用时应指定上限报警值；选择是否使用模拟量输入模块错误报警，使用时指定模块位置。

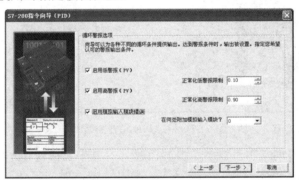

图 5-20　输出警报参数的设定

（7）设定 PID 的控制参数，如图 5-21 所示。在变量存储器 V 中，指定 PID 控制需要的变量存储器的起始地址，PID 控制参数表需要 36 字节，数据计算需要 32 字节，共需要 68 字节。

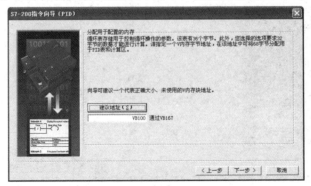

图 5-21　设定 PID 的控制参数

（8）设定 PID 控制子程序和中断程序的名称并选择是否增加 PID 的手动控制，如图 5-22 所示。在选择了手动控制后，给定值将不再经过 PID 控制运算而进行字节输出，为了保证手动控制到自动 PID 控制的平稳过渡，在 PLC 程序中需要对 PID 参数进行如下处理。

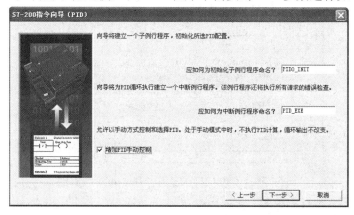

图 5-22　设定 PID 控制子程序和中断程序的名称并选择是否增加 PID 的手动控制

使过程变量与给定值相等：$SP_n = PV_n$；使上一次过程变量与当前过程变量相等：$PV_{n-1} = PV_n$；使上一次积分值等于当前输出值：$M_x = M_n$。设定完成后单击"下一步"按钮，出现如图 5-23 所示对话框。单击"完成"按钮结束编程向导的使用。

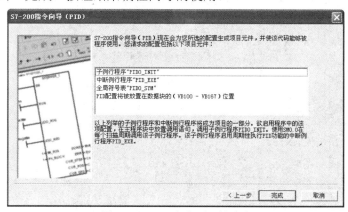

图 5-23　PID 生成项目的确定

（9）PID 指令向导生成的子程序和中断程序是加密的程序，子程序中使用的全部是局部变量，其中的输入和输出变量需要在调用程序时按照数据类型的要求对其进行赋值，如图 5-24 所示。

	符号	变量类型	数据类型	注释
	EN	IN	BOOL	
LW0	PV_I	IN	INT	进程变量输入：从0至32000
LD2	Setpoint_R	IN	REAL	定点输入：从0.0至100.0
L6.0	Auto_Manual	IN	BOOL	自动或手动模式（0 = 手动模式，1 = 自动模式）。
LD7	ManualOutput	IN	REAL	位于手动模式时理想的循环输出：从0.0至1.0
		IN		
		IN_OUT		
LW11	Output	OUT	INT	PID输出：从0至32000
L13.0	HighAlarm	OUT	BOOL	进程变量（PV）是 > 高警报限制（0.90）
L13.1	LowAlarm	OUT	BOOL	进程变量（PV）是 < 低警报限制（0.10）
L13.2	ModuleErr	OUT	BOOL	位置0的模拟模块有错误。
		OUT		
LD14	Tmp_DI	TEMP	DWORD	
LD18	Tmp_R	TEMP	REAL	
		TEMP		

MAIN　SBR_0　INT_0　PID0_INIT　PID_EXE

图 5-24　子程序中的局部变量表

（10）在 PLC 程序中可以通过调用 PID 运算子程序（PID0_INIT），实现 PID 控制，如图 5-25 所示。

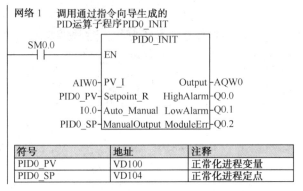

图 5-25　在 PLC 程序中调用 PID 运算子程序

（11）PID 参数的调整与修改。在编程完成后或调试程序时，如果需要对 PID 参数进行调整与修改，可以直接单击操作栏中"数据块"按钮，则显示出 PID 指令向导设定的变量存储器的参数表，如图 5-26 所示。在参数表中可以直接修改 PID 参数，并重新下载。

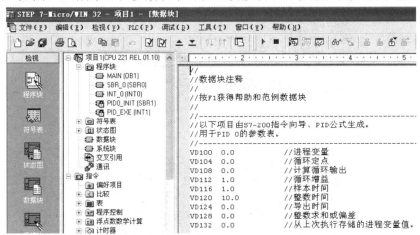

图 5-26　PID 指令向导设定的变量存储器的参数表

项目实施

任务　设计一个恒压供水的 PLC 控制系统

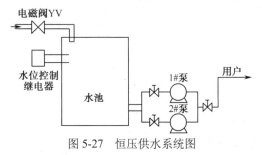

图 5-27　恒压供水系统图

1. 项目要求

如图 5-27 所示是 PLC、变频器控制两台水泵供水的恒压供水系统图。在水池中，只要水位低于高水位，则通过电磁阀 YV 自动往水池中注水，水池水满时电磁阀 YV 关闭；同时水池的高/低水位信号可通过水位控制继电器 J 触点直接

送给 PLC，水池水满时 J 触点闭合，缺水时 J 触点断开。

控制要求：

（1）水池水满，水泵才能启动抽水；水池缺水，则不允许水泵电动机启动。

（2）系统有自动/手动控制功能，手动控制只在应急情况下或检修时使用。

（3）自动控制时，按下启动按钮，先由变频器启动 1#泵运行，如工作频率已经达到 50Hz，而压力仍不足时，经延时将 1#泵切换成工频运行，再由变频器启动 2#泵，供水系统处于"1 工 1 变"的运行状态；如变频器的工作频率已经降至下限频率，而压力仍偏高时，经延时使 1#泵停机，供水系统处于 1 台泵变频运行的状态；如工作频率已经达到 50Hz，而压力仍不足时，延时后将 2#泵切换成工频运行，再由变频器启动 1#泵，如此循环。

2. 项目分析

通过对控制任务的要求进行分析可知，要实现恒压供水，必须采集管网中的水的压力，经 PID 运算后输出控制变频器带动水泵电动机运行，故要用到模拟量输入模块（EM231）、模拟量输出模块（EM232），通过 PLC 程序实现两台泵的切换，为了使系统稳定，在梯形图中要采用 PID 指令。

3. 电气控制系统原理图

电气控制系统（简称电控系统）原理图包括主电路、控制电路、PLC 外部接线图及 I/O 分配表。

（1）主电路图。如图 5-28 所示为电控系统主电路图。两台电动机分别为 M1 和 M2，接触器 KM1 和 KM3 分别控制 M1 和 M2 的工频运行；接触器 KM2 和 KM4 分别控制 M1 和 M2 的变频运行。

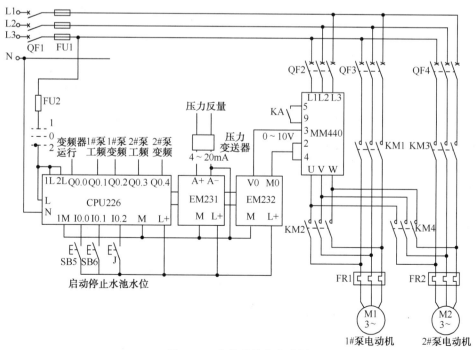

图 5-28　电控系统主电路图

（2）控制电路图。如图 5-29 所示为电控系统控制电路图。图中 SA 为手动/自动转换开关，SA 在 1 位置为手动控制状态，在 2 位置为自动控制状态。手动运行时，可用按钮 SB1~SB4 控制两台泵的启/停；自动运行时，系统在 PLC 程序控制下运行。通过一个中间继电器 KA 的触点对变频器运行进行控制。

（3）I/O 分配表。根据电控系统主电路图和控制电路图，对应的 PLC 的 I/O 端口分配表如表 5-13 所示。

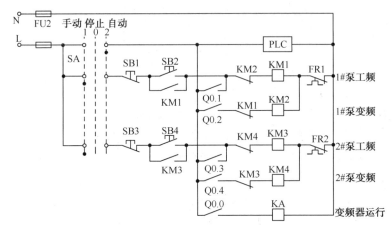

图 5-29　电控系统控制电路图

表 5-13　I/O 端口分配表

输　入　量	地址编号	说　　明	输　出　量	地址编号	说　　明
SA		手动/自动转换开关	KA	Q0.0	变频器运行继电器
SB1	手动未用 PLC 输入	水泵 M1 手动控制启动按钮	KM1	Q0.1	水泵 M1 工频运行接触器
SB2		水泵 M1 手动控制停止按钮	KM2	Q0.2	水泵 M1 变频运行接触器
SB3		水泵 M2 手动控制启动按钮	KM3	Q0.3	水泵 M2 工频运行接触器
SB4		水泵 M2 手动控制停止按钮	KM4	Q0.4	水泵 M2 变频运行接触器
SB5	I0.0	水泵自动控制启动按钮			
SB6	I0.1	水泵自动控制停止按钮			
J	I0.2	水位控制继电器			

4. 系统程序设计

本程序分为 3 部分：主程序、子程序和中断程序。

逻辑运算放在主程序中，系统初始化的一些工作放在初始化子程序中完成，这样可节省扫描时间。利用定时器中断功能实现 PID 控制的定时采样及输出控制。系统预设值为满量程的 80%，只用比例（P）和积分（I）控制，其回路增益和时间常数可通过工程计算初步确定，但还需要进一步调整以达到最优控制效果。初步确定的增益和时间常数为：增益 K_c=0.25，采样时间 T_s=0.2s，积分时间 T_i=30min。

（1）主程序：主程序流程图如图 5-30 所示，对应的梯形图如图 5-31 所示。

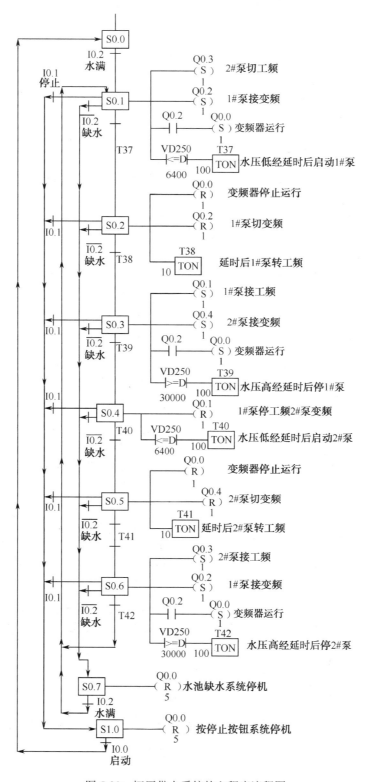

图 5-30　恒压供水系统的主程序流程图

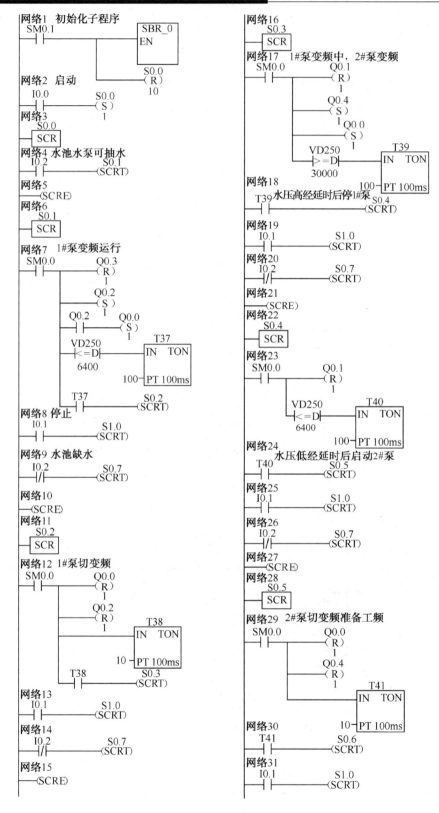

图 5-31　恒压供水系统的主程序梯形图

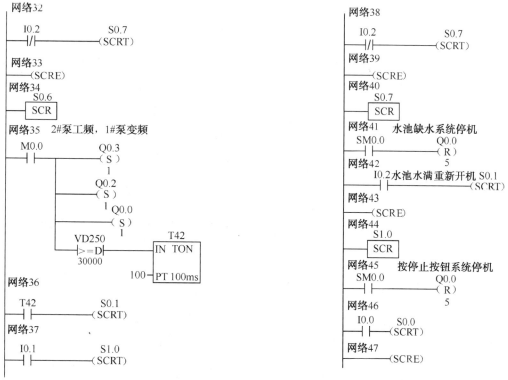

图 5-31 恒压供水系统的主程序梯形图（续）

（2）子程序如图 5-32 所示。

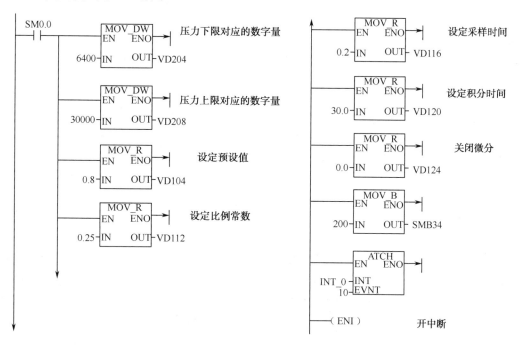

图 5-32 恒压供水系统的子程序

（3）中断程序如图 5-33 所示。

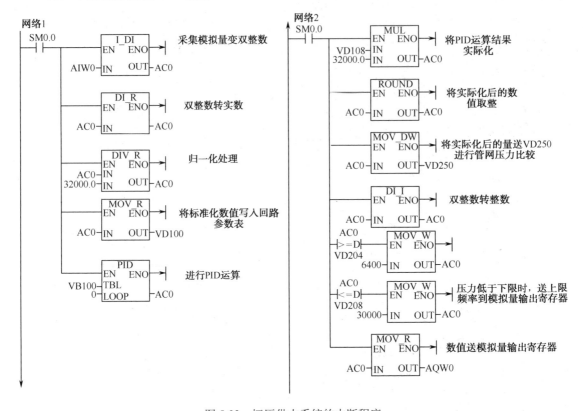

图 5-33　恒压供水系统的中断程序

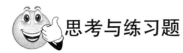思考与练习题

5-1　模拟量输入/输出模块的作用是什么？

5-2　与 S7-200 系列 PLC 配套的模拟量输入/输出模块有哪些？

5-3　S7-200 系列 PLC 在实际工程中对模拟量的处理方式是什么？

5-4　PID 指令中回路参数表的含义是什么？有何作用？

5-5　某温度测量系统，当温度超过一定数值（保存在 VW10 中）时，报警灯以 1s 为周期闪烁，警铃鸣叫，使用 S7-200 系列 PLC 和 EM231 模块编写此程序。

5-6　使用 CPU226 和 EM231 将模拟电压值转换为数字量存入 VW0 中，并且分析模拟电压值与数字量的对应关系。

5-7　量程为 0~10MPa 的压力变送器的输出信号为直流 4~20mA。系统控制要求：当压力大于 8MPa 时，指示灯亮，否则灯灭。设控制指示灯的输出端为 Q0.0，试编程。

5-8　使用 EM235 模块编写一个输出模拟量与输入模拟量呈递减关系的程序。

5-9　应用 PID 指令编写水箱恒压供水的控制程序，如图 5-34 所示为其工作示意图，选用 S7-200 系列 PLC、CPU226、EM235 模块。水箱需要维持一定的水位（如 75%水位高度），该水箱中的水以变化的速度流出，当出水量增大时，变频器输出频率提高，使电动机加速，增加供水量；反之电动机减速，减少供水量，始终维持水位不变化。有一个手动/自动控制切换开关（I0.0），该位为 0 状态时对应手动控制，为 1

状态时对应自动控制。

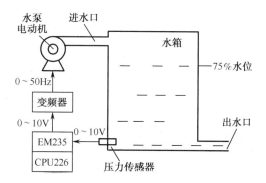

图 5-34　水箱恒压供水示意图

模块 6 PLC 应用系统设计

项目 1 PLC 在顺序控制系统中的应用

教学目标

◇ 能力目标

1. 能根据实际控制要求设计较为复杂的顺序功能流程图；
2. 能根据实际控制要求设计较为复杂的顺序控制梯形图；
3. 能根据实际控制要求设计 PLC 的外围电路。

◇ 知识目标

1. 掌握 PLC 顺序控制系统的 3 种设计方法；
2. 掌握较为复杂的顺序控制系统的编程方法。

项目任务

任务 1.1 PLC 在自动门控制中的应用
任务 1.2 全自动洗衣机 PLC 控制系统

知识链接

6.1 PLC 系统设计的主要内容

可编程控制器的一个重要特点是一旦选择好机型，就可以同步进行系统设计和现场施工。因此，在了解 PLC 的基本工作原理及掌握该机型的指令系统和编程原则后，就可以把 PLC 应用在实际的工程项目中。

6.1.1 PLC 控制系统设计的基本原则

任何一个电气控制系统所要完成的控制任务，都是为了满足被控对象（生产控制设备、自动化生产线、生产工艺过程等）提出的各项性能指标，最大限度地提高劳动生产率，保证产品质量，减轻劳动强度和危害程度，提高自动化水平。因此，在设计 PLC 控制系统时，应遵循如下基本原则。

（1）最大限度地满足被控对象提出的各项性能指标。为明确控制任务和控制系统应有的功能，设计人员在进行设计前，就应深入现场进行调查研究，收集资料，与机械部分的设计人员和实际操作人员密切配合，共同拟定电气控制方案，以便协同解决在设计过程中出现的各种问题。

（2）确保控制系统的安全可靠性。电气控制系统的可靠性就是生命线，不能安全可靠工作的电气控制系统是不可能长期投入生产运行的。尤其是在以提高产品数量和质量，保证生产安全为目标的应用场合，必须将可靠性放在首位，甚至构成冗余控制系统。

（3）力求控制系统简单。在能够满足控制要求和保证可靠工作的前提下，应力求控制系统构成简单。只有构成简单的控制系统才具有经济性、实用性的特点，才能做到使用方便和维护容易。

（4）留有适当的余量。考虑到生产规模的扩大，生产工艺的改进，控制任务的增加，以及维护方便的需要，要充分利用可编程控制器易于扩充的特点，在选择 PLC 的容量（包括存储器的容量、机架插槽数、I/O 点的数量等）时，应留有适当的余量。

6.1.2　PLC 控制系统设计的主要内容

在进行可编程控制器控制系统设计时，尽管有着不同的被控对象和设计任务，设计内容可能涉及诸多方面，又需要和大量的现场输入、输出设备相连接，但是基本内容应包括以下几个方面。

（1）明确设计任务和技术条件。设计任务和技术条件一般以设计任务书的形式给出，在设计任务书中，应明确各项设计要求、约束条件及控制方式。因此，设计任务书是整个系统设计的依据。

（2）确定用户输入设备和输出设备。用户的输入、输出设备是指构成 PLC 控制系统中除作为控制器的 PLC 本身以外的硬件设备，是进行机型选择和软件设计的依据。因此，要明确输入设备的类型（如控制按钮、行程开关、操作开关、检测元件、保护器件、传感器等）和数量、输出设备的类型（如信号灯、接触器、继电器等执行元件）和数量及由输出设备驱动的负载（如电动机、电磁阀等），并进行分类、汇总。

（3）选择可编程控制器的机型。可编程控制器是整个控制系统的核心部件，正确、合理地选择机型对于保证整个系统的技术经济性能起着重要的作用。PLC 的选型包括机型的选择、存储器容量的选择、I/O 模块的选择等。

（4）分配 I/O 通道，绘制 I/O 接线图。通过对用户输入、输出设备的分析、分类和整理，进行相应的 I/O 通道分配，并据此绘制 I/O 接线图。

（5）设计控制程序。根据控制任务和所选择的机型及 I/O 接线图，采用梯形图设计系统的控制程序。设计控制程序就是设计应用软件，这对于保证整个系统安全可靠地运行至关重要，必须经过反复调试，使之满足控制要求。

（6）编制控制系统的技术文件。在设计任务完成后，编制系统的技术文件。技术文件一般包括设计说明书、使用说明书、I/O 接线图和控制程序（如梯形图等）。

至此，基本完成了 PLC 控制系统的硬件设计和程序设计。

6.2　PLC 程序设计的方法

PLC 程序设计的常用方法主要有梯形图经验设计法和顺序控制设计法等。

6.2.1　梯形图经验设计法

在 PLC 应用的初期，大多数工程技术人员习惯上还是沿用设计继电器—接触器控制电路的方法来设计 PLC 应用程序的梯形图，这种方法称为梯形图经验设计法。梯形图经验设计法在一些典型的控制电路程序的基础上，根据被控制对象的具体要求，进行选择组合，并多次反复调试和修改梯形图，有时需增加一些辅助触点和中间编程环节，才能达到控制要求。

这种方法没有规律可遵循，设计所用的时间和设计质量与设计者的经验有很大的关系，所以称为经验设计法。这种设计方法在前面的章节中已经介绍过，这里就不再赘述了。

6.2.2　顺序控制设计法

顺序控制设计法就是根据功能流程图，以步为核心，从起始步开始一步一步地设计下去，直至完成。此法的关键是画出功能流程图。功能流程图是按照顺序控制的思想，根据工艺过程将程序的执行分成各个工序（步）的，每一步由进入条件、程序处理、转换条件和程序结束 4 部分组成。在进行程序设计时可以用顺序控制指令来实现，也可以用中间继电器 M 来记忆工步，一步一步地顺序进行，按照"启—保—停"或采用置位/复位的设计思想进行设计。下面将详细介绍顺序控制设计法。

1.　使用启—保—停电路设计顺序控制梯形图

启—保—停电路是继电器—接触器控制电路中常用的一种，它在顺序控制梯形图设计中仅仅使用触点和线圈有关的指令，是一种简单通用的方法。设计启—保—停电路的关键是找出它的启动条件和停止条件，启动条件是前级步为活动步且满足转换条件，停止条件是后级步变为活动步。

【例 6-1】　根据如图 6-1 所示的单序列功能流程图，设计出梯形图。

分析：从该功能流程图可知本例中有 3 个步，每个步要成为活动步的前提条件是其前级步为活动步且满足转换条件。其对应的梯形图如图 6-2 所示。网络 1 中，若步 M0.2 为活动步，且转换条件 I0.2 满足，或转换条件 SM0.1 满足，则初始步 M0.0 将变为活动步，故步 M0.0 的启—保—停电路的起始条件应为 M0.2·I0.2+SM0.1。对应的启动电路由两条并联支路组成，第一条支路分别由 M0.2、I0.2 的常开触点串联而成，第二条支路中 SM0.1 常开触点和 SM0.1 常开触点并联的 M0.0 的常开触点起自保作用，M0.1 的常闭触点起停止作用。即后级步（如 M0.1）被激活时，其对应的前级步（如 M0.0）关断。

2.　采用置位/复位的顺序控制梯形图设计方法

采用置位/复位的顺序控制梯形图设计方法采用 S/R 指令。当某步的转换条件满足时，用 S 指令使该步变为活动步，同时用 R 指令使前级步变为非活动步。这种编程方法与转换实现的基本规则之间有严格的对应关系，它更适合对复杂顺序控制系统的编程。

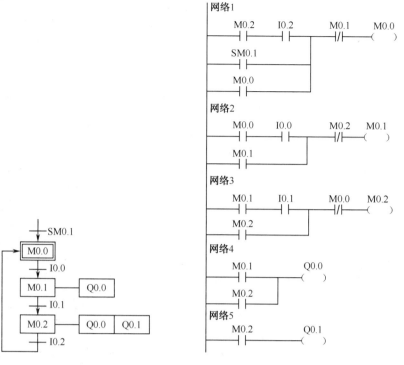

图 6-1　例 6-1 的功能流程图　　　　图 6-2　例 6-1 梯形图

【例 6-2】　根据如图 6-1 所示的单序列的功能流程图，使用置位/复位指令设计梯形图。使用置位/复位指令的顺序控制梯形图如图 6-3 所示。

【例 6-3】　根据如图 6-4 所示的选择序列的功能流程图，设计出梯形图。

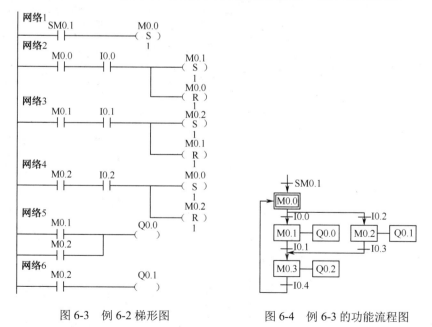

图 6-3　例 6-2 梯形图　　　　图 6-4　例 6-3 的功能流程图

使用置位/复位指令的顺序控制梯形图如图 6-5 所示。

【例 6-4】　根据如图 6-6 所示的并行序列的功能流程图，设计出梯形图。

采用置位/复位指令的顺序控制梯形图如图6-7所示。

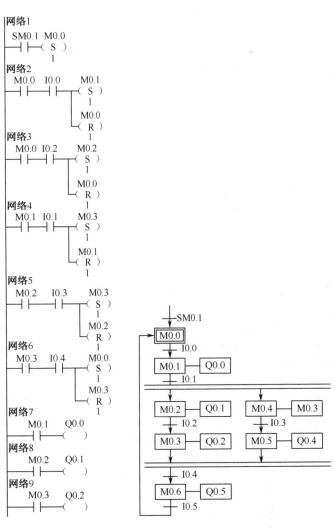

图6-5 例6-3梯形图

图6-6 例6-4的功能流程图

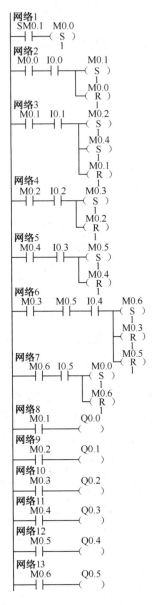

图6-7 例6-4梯形图

6.3 PLC 应用中的若干问题

6.3.1 对 PLC 某些输入信号的处理

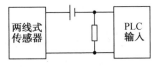

图6-8 两线式传感器输入的处理

（1）若 PLC 输入设备采用两线式传感器（如接近开关等）时，其漏电流较大，可能出现错误的输入信号。为了避免这种现象，可在输入端并联旁路电阻，如图6-8所示。

（2）若 PLC 输入信号由晶体管提供，则要求晶体管的截止电阻大于 $10k\Omega$，导通电阻小于 800Ω。

6.3.2　PLC 的安全保护

1. 短路保护

当 PLC 输出控制的负载短路时，为了避免 PLC 内部的输出元件损坏，应该在 PLC 输出的负载回路中加装熔断器，进行短路保护。

2. 感性输入/输出的处理

PLC 的输入端和输出端常常接有感性元件。如果是直流感性元件，应在其两端并联续流二极管；如果是交流元件，应在其两端并联阻容电路，从而抑制电路断开时产生的电弧对 PLC 内部输入、输出元件的影响，如图 6-9 所示。

3. PLC 系统的接地要求

良好的接地是 PLC 安全可靠运行的重要条件。

PLC 最好单独接地，与其他设备分别使用各自的接地装置，如图 6-10（a）所示；也可以采用公共接地，如图 6-10（b）所示；但禁止使用如图 6-10（c）所示的串联接地。另外，PLC 的接地线应尽量短，使接地点尽量靠近 PLC，同时，接地线的截面积应大于 $2mm^2$。

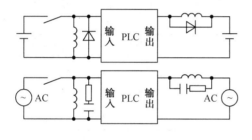

图 6-9　感性输入/输出的处理

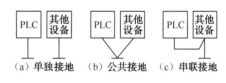

图 6-10　PLC 接地

项目实施

任务 1.1　PLC 在自动门控制中的应用

1. 任务控制要求

如图 6-11 所示为自动门工作示意图。

（1）开门控制。当有人靠近自动门时，感应器检测到信号，执行高速开门动作；当门开到一定位置时，开门减速开关 I0.1 动作，变为低速开门；当碰到开门极限开关 I0.2 时，门全部展开。

（2）门展开后，定时器 T37 开始延时，若在 2s 内感应器检测不到人，即转为关门动作。

（3）关门控制。先高速关门，当门关到一定位置碰到关门减速开关 I0.3 时，改为低速关门，碰到关门极限开关 I0.4 时停止关门。在关门期间若感应器检测到有人（I0.0 为 ON），停止关门，T38 延时 1s 后自动转换为高速开门。

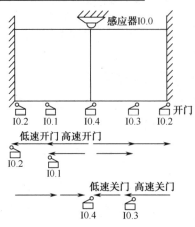

图 6-11　自动门工作示意图

2. I/O 元件地址分配表

根据控制要求，I/O 元件地址分配表如表 6-1 所示。

表 6-1　I/O 元件地址分配表

输 入 信 号			输 出 信 号		
PLC 地址	电气元件	功能说明	PLC 地址	电气元件	功能说明
I0.0	SQ1	感应器，常开	Q0.0	KM1	高速开门
I0.1	SQ2	开门减速开关，常开	Q0.1	KM2	低速开门
I0.2	SQ3	开门极限开关，常开	Q0.2	KM3	高速关门
I0.3	SQ4	关门减速开关，常开	Q0.3	KM4	低速关门
I0.4	SQ5	关门极限开关，常开			

3. 设计顺序功能流程图

根据控制要求，自动门控制系统顺序功能流程图如图 6-12 所示。

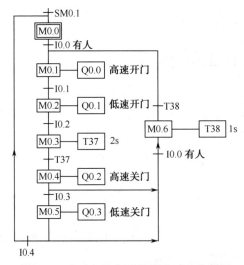

图 6-12　自动门控制系统顺序功能流程图

4. 设计梯形图

根据上面的顺序功能流程图，使用启—保—停电路的编程方法设计的梯形图如图 6-13 所示。

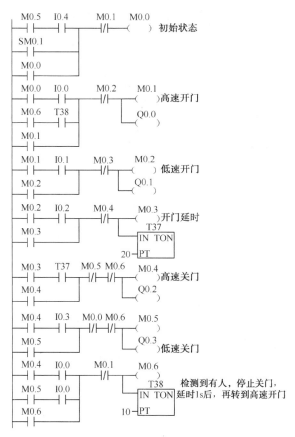

图 6-13 自动门控制系统梯形图

任务 1.2 全自动洗衣机 PLC 控制系统

全自动洗衣机的控制方式可分为手动控制洗衣、全自动洗衣和预定时间洗衣等。这里只介绍全自动洗衣过程。全自动洗衣机结构示意图如图 6-14 所示。

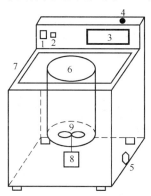

1—电源开关；2—启动按钮；3—PLC 控制器；4—进水口；5—排水口；6—洗衣桶；7—外桶；8—电动机；9—波轮。

图 6-14 全自动洗衣机结构示意图

1. 全自动洗衣机控制要求

（1）洗衣机接通电源后，按下启动按钮，首先进水阀打开，进水指示灯亮。

（2）当水位达到上限位时，进水指令灯灭，波轮正转进行正向洗涤 40s；时间到，停 2s 后，再反向洗涤 40s，正反向洗涤需重复 4 次。

（3）重复洗涤 4 次后，再等待 2s，开始排水，排水指示灯亮。后甩干桶甩干，甩干指示灯亮。

（4）当水位到下限位后，排水完成，排水指示灯灭。又开始进水，进水指示灯亮。

（5）重复 4 次（1）~（4）的过程。

（6）当第 4 次排水到下限位后，蜂鸣器响 5s 后停止，整个洗衣过程结束。

（7）操作过程中，按下停止按钮可结束洗衣过程。

（8）手动排水是独立操作的。

2. I/O 元件地址分配表

根据控制要求，I/O 元件地址分配表如表 6-2 所示。

表 6-2　I/O 元件地址分配表

输　入　信　号			输　出　信　号		
PLC 地址	电气元件	功能说明	PLC 地址	电气元件	功能说明
I0.0	SB1	启动按钮，常开	Q0.0	HL1	进水指示灯
I0.1	SB2	停止按钮，常开	Q0.1	HL2	排水指示灯
I0.2	SQ1	高水位检测开关，常开	Q0.2	KM1	电动机正转
I0.3	SQ2	低水位检测开关，常开	Q0.3	KM2	电动机反转
I0.4	SA	手动排水开关，常开	Q0.4	HL3	甩干指示灯
			Q0.5	HA	蜂鸣器

3. 设计顺序功能流程图

根据洗衣机的控制要求，设计出顺序功能流程图如图 6-15 所示。

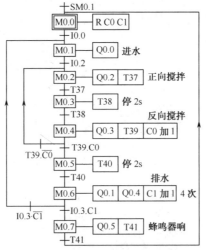

图 6-15　全自动洗衣机顺序功能流程图

4．设计梯形图

根据顺序功能流程图，按置位/复位的编程方法设计的梯形图如图6-16所示。

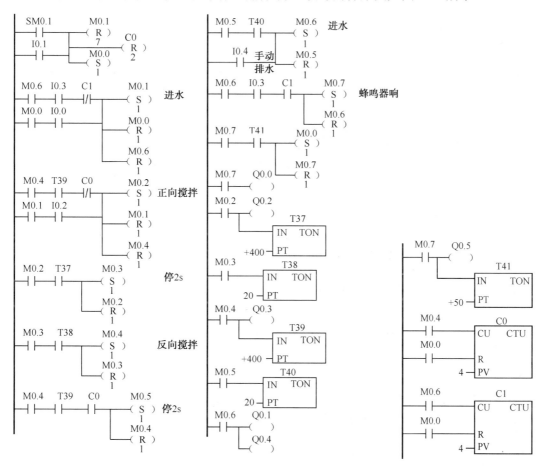

图6-16　全自动洗衣机顺序控制梯形图

项目2　PLC在逻辑控制系统中的应用

教学目标

◇ 能力目标

1. 能根据实际控制要求设计较复杂逻辑控制系统的梯形图；

2. 能根据实际控制要求设计PLC的外围电路。

◇ 知识目标

1. 掌握较复杂逻辑控制系统的设计步骤；

2. 掌握较复杂逻辑控制系统的设计方法。

项目任务

任务 2.1 PLC 在步进电动机控制中的应用
任务 2.2 多种液体混合装置的 PLC 控制系统

项目实施

任务 2.1 PLC 在步进电动机控制中的应用

1. 控制要求

步进电动机接线原理图如图 6-17 所示。其中接线端 A、B、C、D 为脉冲电源输入端，E、F 为公共端。其控制要求如下。

（1）按下正向启动按钮，步进电动机按 A→AB→B→BC→C→CD→D→DA→A 时序正向转动。

（2）按下反向启动按钮，步进电动机按 A←AB←B←BC←C←CD←D←DA←A 时序反向转动。

（3）慢速为 1 步/秒，快速为 10 步/秒。

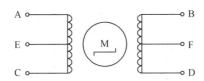

图 6-17 步进电动机接线原理图

2. 程序设计

（1）步进电动机 PLC 的 I/O 元件地址分配表，如表 6-3 所示。

表 6-3 步进电动机 PLC 的 I/O 元件地址分配表

输 入 信 号			输 出 信 号		
PLC 地址	电气元件	功能说明	PLC 地址	代号	功能说明
I0.0	SB1	正向启动按钮，常开	Q0.0	A	A 相输入端
I0.1	SB2	反向启动按钮，常开	Q0.1	B	B 相输入端
I0.2	SB3	停止按钮，常开	Q0.2	C	C 相输入端
I0.3	SA	速度控制按钮，常开	Q0.3	D	D 相输入端

（2）步进电动机 PLC 控制接线图。根据控制要求和步进电动机的 I/O 元件地址分配表，步进电动机 PLC 控制的外部接线图如图 6-18 所示。

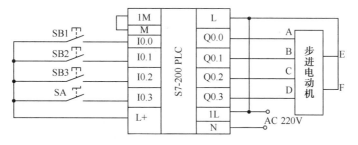

图 6-18　步进电动机 PLC 控制的外部接线图

（3）根据控制要求，设计出步进电动机 PLC 控制梯形图，如图 6-19 所示。

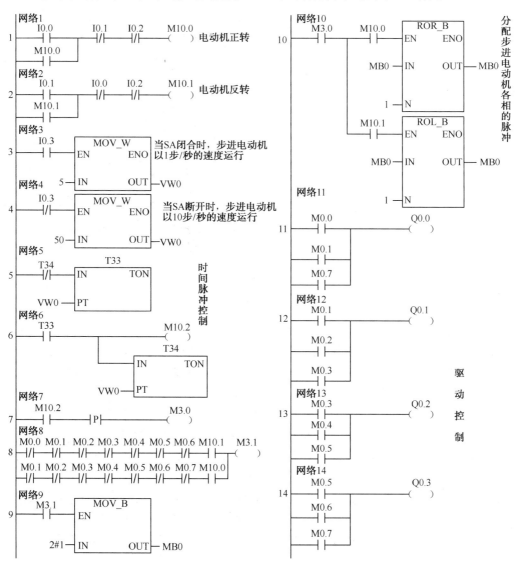

图 6-19　步进电动机 PLC 控制梯形图

任务 2.2 多种液体混合装置的 PLC 控制系统

1. 控制要求

（1）总体控制要求：如图 6-20 所示为多种液体混合模拟装置示意图，其由高、中、低液位传感器 SL1、SL2、SL3，液体 A、B、C 阀门与混合液阀门 YV1、YV2、YV3、YV4，搅拌电动机 YKM，加热器 H，温度传感器 T 组成，实现多种液体的混合、搅匀、加热等功能。

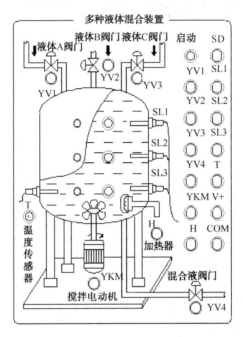

图 6-20　多种液体混合模拟装置示意图

（2）打开启动开关，装置投入运行。首先液体 A、B、C 阀门关闭，混合液阀门打开 3s 将容器放空后关闭。接着液体 A 阀门打开，液体 A 流入容器。当液面到达 SL3 位置时，SL3 接通，关闭液体 A 阀门，打开液体 B 阀门。当液面到达 SL2 位置时，关闭液体 B 阀门，打开液体 C 阀门。当液面到达 SL1 位置时，关闭液体 C 阀门。

（3）搅拌电动机开始搅拌，加热器开始加热。当混合液体在 4s 内达到设定温度时，加热器停止加热，搅拌电动机工作 2s 后停止搅拌；但当混合液体加热 3s 后还没有达到设定温度时，加热器继续加热，只有当混合液体达到设定的温度时，加热器才停止加热，同时搅拌电动机停止工作。

（4）搅拌结束以后，混合液阀门打开，开始放出混合液体。当液面下降到 SL3 位置时，SL3 由接通变为断开，2s 后，容器放空，混合液阀门关闭，开始下一周期。

（5）关闭启动开关，不能立即停止操作，即必须将当前的混合液体处理完毕（完成整个周期）才能停止。

2. 程序设计

（1）多种液体混合装置的 PLC 控制系统的 I/O 元件地址分配表，如表 6-4 所示。

表 6-4　多种液体混合装置的 PLC 控制系统的 I/O 元件地址分配表

输　入　信　号			输　出　信　号		
PLC 地址	电气元件	功能说明	PLC 地址	代号	功能说明
I0.0	SD	启动开关，常开	Q0.0	YV1	液体 A 阀门
I0.1	SL1	高液位传感器 SL1，常开	Q0.1	YV2	液体 B 阀门
I0.2	SL2	中液位传感器 SL2，常开	Q0.2	YV3	液体 C 阀门
I0.3	SL3	低液位传感器 SL3，常开	Q0.3	YV4	混合液阀门
I0.4	T	温度传感器，常开	Q0.4	YKM	搅拌电动机
			Q0.5	H	加热器

（2）根据控制要求，多种液体混合装置的 PLC 控制系统可以用多种方法编程，如图 6-21 所示为使用置位/复位指令设计的梯形图。

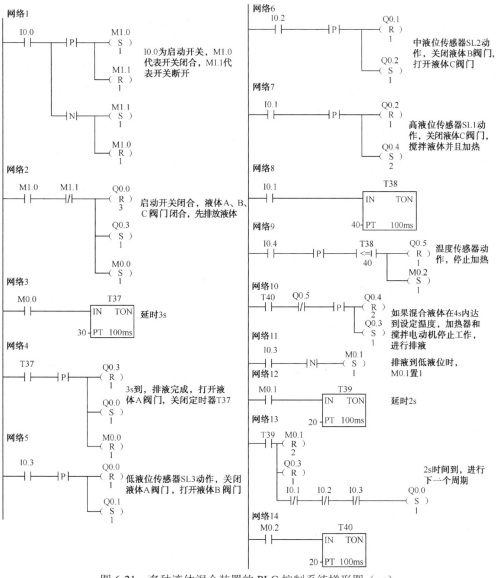

图 6-21　多种液体混合装置的 PLC 控制系统梯形图（一）

如图 6-22 所示为采用移位步序法设计的梯形图。移位步序法是将控制系统的工序用移位指令的几个位来表示，移位指令的移位条件就是对应工序的工作条件，这种方法在自动生产线中应用广泛。

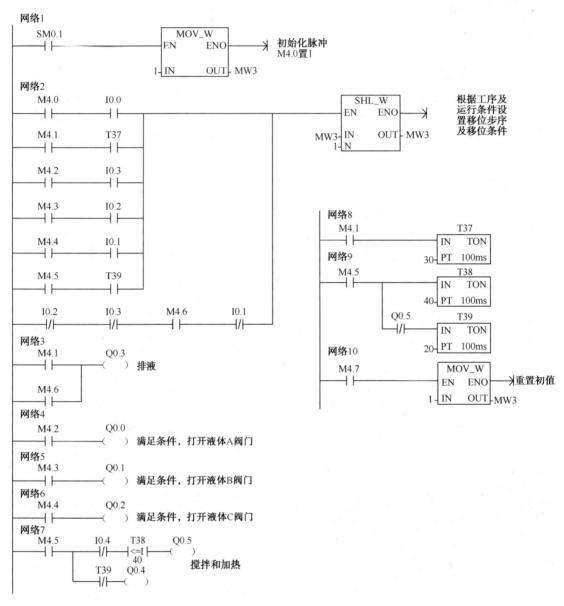

图 6-22　多种液体混合装置的 PLC 控制系统梯形图（二）

思考与练习题

6-1　将模块 2 中思考与练习题 2-17 题用顺序控制中的启—保—停设计法和置位/复位指令进行程序设计，完成题目的要求。

6-2　将模块 2 中思考与练习题 2-18 题用顺序控制中的启—保—停设计法和置位/复位指令进行程序设计，完成题目的要求。

6-3　将模块 2 中思考与练习题 2-19 题用顺序控制中的启—保—停设计法和置位/复位指令进行程序设计，完成题目的要求。

6-4　如图 6-23 所示为某组合机床动力头进给运动示意图和功能流程图。动力头在初始状态时停在左边，限位开关 I0.1 为 ON。当按下启动按钮 I0.0 后，Q0.0 和 Q0.1 为 1 状态，动力头向右快速进给（简称快进），当碰到退位开关 I0.2 时变为工作进给（简称工进），Q0.0 为 1 状态，碰到限位开关 I0.3 后，暂停 10s。10s 后 Q0.2 和 Q0.3 为 1 状态。工作台快速退回（简称快退），返回到初始位置后停止运动。试分别用启—保—停和以转换为中心的编程思想编写梯形图。

6-5　如图 6-24 所示的波形图给出了锅炉鼓风机和引风机的控制要求。当按下启动按钮 I0.0 后，应先开引风机，延时 15s 后再开鼓风机。按下停止按钮 I0.1 后，应先停鼓风机，20s 后再停引风机。设计其功能流程图和梯形图。

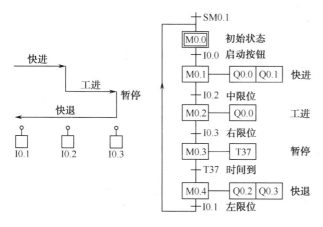

图 6-23　某组合机床动力头进给运动示意图和功能流程图

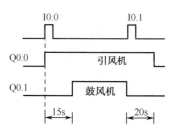

图 6-24　鼓风机、引风机波形图

模块 7　PLC 通信与网络功能应用

项目 1　PLC 与远程 PC 的通信

教学目标

◇　能力目标
1. 能根据实际要求设计 PLC 自由端口通信程序；
2. 能根据实际要求设置相关的特殊功能寄存器。

◇　知识目标
1. 理解 S7-200 系列 PLC 自由端口通信协议的含义；
2. 掌握 S7-200 系列 PLC 自由端口通信实现方法。

项目任务

任务　设计一台 PLC 与远程 PC 的通信系统

知识链接

7.1　通信的基础知识

数据通信就是将数据信息通过适当的传送线路从一台机器传送到另一台机器的过程。这里的机器可以是计算机、PLC 或具有数据通信功能的其他数字设备。

PLC 相互之间的连接，使众多相对独立的控制任务构成一个控制工程整体，形成模块控制体系；PLC 与计算机连接，将 PLC 应用于现场设备直接控制，计算机用于编程、显示、打印和系统管理，构成"集中管理，分散控制"的分布式控制系统（DCS），满足工厂自动化（FA）系统发展的需要。

7.1.1　网络结构和通信协议

网络结构又称为网络的拓扑结构，它主要指如何从物理上把各个节点连接起来形成网络。常用的网络结构包括链接结构、联网结构。

1. 链接结构

链接结构较简单，它主要指通过通信接口和通信介质（如电缆线等）把两个节点链接起来。链接结构按信息在设备间的传送方向可分为单工通信方式、半双工通信方式、全双工通信方式。

（1）单工通信方式。单工通信是指信息的传送始终保持一个方向，而不能反向传送，如图 7-1（a）所示。其中 A 端只能作为发送端，B 端只能作为接收端。

（2）半双工通信方式。半双工通信是指信息流可以在两个方向上传送，但同一时刻只限于在一个方向上传送，如图 7-1（b）所示。

（3）全双工通信方式。全双工通信是指能在两个方向上同时发送和接收信息，如图 7-1（c）所示。

（a）单工示意图　　（b）半双工示意图　　（c）全双工示意图

图 7-1　通信方式

2. 联网结构

联网结构指通信线路和节点间的几何连接结构，即网络拓扑结构。网络中通过传输线连接的点称为节点或站点。常见的有星形、总线型、环形 3 种拓扑结构，如图 7-2 所示。

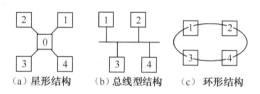

（a）星形结构　　（b）总线型结构　　（c）环形结构

图 7-2　网络的拓扑结构

（1）星形结构。这种结构只有一个中心节点，网络上其他节点都分别与中心节点相连，通信功能由中心节点进行管理，并通过中心节点实现数据交换。这种结构的控制方法简单，但可靠性较低，一旦中心环节出现故障，整个系统就会瘫痪。

（2）总线型结构。这种结构的所有节点都通过相应硬件连接到一条无源公共总线上，任何一个节点发出的信息都可沿着总线传输，并被总线上其他任意节点接收，它的传输是从发送节点向两端扩散传送。这种结构简单灵活，容易加扩节点，甚至可用中继器连接多个总线。

（3）环形结构。环形结构中的各节点通过有源接口连接在一条闭合的环形通信线路中，是点对点式结构，即一个节点只能把数据传送到下一个节点。若下一个节点不是数据发送的目的节点，则再向下传送直到目的节点接收为止。由于从源节点到目的节点要经过环路上各个中间节点，某个节点会阻碍信息通路，可靠性差。

3. 网络通信协议

在通信网络中，各网络节点、用户主机为了进行通信，就必须共同遵守一套事先制定的规则，称为协议。

7.1.2　通信方式

1.　并行传输与串行传输

（1）并行传输。并行传输时所有数据位是同时进行的，以字或字节为单位传输。并行传输速度快，但通信线路多、成本高，适合近距离数据高速传输。

（2）串行传输。串行传输时所有数据是按位进行的。串行通信仅需要一对数据线就可以，在长距离数据传输中较为合适。

PLC 网络传输数据的方式绝大多数为串行方式，而计算机或 PLC 内部数据的处理、存储都是并行的。若要串行发送、接收数据，则要将相应的串行数据转换成并行数据后再处理。

2.　异步传输与同步传输

异步传输是指信息以字符为单位进行传输，当发送一个字符代码时，字符前面都具有自己的 1 位起始位，极性为 0，接着发送 5~8 位的数据位、1 位奇偶校验位、1~2 位停止位。数据位的长度视传输数据格式而定，奇偶校验位可有可无，停止位的极性为 1，在数据线上不传送数据时全部为 1。

在同步传输中，不仅字符内部是同步的，字符与字符之间也要保持同步。信息以数据块为单位进行传输，发送和接收双方必须以同频率连续工作，并且保持一定的相位关系，这就需要通信系统中有专门使发送装置和接收装置同步的时钟脉冲。

同步传输的特点：可获得较高的传输速度，但实现起来较复杂。

7.1.3　网络配置

网络配置与建立网络的目的、网络结构及通信方式有关，但任何网络其结构配置都包括硬件、软件两个方面。

1.　硬件配置

硬件配置主要考虑两个问题：一是通信接口，二是通信介质。

（1）通信接口。PLC 网络的通信接口多为串行接口，常用的通信接口有 RS-232、RS-422、RS-485。

RS-232 接口是计算机普遍配置的接口，其应用既简单又方便。它采用串行的通信方式，数据传输速率低，抗干扰能力差，适用于对传输速率和环境要求不高的场合。

RS-422 接口的传输线采用平衡驱动和差分接收的方法，电平变化范围为（12±6）V，因而它能够允许更高的数据传输速率，而且抗干扰能力更强。

RS-485 接口是 RS-422 接口的简化，它属于半双工通信方式，依靠使能控制实现双方的数据通信。

工业计算机配备 RS-485 接口的较多，PLC 的不少通信模块也配备 RS-485 接口。

（2）通信介质。通信口主要靠介质实现相连，以此构成信道。常用的通信介质有多股屏蔽电缆、双绞线、同轴电缆及光缆。此外，还可以通过电磁波实现无线通信。

RS-485 接口多用双绞线连接。

2. 软件配置

要实现 PLC 的联网控制，就必须遵循一些网络协议。不同的机型，通信软件各不相同。软件一般分为两类：一类是系统编程软件；另一类为应用软件。

7.2 S7-200 系列 PLC 的网络通信部件

这里主要介绍 S7-200 系列 PLC 通信有关的部件，包括通信端口、PC/PPI 电缆、S7-200 通信扩展模块等。

7.2.1 通信端口

S7-200 系列 PLC 内部集成的 PPI 的接口物理特性为 RS-485 串行接口，为 9 针 D 型，该端口也符合欧洲标准 EN 50170 中 PROFIBUS 标准。RS-485 串行接口外形如图 7-3 所示。

各引脚的名称及其表示的意义如表 7-1 所示。

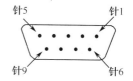

图 7-3 RS-485 串行接口外形

表 7-1   各引脚名称及其表示的意义

引　脚	名　　称	端口 0/端口 1
1	屏蔽	机壳地
2	24V 返回	逻辑地
3	RS-485 信号 B	RS-485 信号 B
4	发送申请	RTS（TTL）
5	5V 返回	逻辑地
6	+5V	+5V，100Ω串联电阻
7	+24V	+24V
8	RS-485 信号 A	RS-485 信号 A
9	不用	10 位协议选择（输入）
连接器外壳	屏蔽	机壳接地

7.2.2 PC/PPI 电缆

用计算机编程时，一般用 PC/PPI（个人计算机/点对点接口）电缆连接计算机与 PLC，这是一种低成本的通信方式。PC/PPI 电缆外形如图 7-4 所示。

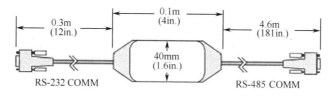

图 7-4 PC/PPI 电缆外形

1．PC/PPI 电缆的连接

PC/PPI 电缆上的 DIP 开关选择的波特率（如表 7-2 所示）应与编程软件中设置的波特率一致。初学者可选传输速率的默认值 9600bps。4 号开关为 1，选择 10 位模式，4 号开关为 0 就是 11 位模式；5 号开关为 0，选择 RS-232 接口设置为数据通信设备（DCE）模式，5 号开关为 1，选择 RS-232 接口设置为数据终端设备（DTE）模式。未用调制解调器时 4 号开关和 5 号开关均应设为 0。

表 7-2　开关选择与波特率的关系

开关 1、2、3	传输速率/bps	转换时间/s	开关 1、2、3	传输速率/bps	转换时间/s
000	38400	0.5	100	2400	7
001	19200	1	101	1200	14
010	9600	2	110	600	28
011	4800	4			

2．PC/PPI 电缆通信设置

在 STEP 7-Micro/WIN32 软件的操作界面的指令树中单击"通信"按钮，或从菜单中选择"查看"→"组件"→"通信"命令，将出现"通信"对话框，如图 7-5 所示。在对话框中单击"设置 PG/PC 接口"按钮，将出现 PG/PC 接口属性对话框，如图 7-6 所示。单击其中的"属性"按钮，出现 PC/PPI 电缆属性对话框，如图 7-7 所示。初学者可以使用默认的通信参数，在 PC/PPI 电缆属性对话框中单击"默认"按钮可获得默认的参数。

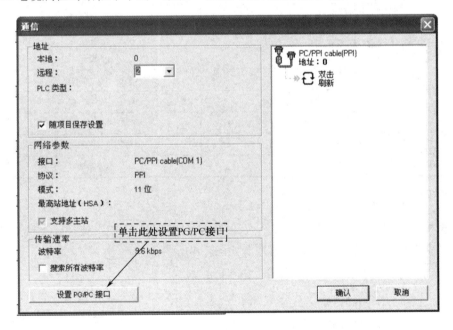

图 7-5　"通信"对话框

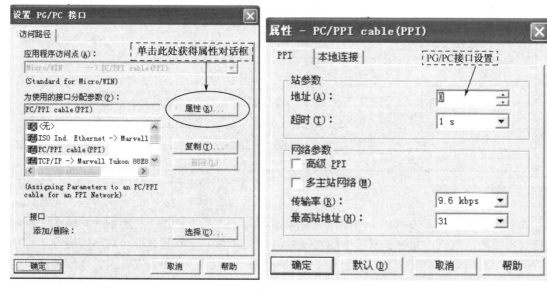

图 7-6　PG/PC 接口属性对话框　　　　图 7-7　PC/PPI 电缆属性对话框

7.2.3　网络连接器

通过网络连接器上的选择开关可以对网络进行偏置和终端匹配。两个连接器中的一个仅提供连接到 CPU 的接口，而另一个增加了一个编程接口（如图 7-8 所示）。带有编程接口的连接器可以把 SIMATIC 编程器或操作面板增加到网络中，而不用改动现有的网络连接，连接器把 CPU 的信号传到编程口（包括电源引线）。这个连接器对于连接从 CPU 取电源的设备（如 TD200 或 OP3）很有用。两种网络连接器还有网络偏置和终端偏置的选择开关，接在网络端部的连接器上的开关放在 ON 位置时，有偏置电阻和终端电阻，在 OFF 位置时未接偏置电阻和终端电阻。

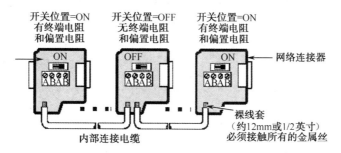

图 7-8　网络连接器

7.2.4　PROFIBUS 网络电缆

当通信设备相距较远时，可使用 PROFIBUS 电缆进行连接，表 7-3 列出了 PROFIBUS 网络电缆的性能指标。

PROFIBUS 网络的最大长度有赖于波特率和所用电缆的类型，如表 7-3 所示。

表 7-3　PROFIBUS 网络电缆性能及最大长度

通用特性	规范	传输速率/bps	最大长度/m
类型	屏蔽双绞线	9.6~93.75k	1200
导体截面积	24AWG（0.22mm^2）或更粗	187.5k	1000
电缆容量	<60pF/m	500k	400
阻抗	100~200Ω	1~1.5M	200
		3~12M	100

7.2.5　网络中继器

西门子公司提供连接到 PROFIBUS 网络环的网络中继器，如图 7-9 所示。利用中继器可以延长网络通信距离，允许在网络中加入设备，并且提供了一个隔离不同网络环的方法。在波特率是 9600bps 时，PROFIBUS 允许在一个网络环上最多有 32 个设备，这时通信的最长距离是 1200m。每个中继器允许加入另外 32 个设备，而且可以把网络再延长 1200m，在网络中最多可以使用 9 个中继器，每个中继器为网络环提供偏置和终端匹配。

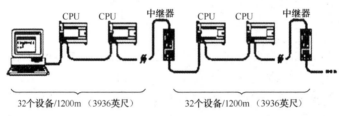

图 7-9　网络中继器

7.2.6　EM277 PROFIBUS-DP 模块

EM277 PROFIBUS-DP 模块是专门用于 PROFIBUS-DP 通信协议的智能扩展模块，它的外形如图 7-10 所示。EM277 机壳上有一个 RS-485 接口，通过接口可将 S7-200 系列 CPU 连接至网络，它支持 PROFIBUS-DP 和 MPI 从站协议。其上的地址选择开关可进行地址设置，地址范围为 0~99。DP 表示分布式外围设备，即远程 I/O。PROFIBUS 表示过程现场总线。EM277 模块作为 PROFIBUS-DP 协议下的从站，实现通信功能。

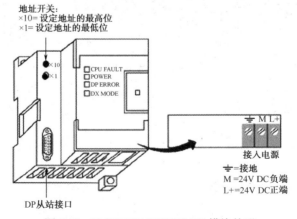

图 7-10　EM277 PROFIBUS-DP 模块外形

除以上介绍的通信模块外，还有其他的通信模块，如用于本地扩展的 CP243-2 通信处理器，利用该模块可增加 S7-200 系列 CPU 的输入/输出点数。

如图 7-11 所示为有一个 CPU224 和一个 EM277 PROFIBUS-DP 模块的 PROFIBUS 网络。在这种情况下，CPU315-2 是 DP 主站，并且已通过一个带有 STEP 7 编程软件的 SIMATIC 编程器进行组态。CPU224 是 CPU315-2 所拥有的一个 DP 从站，ET200 I/O 模块也是 CPU315-2 的从站，S7-400 CPU 连接到 PROFIBUS 网络，并且借助于 S7-400 CPU 用户程序中的 XGET 指令，可从 CPU224 读取数据。

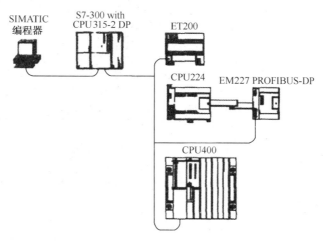

图 7-11　EM277 PROFIBUS-DP 模块和 CPU224 的连接

7.3　S7-200 系列 PLC 的自由端口通信

7.3.1　自由端口通信模式

S7-200 系列 PLC 的串行通信口可以由用户程序来控制，这种由用户程序控制的通信方式称为自由端口通信模式（简称自由口模式）。利用自由端口通信模式，可以实现用户定义的通信协议，可以同多种智能设备（如打印机、条形码阅读器、显示器等）进行通信。当选择自由端口通信模式时，用户程序可通过发送/接收中断、指令来控制串行通信口的操作。通信所使用的波特率、奇偶校验及数据位数等由特殊存储器 SMB30（对应端口 0）和 SMB130（对应端口 1）来设定。特殊存储器 SMB30 和 SMB130 的具体内容如表 7-4 所示。

在对 SMB30 赋值之后，通信模式就被确定。要发送数据则使用 XMT 指令；要接收数据则可在相应的中断程序中直接从特殊存储区中的 SMB2（自由端口通信模式的接收寄存器）读取。若采用有奇偶校验的自由端口通信模式，还需在接收数据之前检查特殊存储区中的 SMB3.0（自由端口通信模式奇偶校验错误标志位，置位时表示出错）。

注意：只有在 PLC 处于 RUN 模式时，才能进行自由端口通信。处于自由端口通信模式时，不能与可编程设备，如编程器、计算机等通信。若要修改 PLC 程序，则需将 PLC 处于 STOP 模式。此时，所有的自由端口通信被禁止，通信协议自动切换到 PPI 通信模式。

表 7-4 特殊存储器 SMB30 和 SMB130 的具体内容

端口 0	端口 1	内容
SMB30 格式	SMB130 格式	7　　　　　　　0 ⁿ p p d b b b m m 自由端口模式控制字
SM30.7 SM30.6	SM130.7 SM130.6	pp：奇偶校验选择。 00、10：无奇偶校验；01：偶校验；11：奇校验
SM30.5	SM130.5	d：每个字符的数据位。 d=0：每个字符 8 位有效数据；d=1：每个字符 7 位有效数据
SM30.4 SM30.3 SM30.2	SM130.4 SM130.3 SM130.2	bbb：波特率。 000：38400bps；001：19200bps；010：9600bps；011：4800bps 100：2400bps；101：1200bps；110：600bps；111：300bps
SM30.1 SM30.0	SM130.1 SM130.0	mm：协议选择。 00：点对点接口协议（PPI 从机模式）；0I：自由端口通信协议； 10：PPI/主机模式；11：保留（默认为 PPI/从机模式）

7.3.2　自由端口通信发送/接收指令

发送和接收指令格式与功能如表 7-5 所示。

表 7-5　发送和接收指令格式与功能

LAB	STL	功　能　描　述
XMT —EN　ENO— —TBL —PORT	XMT TBL, PORT	发送指令 XMT，使能输入有效时，激活发送数据缓冲区（TBL）中的数据。通过通信端口 PORT 将缓冲区（TBL）中的数据发送出去
RVC —EN　ENO— —TBL —PORT	RCV TBL, PORT	接收指令 RCV，使能输入有效时，激活初始化或结束接收信息服务。通过指定端口（PORT）接收从远程设备传送来的数据，并放到缓冲区（TBL）中

说明：

（1）TBL 指定接收/发送数据缓冲区的首地址，可寻址的寄存器地址为 VB、IB、QB、MB、SMB、SB、*VD、*AC。

（2）TBL 中的第一个字节用于设定应发送/接收的字节数，缓冲区的大小在 255 个字符以内。

（3）PORT 指定通信端口，可取 0 或 1。

（4）对发送指令 XMT：

① 在缓冲区内的最后一个字符发送后会产生中断事件 9（通信端口 0）或中断事件 26（通信端口 1），利用这一事件可进行相应的操作。

② SM4.5（通信端口 0）或 SM4.6（通信端口 1）用于监视通信端口的发送空闲状态。当为发送空闲状态时，SM4.5 或 SM4.6 将置 1。利用该位，可在通信端口空闲时发送数据。

（5）对接收指令 RCV：

① 可利用字符中断控制接收数据。每接收 1 个字符，通信端口 0 就产生一个中断事件 8

（或通信端口 1 产生一个中断事件 25）。接收到的字符会自动存放在特殊存储器 SMB2 中。利用接收字符完成中断事件 8（或 25），可方便地将存储在 SMB2 中的字符及时取出。

② 可利用接收结束中断控制接收数据。当由 TBL 指定的多个字符接收完成时，将产生接收结束中断事件 23（通信端口 0）或接收结束中断事件 24（通信端口 1），利用这个中断事件可在接收到最后一个字符后，通过中断子程序迅速处理接收到缓冲区的字符。

③ 接收信息特殊存储器字节 SMB86~SMB94（SMB186~SMB194）。PLC 在进行数据接收通信时，通过 SMB87（或 SMB187）来控制接收信息，通过 SMB86（或 SMB186）来控制接收信息。其具体字节含义如表 7-6 所示。

表 7-6   通信用特殊存储器字节的含义

端 口 0	端 口 1	字 节 含 义
SMB86	SMB186	接收信息状态字节 7　　　　　　　　　0 N R E 0 0 T C P N=1：用户禁止命令，使接收信息停止； R=1：因输入参数错误或缺少起始条件引起的接收信息结束； E=1：接收到结束字符； T=1：因超时引起的接收信息停止； C=1：因字符数超长引起的接收信息停止； P=1：因奇偶校验错误引起的接收信息停止
SMB87	SMB187	接收信息控制字节 7　　　　　　　　　0 EN SC EC IL C/M TMR BK 0 EN=0：禁止接收信息；EN=1：允许接收信息。 执行 RCV 指令时，检查允许接收信息位。 SC：是否用 SMB88 或 SMB188 的值检测起始信息。0=忽略，1=使用。 EC：是否用 SMB89 或 SMB189 的值检测结束信息。0=忽略，1=使用。 IL：是否用 SMW90 或 SMW190 的值检测空闲状态。0=忽略，1=使用。 C/M：定时器定时性质。0=内部字符定时器，1=信息定时器。 TMR：是否使用 SMW92 或 SMW192 的值终止接收。0=忽略，1=使用。 BK：是否使用中断条件来检测起始信息。0=忽略，1=使用
SMB88	SMB188	信息的开始字符
SMB89	SMB189	信息的结束字符
SMB90 SMB91	SMB190 SMB191	空闲线时间段。按毫秒设定，空闲线时间溢出后接收的第一个字符是新信息的开始字符。SMB92（或 SMB190）是最高有效字节，而 SMB91（或 SMB191）是最低有效字节
SMB92 SMB93	SMB192 SMB193	字符间/信息间定时器超时。按毫秒设定，如果超过这个时间段，则终止接收信息。SMB92（或 SMB192）是最高有效字节，而 SMB93（或 SMB193）是最低有效字节
SMB94	SMB194	要接收的最大字符数（1~255）。注：不论何种情况，这个范围必须设置为所希望的最大缓冲区大小

【例 7-1】   当输入信号 I0.0 接通并为发送空闲状态时，将数据缓冲区 VB200 中的数据发送到打印机或显示器。

编程要点是首先利用首次扫描脉冲，进行自由端口通信协议的设置，即初始化自由端口；然后在发送空闲时执行发送命令。对应的梯形图如图 7-12 所示。

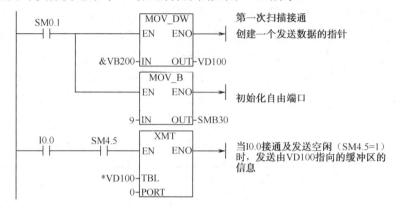

图 7-12　发送数据梯形图

【例 7-2】　用本地 CPU224 的输入信号 I0.0 上升沿控制接收来自远程 CPU224 的 20 个字符，接收完成后，又将信息发送回远程 PLC；发送任务完成后用本地 CPU224 的输出信号 Q0.1 进行提示。设置通信参数 SMB30=9 端口通信模式，不设超时时间，即无奇偶校验，有效数据位 8 位，波特率为 9600bps，自由接收和发送使用同一个数据缓冲区，首地址为 VB200。对应的梯形图如图 7-13 所示。

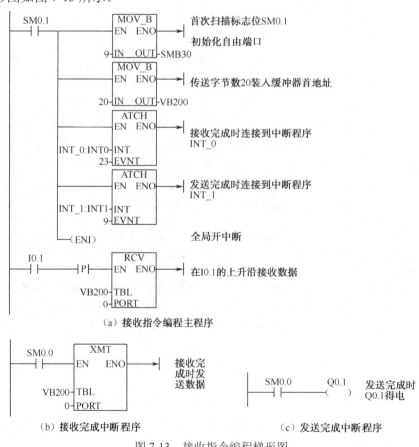

图 7-13　接收指令编程梯形图

 项目实施

任务　设计一台PLC与远程PC的通信系统

（1）控制要求：在自由端口通信模式下，实现一台本地 PLC（CPU224）与一台远程 PC 之间的数据通信。本地 PLC 接收远程 PC 发送的一串字符，直到收到回车符为止，接收完成后，PLC 再将信息发回给 PC。

根据控制要求，首先进行参数设置：CPU224 通信端口设置为自由端口通信模式。通信协议：传输速率为 9600bps，无奇偶校验，每个字符 8 位。接收和发送使用同一个缓冲区，首地址为 VB100。

（2）控制程序。通信主程序如图 7-14 所示，通信中断 0 程序如图 7-15 所示，通信中断 1 程序如图 7-16 所示，通信中断 2 程序如图 7-17 所示。

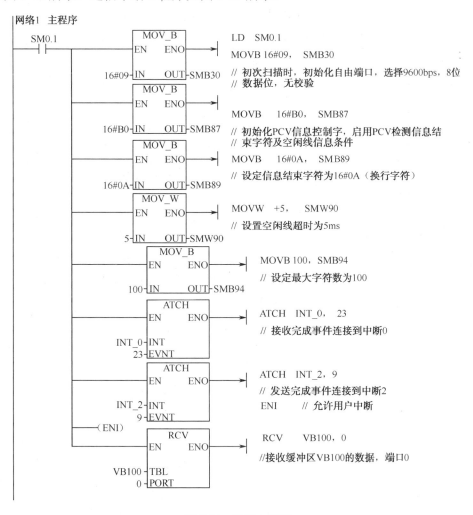

图 7-14　通信主程序

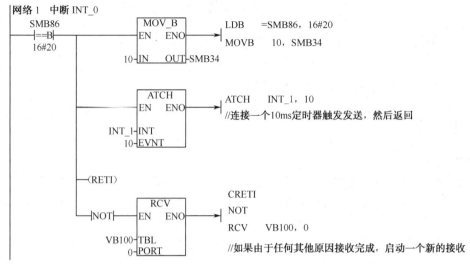

图 7-15　通信中断 0 程序

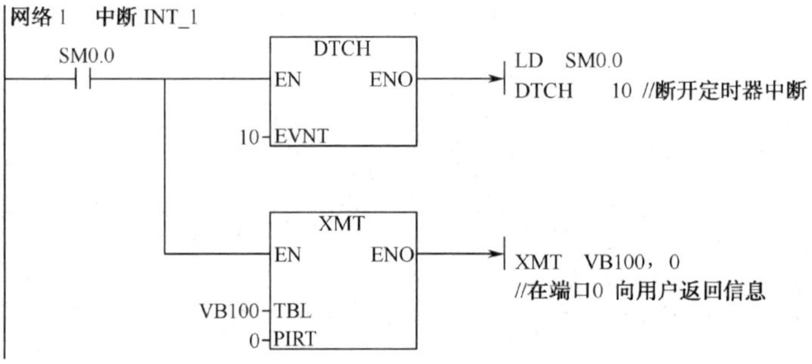

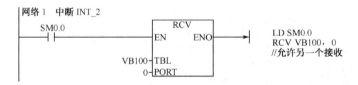

图 7-16　通信中断 1 程序

图 7-17　通信中断 2 程序

项目 2　两台以上 PLC 的主从通信

教学目标

◇　能力目标

1. 能根据实际要求编写 PPI 通信程序；

2. 能编写两台以上 S7-200 PLC 的通信程序；

3. 能进行网络接线。

◇ 知识目标

1. 理解 PPI 通信时的数据表含义；
2. 掌握 S7-200 PLC 的网络读/写指令格式功能；
3. 掌握两台以上 S7-200 PLC 的通信程序的编写方法。

项目任务

任务　设计 4 台打包机（PLC 控制）的主从通信系统

知识链接

7.4　S7-200 系列 PLC 网络通信

S7-200 的通信功能强大，有多种通信方式可供用户选择。本节只介绍与 S7-200 联网通信有关的网络协议，包括 PPI、MPI、PROFIBUS、ModBus 等协议及相关程序指令。

7.4.1　概述

1. 单主站方式

一台编程站（主站）通过 PPI 电缆与 S7-200 CPU（从站）通信，人机界面（HMI，如触摸屏、TD200）也可以作为主站，单主站与一个或多个从站相连如图 7-18 所示。

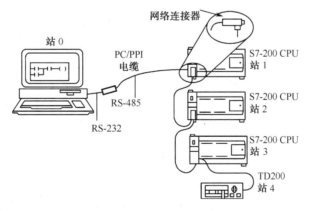

图 7-18　单主站与一个或多个从站相连

2. 多主站方式

PC、TD200、HMI 是通信网络中的主站，通信网络中有多个主站，一个或多个从站。图 7-19 中带 CP 卡的计算机和文本显示器 TD200、操作面板 OP15 是主站，S7-200 CPU 可以是从站或主站。PC、HMI 可以对任意 S7-200 CPU 从站读写数据，PC 和 HMI 共享网络。

同时，S7-200 CPU 之间使用网络读写指令相互读写数据。

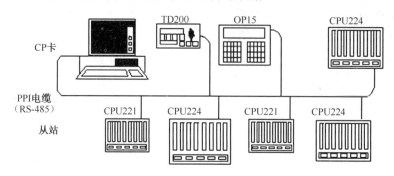

图 7-19   多主站方式网络

3. 使用调制解调器的远程通信方式

利用 PC/PPI 电缆与调制解调器连接，可以增加数据传输的距离。串行数据通信中，串行设备可以是数据终端设备（DTE），也可以是数据通信设备（DCE）。当数据从 RS-485 接口传送到 RS-232 接口时，PC/PPI 电缆是接收模式，需要将 DIP 5 号开关设置到 1 的位置；当数据从 RS-232 接口传送到 RS-485 接口时，PC/PPI 电缆是发送模式，需要将 DIP 5 号开关设置到 0 的位置。S7-200 系列 PLC 单主站可通过 11 位调制解调器（MODEM）与一个或多个作为从站的 S7-200 CPU 相连，或单主站可通过 10 位调制解调器与一个作为从站的 S7-200 CPU 相连。

4. S7-200 通信的硬件选择

可供用户选择的 STEP 7-Micro/WIN 32 软件支持的通信硬件和波特率如表 7-7 所示。

表 7-7   STEP 7-Micro/WIN 32 软件支持的通信硬件和波特率

支持的硬件	类 型	支持的波特率/kbps	支持的协议
PC/PPI 电缆	到 PC 通信口的电缆连接器	9.6, 19.2	PPI 协议
CP5511	II 型 PCMCIA 卡		支持用于笔记本电脑的 PPI、MPI 和 PROFIBUS 协议
CP5611	PCI 卡（版本 3 或更高）	9.6, 19.2, 187.5	支持用于笔记本电脑的 PPI、MPI 和 PROFIBUS 协议
MPI	集成在编程器中的 PC ISA 卡		支持用于 PC 的 PPI、MPI 和 PROFIBUS 协议

S7-200 CPU 可支持多种通信协议，如点对点的协议（PPI）、多点接口协议（MPI）及 PROFIBUS 协议。

5. 西门子 S7 系列 PLC 的网络结构

西门子 S7 系列 PLC 的网络结构如图 7-20 所示，由过程测量与控制级、过程监控级、工厂与过程管理级、公司管理级 4 级组成，而这 4 级子网是由 AS-i 总线、PROFIBUS 总线、工业以太网 3 级总线复合而成的。AS-i 为最低的一级，负责与现场传感器和执行器的通信，也可以实现与远程 I/O 总线的通信。PROFIBUS 为中间一级，是一种新型总线，采用令牌控制方式与主从轮询相结合的存取控制方式，也可以采用主从轮询存取方式的主从式多点链路。工业以太网为最高一级，使用了通信协议，负责传送生产管理信息。

注意：在对网络中的设备进行配置时，必须对设备的类型及其在网络中的地址和通信的波特率进行设置。

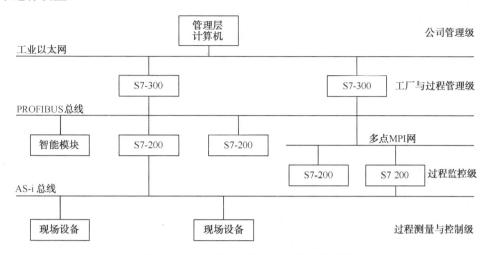

图 7-20　西门子 S7 系列 PLC 的网络结构

7.4.2　通信协议

西门子公司工业通信网络的通信协议包括通用协议和公司专用协议，S7-200 CPU 支持多种通信协议。

1. PPI 协议

PPI（点对点接口）协议，是一个主/从协议。协议规定主站向从站发出申请，从站进行响应。从站不能初始化信息，但当主站发出申请或查询时，从站才对其响应。PPI 通信接口是西门子专为 S7-200 系列 PLC 开发的一个通信协议，可通过普通的两芯屏蔽双绞电缆进行联网，波特率为 9.6kbps、19.2kbps 和 187.5kbps。

2. MPI 协议

MPI（多点接口）协议，可以是主/主协议或主/从协议，协议如何操作有赖于设备的类型。如果网络中有 S7-300 CPU，则可建立主/主连接，因为 S7-300 CPU 默认为网络主站。如果设备中有 S7-200 CPU，则可建立主/从连接，因为 S7-200 CPU 默认为网络从站。可以用 XGET/XPUT 指令来读写 S7-200 的 V 存储区。

3. 利用 PROFIBUS 协议进行网络通信

PROFIBUS-DP 是欧洲标准 EN 50170 和国际标准 IEC 61158 定义的一种远程 I/O 通信协议。

在 S7-200 系列 PLC 的 CPU 中，CPU22X 都可以通过增加 EM277 PROFIBUS-DP 扩展模块的方法支持 PROFIBUS-DP 网络协议，最高传输速率可达 12Mbps。PROFIBUS 连接的系统由主站和从站组成，主站能够控制总线，当主站获得总线控制权后，可以主动发送信息。从站通常为传感器、执行器、驱动器和变送器，它们可以接收信号并给予响应，但没有控制总线的权力。

4. TCP/IP 协议

S7-200 配备了以太网模块 CP243-1 后，支持 TCP/IP 以太网协议。

5. 用户自定义的协议

在自由口模式下，由用户自定义与其他串行通信设备的通信协议。自由口模式使用接收中断、发送中断、字符中断、发送指令和接收指令，以实现 S7-200 CPU 通信端口与其他设备的通信。当处于自由口模式时，通信协议完全由梯形图控制。

7.4.3 网络读与网络写指令

在 SIMATIC S7 的网络中，S7-200 PLC 默认为从站。只有在采用 PPI 通信协议时，S7-200 PLC 才允许工作于主站模式。在 PPI 网络中作为主站的 PLC 程序中，必须在上电第 1 个扫描周期，用特殊存储器 SMB30 指定其主站属性，从而使其能工作在主站模式。SMB30、SMB130 分别是 S7-200 PLC Port0、Port1 自由通信口的控制字节。在 PPI 模式下，控制字节的 2~7 位是忽略掉的（只设置其低 2 位），如 SMB30=0000 0010，定义 PPI 主站。SMB30 中协议选择默认值是 00=PPI 从站，因此，从站不需要初始化。网络读/写指令用于多个 S7-200 PLC 之间的通信。

1. 网络读/写指令格式及功能（如表 7-8 所示）

表 7-8　网络读/写指令格式及功能

LAD	STL	功 能 描 述
NETR EN　ENO ????-TBL ????-PORT	NETR TBL, PORT	当使能端 EN=1（有效）时，指令初始化通信操作；通过端口 PORT 从远程设备接收数据；所接收到的数据存储在指定的缓冲区中，形成数据表 TBL
NETW EN　ENO ????-TBL ????-PORT	NETW TBL, PORT	当使能端 EN=1（有效）时，指令初始化通信操作；通过指令端口 PORT 将缓冲区中的数据发送到远程设备

说明：

（1）TBL 指定被读/写的网络通信数据表，其寻址的寄存器为 VB、MB、*VD、*AC。其表的格式如表 7-9 所示。

（2）PORT 指定通信端口 0 或 1。

（3）NETR（NETW）指令可从远程站最多读入（写）16 字节的信息，同时可最多激活 8 条 NETR 和 NETW 指令。例如，在一个 S7-200 系列 PLC 中可以有 4 条 NETR 指令和 4 条 NETW 指令，或 6 条 NETR 指令和 2 条 NETW 指令。

2. 网络通信数据表的格式

在执行网络读/写指令时，PPI 主站与从站之间传送数据的网络通信数据表（TBL）的格式如表 7-9 所示。

表 7-9　PPI 主站与从站之间传送数据的网络通信数据表（TBL）的格式

字节偏移地址	字节名称	描述
0	状态字节	``` 7 0 D A E 0 E1 E2 E3 E4 ``` D：操作完成位。D=0：未完成；D=1：完成。 A：激活操作排队有效位。A=0：未激活；A=1：已激活。 E：错误标志位。E=0：无错误；E=1：有错误。 E1、E2、E3、E4 为错误编码。如果执行指令后，E=1，则 E1、E2、E3、E4 返回一个错误编码
1	远程站地址	被访问的 PLC 从站地址
2 3 4 5	远程站的数据区指针	被访问远程 PLC 存储器中数据区的间接指针，占 4 字节。 指针可以指向 I、Q、M 和 V 数据区
6	数据长度	远程站点上被访问数据的字节数（1~16）
7 8 ⋮ 22	数据字节 0 数据字节 1 ⋮ 数据字节 15	接收或发送数据区：对 NETR，执行 NETR 指令后，从远程站点读到的数据存放在这个数据区中；对 NETW，执行 NETW 指令前，要发送到远程站点的数据存放在这个数据区中

【例 7-3】　两台 S7-200 PLC（CPU226 和 CPU224）与上位机通过 RS-485 接口组成一个使用 PPI 协议的单主站通信网络，如图 7-21 所示为它们的 PPI 网络，其中编程用的计算机的站地址为 0；2 号机为主站，站地址为 2；3 号机为从站，站地址为 3。通信任务要求：用 2 号机的 I0.0~I0.7 控制 3 号机的 Q0.0~Q0.7，用 3 号机的 I0.0~I0.7 控制 2 号机的 Q0.0~Q0.7。

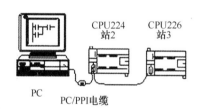

图 7-21　PPI 网络示意图

1. 具体步骤

（1）使用 RS-485 接口和网络连接器将两台 S7-200 系列 PLC 与编程用计算机组成一个应用 PPI 协议的单主站通信网络。

（2）用双绞线分别将连接器的两个 A 端子连在一起，两个 B 端子连在一起。

（3）在编程软件中，分别设置好两台 PLC 的站地址，并下载到 CPU 模块中。输入并编译通信程序后，将程序下载到作为主站的 2 号机的 CPU 模块中，并将两台 PLC 的工作模式开关置于 RUN 状态下。

2. 定义网络读/写缓冲区的地址划分

2 号机的网络读/写缓冲区的地址定义如表 7-10 所示。

表 7-10　2 号机的网络读/写缓冲区的地址定义

字 节 意 义	状 态 字 节	远程站地址	远程站数据区指针	读/写的数据长度	数 据 字 节
NETR 缓冲区	VB100	VB101	VD102	VB106	VB107
NETW 缓冲区	VB110	VB111	VD112	VB116	VB117

在这一网络通信中，主站需要设计通信程序，从站不需要设计通信程序。

3. 程序设计

主站的通信程序如图 7-22 所示。网络读指令：IB0（从站）→VB107→QB0（主站）；网络写指令：IB0（主站）→VB117→QB0（从站）。

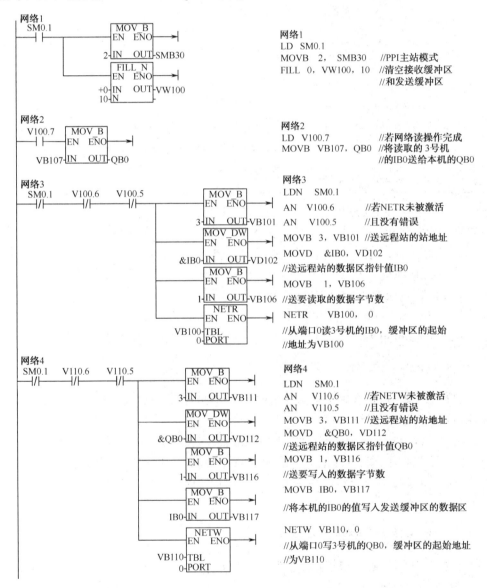

图 7-22　主机中的通信程序

4. 软件设置

（1）主机（2 号）通信设置如图 7-23 所示。

图 7-23　主机（2 号）通信设置

（2）主机（2 号）系统块设置如图 7-24 所示。

参数设置完后将数据下载到 2 号 PLC 中。

图 7-24　主机（2 号）系统块设置

（3）从机（3 号）的通信设置和系统块设置方法同主机设置方法类似，只是远程的 PLC 地址变为 3，参数设置完后将数据下载到 3 号 PLC 中。

（4）网络读/写命令使用向导。

① 在 STEP 7-Micro/WIN32 软件中选择菜单"工具"→"指令向导"命令，弹出"指令向导"对话框，选择"NETR/NETW"选项，如图 7-25 所示。

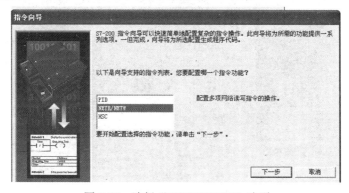

图 7-25　选择"NETR/NETW"选项

② 因为程序中有读和写两个操作，所以网络读/写操作的项数值为 2，设置好后，单击"下一步"按钮，如图 7-26 所示。

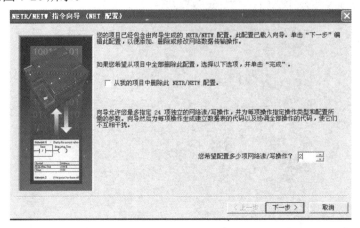

图 7-26　网络读/写操作选项

③ 选择 PLC 的通信端口，向导会自动生成子程序，子程序名为"NET_EXE"，如图 7-27 所示。

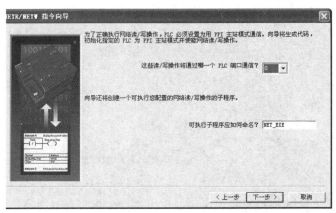

图 7-27　选择 PLC 的通信端口

④ 配置网络读指令，远程地址是 3，从远程 PLC 的 VB0 读数据，存在本地的 VB0 处，单击"下一步"按钮，如图 7-28 所示。

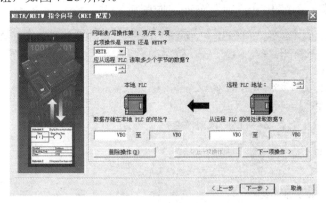

图 7-28　配置网络读指令

⑤ 配置网络写指令,把本地 PLC 的 VB10 数据写入远程 PLC 的 VB10 中,如图 7-29 所示。

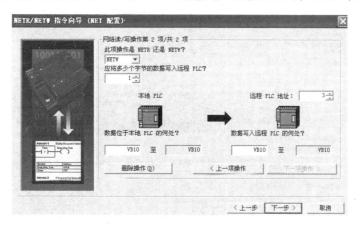

图 7-29 配置网络写指令

⑥ 生成的子程序要使用一定数量的、连续的存储区,本例中提示要用 19 字节的存储区,向导只要求设定连续存储区的起始位置即可,但是一定要注意,存储区必须是其他程序中没有使用的,否则程序无法正常运行。设定好存储区起始位置后,单击"下一步"按钮,如图 7-30 所示。

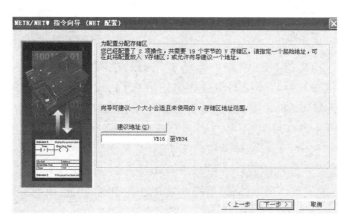

图 7-30 设定数据连续的存储区

⑦ 在如图 7-31 所示的对话框中,可以为此向导单独起一个名字,使它与其他的网络读/写命令向导区分开。如果要监视此子程序中读/写网络命令执行的情况,请记住全局符号表的名称,单击"完成"按钮。

⑧ 单击"是"按钮退出向导,如图 7-32 所示。此时程序中会自动产生一个子程序,此例中子程序的名称为 NET_EXE。

⑨ 当调用子程序时,必须给子程序设定相关的参数。网络读/写子程序如图 7-33 所示,EN 为 ON 时子程序才会执行,程序要求必须用 SM0.0 控制。Timeout 用于时间控制,以 s 为单位设置,当通信的时间超出设定时间时,会给出通信错误信号,即位 Error 为 ON。Cycle 是一个周期信号,如果子程序运行正常,就会发出一个 ON(1)和 OFF(0)之间跳变的信号。Error 为出错标志,通信出错或超时,此信号为 ON(1)。

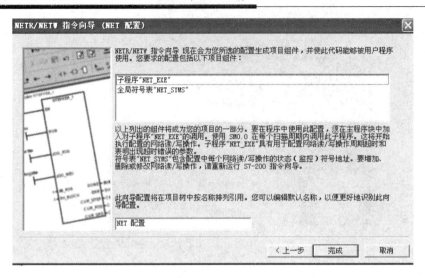

图 7-31　向导名称

图 7-32　退出向导

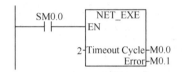

图 7-33　网络读/写子程序

【例 7-4】　用 NETR 与 NETW 指令实现 3 台 PLC 的网络通信。3 台 PLC 甲、乙、丙与计算机通过 RS-485 接口和网络连接器组成一个使用 PPI 协议的单主站通信网络。甲作为主站，乙与丙作为从站。要求一开机，甲机的 Q0.0~Q0.7 控制的 8 盏灯每隔 1s 依次点亮，接着乙机的 Q0.0~Q0.7 控制的 8 盏灯每隔 1s 依次点亮，然后丙机的 Q0.0~Q0.7 控制的 8 盏灯每隔 1s 依次点亮。再从甲机开始灯不断循环地依次点亮。

根据控制要求进行系统程序设计，按以下几步进行。

（1）通信数据表的设置。用网络读/写指令实现 3 台 PLC 的通信，必须首先为甲机建立网络通信数据表，如表 7-11 所示。

表 7-11　甲机网络通信数据表

	字 节 意 义	状 态 字 节	远程站地址	远程站数据区指针	读/写的数据长度	数 据 字 节
与乙机通信	NETR 缓冲区	VB100	VB101	VD102	VB106	VB107
	NETW 缓冲区	VB110	VB111	VD112	VB116	VB117
与丙机通信	NETR 缓冲区	VB120	VB121	VD122	VB126	VB127
	NETW 缓冲区	VB130	VB131	VD132	VB136	VB137

（2）设计思路。一开机，甲机的 Q0.0~Q0.7 控制的 8 盏灯在移位寄存器指令的控制下依次点亮。

当甲机的最后一盏灯点亮以后，就停止甲机 MB0 的移位，并将 MB0 的状态通过 NETW 指令写进乙机的写缓冲器 VB110 中；这时乙机的 Q0.0~Q0.7 控制的 8 盏灯也依次点亮。

通过 NETR 指令把乙机的 Q0.0~Q0.7 的状态读进乙机的读缓冲器 VB100 中，然后通过

NETW 指令将 VB100 数据表的内容写进丙机的写缓冲器 VB130 中，当乙机的最后一盏灯点亮后，丙机的 Q0.0~Q0.7 控制的灯依次点亮；通过 NETR 指令将丙机 QB0 的状态读进丙机的读缓冲器 VB120 中，当丙机的最后一盏灯点亮，即 V120.7 得电，则重新启动，甲机控制的灯依次点亮。这样整个网络控制的 24 盏灯将按顺序依次点亮。

（3）甲机的通信设置及存储器初始化程序、对乙机的读/写操作主程序、对丙机的读/写操作主程序、彩灯移位控制主程序分别如图 7-34~图 7-37 所示。

（4）乙机（站 3）及丙机（站 4）彩灯移位控制主程序如图 7-38 所示。

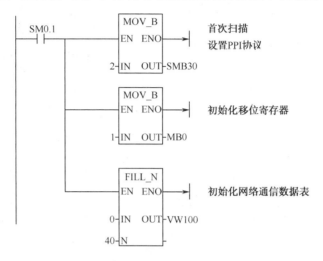

图 7-34　甲机通信设置及存储器初始化程序

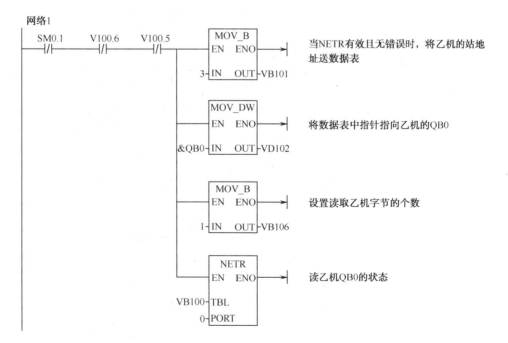

图 7-35　甲机对乙机的读/写操作主程序

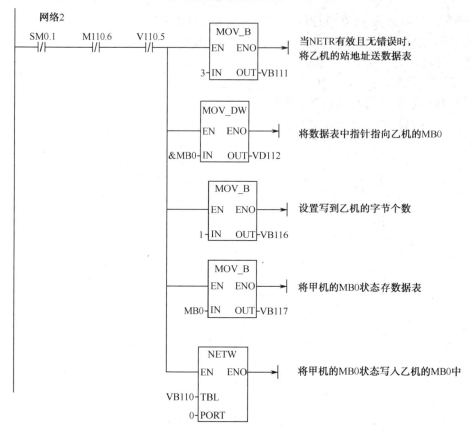

图 7-35 甲机对乙机的读/写操作主程序（续）

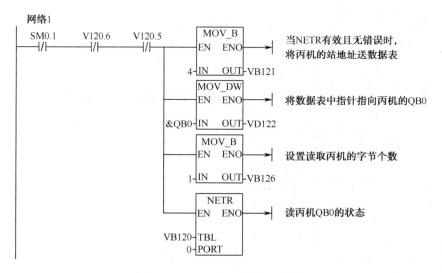

图 7-36 甲机对丙机的读/写操作主程序

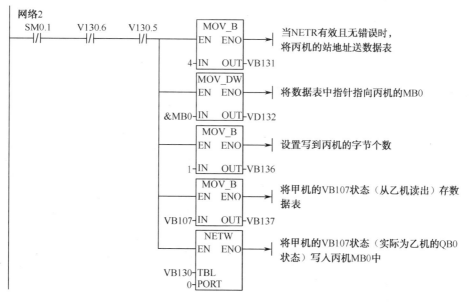

图 7-36 甲机对丙机的读/写操作主程序（续）

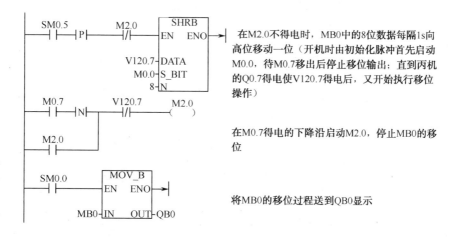

图 7-37 甲机彩灯移位控制主程序

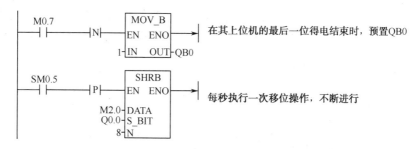

图 7-38 乙机及丙机彩灯移位控制主程序

239

 项目实施

任务　设计 4 台打包机（PLC 控制）的主从通信系统

1. 系统功能描述

如图 7-39 所示，某产品自动装箱生产线将产品送到 4 台打包机中的某一台上，打包机把 10 个产品装到 1 个纸箱中，1 个分流机控制着产品流向各个打包机。CPU221 模块用于控制打包机。1 个 CPU222 模块安装了 TD200 文本显示器，用来控制分流机。

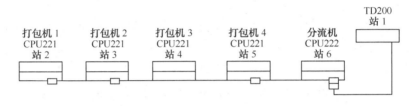

图 7-39　某产品自动装箱生产线网络通信示意图

2. 操作控制要求

网络站 6 要读/写 4 个远程站（站 2、站 3、站 4、站 5）的状态字和计数值。CPU222 通信端口号为 0。从 VB200 开始设置接收和发送缓冲区。接收缓冲区从 VB200 开始，发送缓冲区从 VB300 开始，具体分区如表 7-12 所示。

表 7-12　接收和发送缓冲区地址

接收缓冲区地址		发送缓冲区地址	
VB200	接收缓冲区（站 2）	VB300	发送缓冲区（站 2）
VB210	接收缓冲区（站 3）	VB310	发送缓冲区（站 3）
VB221	接收缓冲区（站 4）	VB320	发送缓冲区（站 4）
VB230	接收缓冲区（站 5）	VB330	发送缓冲区（站 5）

CPU222 用 NETR 指令连续地读取每个打包机的控制和状态信息。当某个打包机装完 100 箱，分流机（CPU222）会注意到这个事件，并用 NETW 指令发送 1 条信息清除状态字。

3. 程序梯形图

下面以站 2 打包机为例，编制其对单个打包机需要读取的控制字节、包装完的箱数和复位包装完的箱数的管理程序。

分流机 CPU222 与站 2 打包机进行通信的接收/发送缓冲区划分如表 7-13 所示。

表 7-13　接收/发送数据缓冲区划分

接收缓冲区地址		发送缓冲区地址	
VB200	状态字	VB300	状态字
VB201	远程地址	VB301	远程地址

续表

接收缓冲区地址		发送缓冲区地址	
VB202	指向远程站（&VB100）的数据区指针	VB302	指向远程站（&VB100）的数据区指针
VB203		VB303	
VB204		VB304	
VB205		VB305	
VB206	数据长度=3B	VB306	数据长度=2B
VB207	控制字节	VB307	0
VB208	状态（最高有效字节）	VB308	0
VB209	状态（最低有效字节）		

网络站 6 通过网络读/写指令管理站 2 的程序如图 7-40 所示，其他的由读者自己分析。

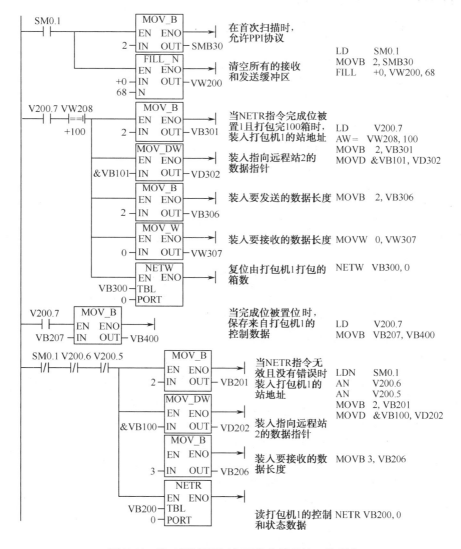

图 7-40　站 6 通过网络读/写指令管理站 2 的程序

项目 3　PLC 与变频器之间的通信

教学目标

◇ 能力目标

1. 能通过 PLC 设计用 USS 协议与变频器通信的梯形图；
2. 能设置 MM420 变频器的基本参数。

◇ 知识目标

1. 了解 USS 协议；
2. 掌握 USS 协议中读/写程序的编写；
3. 掌握变频器参数设置。

项目任务

任务 3.1　基于端子控制的 PLC 与变频器之间的通信
任务 3.2　基于 USS 协议的 PLC 与变频器之间的通信

知识链接

7.5　USS 通信协议简介

USS 通信协议专用于 S7-200 PLC 和西门子公司的 Micro Master 变频器之间的通信。通信网络由 S7-200 PLC 的通信接口和变频器内置的 RS-485 通信接口及双绞线组成，且一台 S7-200 PLC CPU 最多可以监控 31 台变频器。PLC 通过通信网络来监控变频器，接线量少，占用 PLC 的 I/O 点数少，传送的信息量大，还可以通过通信网络修改变频器的参数及其他信息，实现多台变频器的联动和同步控制。这是一种硬件费用低、使用方便的通信方式。

使用 USS 通信协议，用户程序可以通过子程序调用的方式实现 PLC 与变频器之间的通信，编程的工作量很小。在使用 USS 协议之前，需要先在 STEP 7 编程软件中安装"STEP 7-Micro/WIN 指令库"。USS 协议指令在此指令库的文件夹中，而指令库提供了 8 条指令来支持 USS 协议，调用一条 USS 指令时，将会自动增加一个或多个相关的子程序。调用的方法是打开 STEP 7 编程软件，在指令树的"指令/库/USS Protocol"文件夹中，将出现用于 USS 通信协议的指令，用它们便可以控制变频器和读写变频器参数。用户不需要关注这些子程序的内部结构，只要将有关指令的外部参数设置好，直接在用户程序中调用即可。

USS 协议指令主要包括 USS_INIT、USS_CTRL、USS_RPM 和 USS_WPM 4 种。

7.5.1 USS 协议指令

USS_INIT 的指令格式及功能如表 7-14 所示，其各输入/输出端子名称、功能及寻址的寄存器如表 7-15 所示。

表 7-14 USS_INIT 的指令格式及功能

LAD	STL		功　能
	操　作　码	操　作　数	
USS_INIT EN　Done Mode Error Baud Active	CALL　USS_INIT	Mode，Baud， Active，Error	用于允许和初始化或禁止 Micro Master 变频器通信

USS_INIT 指令用于初始化或改变 USS 的通信参数，只激活一次即可，也就是只需一个扫描周期、调用一次就可以了。在执行其他 USS 协议指令之前，必须先执行 USS_INIT 指令，且没有错误返回。指令执行完，完成位（Done）立即置位，然后才能继续执行下一条指令。

当 EN 端为 1 时，每一次扫描都会执行此指令，这是不可以的。而应通过一个边沿触发指令或特殊继电器 SM0.1，使此端只在一个扫描周期内有效，激活指令就可以了。一旦 USS 协议已启动，在改变初始化参数之前，必须通过执行一个新的 USS_INIT 指令以终止旧的 USS 协议。

表 7-15 USS_INIT 指令中各输入/输出端子名称、功能及寻址的寄存器

符　号	端子名称	类　型	作　用	可寻址的寄存器
EN	使能端	位	使能端为 1 时，执行 USS_INIT 指令，启动 USS 协议；为 0 时禁止	
Mode	通信协议选择端	字节	为 0 时将 PLC 的端口 0 分配给 PPI 协议，并禁止 USS 协议； 为 1 时将 PLC 的端口 0 分配给 USS 协议，并允许 USS 协议	VB、IB、QB、MB、SB、SMB、LB、AC、*VD、*AC、*LD、常数
Baud	波特率设置端	字	可选择的波特率为 1200、2400、4800、9600、19200、38400、57600 或 115200bps	VW、IW、QW、MW、SW、SMW、LW、T、C、AIW、AC、*VD、*AC、*LD、常数
Active	变频器激活端	双字	用于激活需要通信的变频器，双字寄存器的位表示被激活的变频器的地址	VD、ID、QD、MD、SD、SMD、LD、T、C、AC、*VD、*AC、*LD、常数
Done	完成 USS 协议设置标志端	位	当 USS_INIT 指令顺利执行完成时，Done 输出接通，否则出错	V、I、Q、M、S、SM、L、T、C
Error	完成 USS 协议执行出错端	字节	当 USS_INIT 指令执行出错时，Error 输出错误代码	VB、IB、QB、MB、SB、SMB、LB、AC、*VD、*AC、*LD

说明：Active 用于指示激活哪一个变频器，共 32 位（0~31）。例如，第 0 位为 1 时，表示激活 0 号变频器；第 0 位为 0 时，则表示不激活它。如现在要同时激活 1 号和 2 号变频器，Active 应为 16#00000006，如表 7-16 所示。

表 7-16　变频器站号

D31	D30	D29	D28	…	D19	D18	D17	D16	…	D3	D2	D1	D0
0	0	0	0	…	0	0	0	0	…	0	1	1	0

7.5.2　控制指令 USS_CTRL

USS_CTRL 指令（如表 7-17 所示）是变频器控制指令，用于控制 Micro Master 变频器。USS_CTRL 指令中各输入/输出端子名称、功能及寻址的寄存器如表 7-18 所示。

表 7-17　USS_CTRL 指令格式及功能

LAD	STL		功　能
USS_CTRL —EN　Resp_R— —RUN　Error— —OFF2　Status— —OFF3　Speed— —F_ACK　Run_EN— —DIR　D_Dir— —Drive　Inhibit— —Type　Fault— —Speed_SP	操作码	操作数	USS_CTRL 指令用于控制被激活的 Micro Master 变频器。
	CALL USS_CTRL	RUN, OFF2, OFF3, F_ACK, DIR, Drive, Speed_SP, Resp_R, Error, Status, Speed, Run_EN, D_Dir, Inhibit, Fault	USS_CTRL 指令把选择的命令放在一个通信缓冲区内，经通信缓冲区发送到由 Drive 指定的变频器，如果该变频器已由 USS_INIT 指令中的 Active 选中，则变频器将按选中的命令运行

表 7-18　USS_CTRL 指令中各输入/输出端子名称、功能及寻址的寄存器

符　号	端子名称	类　型	作　用	可寻址的寄存器
EN	使能端	位	使能端为 1 时，启动 USS_CTRL 指令；为 0 时禁止	V、I、Q、M、S、SM、L、T、C
RUN	运行/停止控制端	位	当 RUN 端接通（为 1）时，Micro Master 变频器收到一个命令，开始以规定的速度和方向运行；当 RUN 端断开（为 0）时，则 Micro Master 变频器发送一个命令，电动机速度降低，一直到停止	V、I、Q、M、S、SM、L、T、C
OFF2	减速停止控制端	位	该位有效时使 Micro Master 变频器减速到停止	V、I、Q、M、S、SM、L、T、C
OFF3	快速停止控制端	位	该位有效时使 Micro Master 变频器快速停止	V、I、Q、M、S、SM、L、T、C

续表

符　号	端子名称	类　型	作　用	可寻址的寄存器
F_ACK	故障确认端	位	当 F_ACK 从低变高时，变频器清除故障，Fault 位恢复为 0	V、I、Q、M、S、SM、L、T、C
DIR	方向控制端	位	为 1 时变频器按顺时针方向运行；为 0 时变频器按逆时针方向运行	
Drive	地址输入端	字节	指定 Micro Master 变频器地址，有效地址为 0~31	VB、IB、QB、MB、SB、SMB、LB、AC、*VD、*AC、*LD、常数
Type	类型选择	字节	变频器 3 系列或更早的系列为 0，4 系列为 1	VB、IB、QB、MB、SB、SMB、LB、AC、*VD、*AC、*LD、常数
Speed_SP	速度设定端	实数	用全速度的百分比来表示的速度预设值（-200.0%~200.0%）。该值为负时，表示变频器反方向旋转	VD、ID、QD、MD、SD、SMD LD、T、C、AC、*VD、*AC、*LD、常数
Resp_R	响应确认端	位	当 CPU 从变频器接收到一个响应时，该位接通一次，并更新所有数据	V、I、Q、M、S、SM、L、T、C
Error	出错状态字	字节	显示变频器通信的错误状态	VB、IB、QB、MB、SB、SMB、LB、AC、*VD、*AC、*LD
Status	工作状态指示端	字	显示工作状态，即由变频器返回的状态字的原始值	VW IW、QW、MW、SW、SMW、LW、T、C、AIW、AC、*VD、*AC、*LD、常数
Speed	速度指示端	实数	用全速度百分比表示的变频器的速度（-200.0%~200.0%）	VD、ID、QD、MD、SD、SMD、LD、T、C、AC、*VD、*AC、*LD
Run_EN	RUN 允许端	位	用于指示变频器的运行状态，1 表示正在运行，0 表示已停止	V、I、Q、M、S、SM、L、T、C
D_Dir	旋转方向指示端	位	用于指示变频器的旋转方向，0 为逆时针方向，1 为顺时针方向	V、I、Q、M、S、SM、L、T、C
Inhibit	禁止位状态指示端	位	指示变频器上的禁止位的状态，0 为不禁止，1 为被禁止	V、I、Q、M、S、SM、L、T、C
Fault	故障位状态指示端	位	指示故障位的状态，0 为无故障，1 为故障	V、I、Q、M、S、SM、L、T、C

说明：

（1）每个变频器只应有一个 USS_CTRL 指令，且使用 USS_CTRL 指令的变频器应确保已被激活。

（2）一般情况下，USS_CTRL 指令总是处于允许执行状态，EN 端用一个 SM0.0（常 ON）触点的情况较多。

（3）要使变频器运行，必须具备以下条件：使用 USS_INIT 指令将变频器激活，输入参数 OFF2 和 OFF3 必须设定为 0，输出参数 Fault 和 Inhibit 必须为 0。

（4）USS_CTRL 中的 Drive 驱动站号不同于 USS_INIT 中的 Active 激活号，Active 激活号指定哪几台变频器需要激活，而 Drive 驱动站号是指由先激活的哪台电动机驱动，因此程序中可以有多个 USS_CTRL 指令。

（5）要清除 Inhibit 禁止位，Fault 位必须为 0 状态，RUN、OFF2 及 OFF3 输入位也必须为 0 状态。

（6）发生故障时，变频器将提供故障代码（参阅变频器使用手册），要清除 Fault 位，需消除故障，并接通 F_ACK 位。

7.5.3　USS_RPM_x（USS_WPM_x）读取（写入）变频器参数指令

USS_RPM_x（USS_WPM_x）指令格式及功能如表 7-19 所示，指令中各输入/输出端子名称、功能及寻址的寄存器如表 7-20 所示。

表 7-19　USS_RPM_x（USS_WPM_x）指令格式及功能

LAD	STL		功　能
	操作码	操作数	
USS_RPM_x EN XMT_REQ Drive Param　　Done Index　　Error DB_Ptr　 Value	CALL USS_RPM_W CALL USS_RPM_D CALL USS_RPM_R	XMT_REQ, Drive, Param, Index, DB_Ptr, Done Error, Value	USS_RPM_x 指令读取变频器的参数，当变频器确认接收到命令或发送一个出错状况时，则完成 USS_RPM_x 指令处理，在等待响应时，逻辑扫描仍继续进行
USS_WPM_x EN XMT_REQ EEPROM Drive Param Index Value　　 Done DB_Ptr　 Error	CALL USS_WPM_W CALL USS_WPM_D CALL USS_WPM_R	XMT_REQ, EEPROM, Drive, Param Index, Value, DB_Ptr, Done, Error	USS_WPM_x 指令将变频器参数写入到指定的位置，当变频器确认接收到命令或发送一个出错状况时，则完成 USS_WPM_x 指令处理，在等待响应时，逻辑扫描仍继续进行

表 7-20　USS_RPM_x（USS_WPM_x）指令中各输入/输出端子名称、功能及寻址的寄存器

符　号	端子名称	类　型	作　用	可寻址的寄存器
EN	使能端	位	用于启动发送请求，其接通时间必须保持到 Done 位置 1 为止	V、I、Q、M、S、SM、L、T、C
XMT_REQ	发送请求端	位	在 EN 输入的上升沿到来时，USS_RPM_x（USS_WPM_x）的请求被发送到变频器	V、I、Q、M、S、SM、L、T、C
EEPROM	写入启用端	位	当驱动器打开时，该端启动对驱动器的 RAM 和 EEPROM 的输入；当驱动器关闭时，仅启用对 RAM 的写入	V、I、Q、M、S、SM、L、T、C
Drive	地址输入端	字节	USS_RPM_x（USS_WPM_x）指令被发送到这个地址，有效地址为 0~31	VB、IB、QB、MB、SB、SMB、LB、AC、*VD、*AC、*LD、常数

续表

符 号	端子名称	类 型	作 用	可寻址的寄存器
Param	参数号输入端	字	用于指定变频器的参数号，以便读/写该项参数值	VW、IW、QW、MW、SW、SMW、LW、T、C、AIW、AC、*VD、*AC、*LD、常数
Index	索引地址	字	读取参数的索引值	VW、IW、QW、MW、SW、SMW、LW、T、C、AIW、AC、*VD、*AC、*LD、常数
DB_Ptr	缓冲区初始地址设定端	双字	缓冲区的大小为 16B，使用该缓冲区存储向变频器发送命令的结果	&VB
Done	指令执行结束标志端	位	指令完成时，Done 位输出接通	V、I、Q、M、S、SM、L、T、C
Error	出错状态字	字节	显示指令出错信息	VB、IB、QB、MB、SB、SMB、LB、AC、*VD、*AC、*LD、常数
Value	参数值存取端	字	对 USS_RPM_x 指令为从变频器读取的参数值；对 USS_WPM_x 指令为写入变频器的参数值	VW、IW、QW、MW、SW、SMW LW、T、C、AIW、AC、*VD、*AC、*LD、常数

7.5.4 USS 的编程顺序

USS 的编程顺序如下。

（1）使用 USS_INIT 指令初始化变频器，确定通信端口、波特率、变频器的地址号。

（2）使用 USS_CTRL 指令激活变频器。启动变频器、确定变频器运动方向、确定变频器减速停止方式、清除变频器故障、确定运行速度、确定与 USS_INIT 指令相同的变频器地址号。

（3）配置变频器参数，以便和 USS_INIT 指令中指定的波特率和地址号相对应。

（4）连接 PLC 和变频器间的通信电缆，应特别注意变频器的内置式 RS-485 接口。

（5）输入程序时应注意，USS 协议指令是成形的，在编程时不必理会 USS 的子程序和中断，只要在主程序中开启 USS 指令库就可以了，如图 7-41 所示。

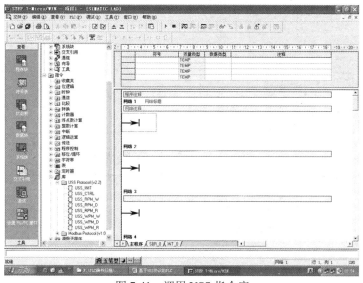

图 7-41 调用 USS 指令库

7.5.5　通信电缆连接

将一根带 D 型 9 针阳性插头的通信电缆接在 PLC（S7-200 PLC CPU226）的 0 号通信端口，9 针并没有都用上，只接其中的 3 针，它们是 1（地）、3（B）、8（A），电缆的另一端是无插头的，以便接到变频器 MM440 的 2、29、30 端子上，因这边是内置式的 RS-485 接口，在外面能看到的只是端子。两端的对应关系是：2—1、29—3、30—8，连接方式如图 7-42所示。

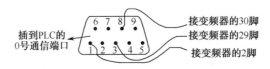

图 7-42　通信电缆连接方式

【例 7-5】　通过 CPU224 型 PLC 和 MM420 变频器联机，用变频器的端子实现电动机正、反转控制，按下正转按钮 SB2，电动机启动并运行，频率为 35Hz。按下反转按钮 SB3，电动机反向运行，频率为 35Hz。按下停止按钮 SB1，电动机停止运行。电动机加减速时间为 10s。

（1）根据控制要求，列出 PLC 的 I/O 端口分配表如表 7-21 所示。

表 7-21　PLC 的 I/O 端口分配表

输 入 信 号			输 出 信 号		
电气元件	PLC 地址	说明	电气元件	PLC 地址	说明
SB1	I0.0	停止按钮，常开	KM1	Q0.0	电动机正转接触器线圈
SB2	I0.1	正转按钮，常开	KM2	Q0.2	电动机反转接触器线圈
SB3	I0.2	反转按钮，常开			

（2）PLC 和 MM420 变频器接线图及梯形图如图 7-43 所示。

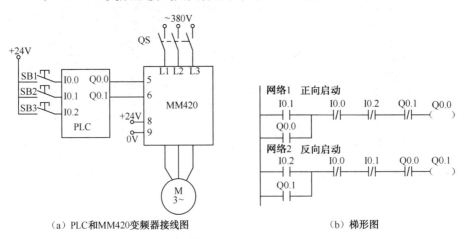

（a）PLC 和 MM420 变频器接线图　　　　（b）梯形图

图 7-43　PLC 和 MM420 变频器接线图及梯形图

（3）变频器参数设置如表 7-22 所示。

表 7-22　变频器参数设置表

参　数　号	出　厂　值	设　置　值	说　　　　明
P0003	1	1	设用户访问级为标准级
P0004	0	7	命令，二进制 I/O
P0700	2	2	由端子排输入
P0003	1	2	设用户访问级为扩展级
P0004	0	7	命令，二进制 I/O
P0701	1	1	ON 接通正转，OFF 接通停止
P0702	1	2	ON 接通反转，OFF 接通停止
P0703	9	10	正向启动
P0704	15	11	反向启动
P0003	1	1	设用户访问级为标准级
P0004	0	10	预设值通道和斜坡函数发生器
P1000	2	1	频率预设值为键盘（MOP）预设值
P1080	0	0	电动机运行的最低频率（Hz）
P1082	50	50	电动机运行的最高频率（Hz）
P1120	10	10	斜坡上升时间（s）
P1121	10	10	斜坡下降时间（s）
P0003	1	2	设用户访问级为扩展级
P0004	0	10	预设值通道和斜坡函数发生器
P1040	5	35	设定键盘控制的频率值（Hz）

【例 7-6】　假定采用的 PLC 的输入/输出触点及变量存储如表 7-23 所示。请根据 USS 协议指令编写 PLC 控制变频器的程序。

表 7-23　PLC 的输入/输出触点及变量存储

输入/输出	说　　　　明	输入/输出	说　　　　明
I0.0	控制变频器的运行	M0.0	当 CPU 从变频器接收到一个响应后，该位接通一次
I0.1	自由停车	M0.1	执行 USS_RPM_W 指令
I0.2	紧急快速停止	M0.2	执行 USS_WPM_R 指令
I0.3	清除故障报警状态	VB1	执行 USS_INIT 指令时出错
I0.4	"1"正向运行，"0"反向运行	VB2	执行 USS_CTRL 指令时出错
I0.5	读/取操作命令	VB10	执行 USS_RPM_W 指令时出错
I0.6	写命令，设定基准频率	VB14	执行 USS_WPM_R 指令时出错
Q0.0	变频器通信正常	VB20	读取变频器参数的存储初始地址
Q0.1	变频器运行	VB40	写入变频器参数的存储初始地址
Q0.2	"1"正向运行，"0"反向运行	VW4	0 号变频器的工作状态显示
Q0.3	变频器禁止	VW12	存储 0 号变频器读取的参数
Q0.4	变频器报警	VD60	用全速度百分比表示的变频器速度

根据表 7-23，用 USS 协议指令编写 PLC 控制变频器梯形图如图 7-44 所示。

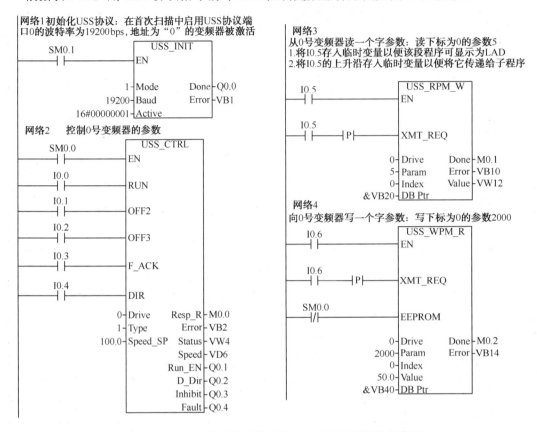

图 7-44　用 USS 协议指令编写的 PLC 控制变频器的梯形图

 项目实施

任务 3.1　基于端子控制的 PLC 与变频器之间的通信

（1）控制要求。通过 CPU224 型 PLC 和 MM420 变频器联机，实现电动机三段速频率运转控制。按下启动按钮 SB1，电动机启动并运行在第一段，频率为 10Hz，延时 20s 后电动机运行在第二段，频率为 20Hz，再延时 10s 后电动机反向运行在第三段，频率为 50Hz。按下停止按钮 SB2，电动机停止。

（2）根据控制要求，列出 PLC 的 I/O 端口分配表如表 7-24 所示。

表 7-24　PLC 的 I/O 端口分配表

输 入 信 号			输 出 信 号		
电气元件	PLC 地址	说明	变频器端口	PLC 地址	说明
SB1	I0.0	启动按钮，常开	DIN1	Q0.0	变频器数字输入端口
SB2	I0.1	停止按钮，常开	DIN2	Q0.1	
			DIN3	Q0.2	

将变频器数字输入端口 DIN1、DIN2 通过 P0701、P0702 参数设为三段固定频率控制端，每个频段的频率可分别由参数 P1001、P1002 和 P1003 设置。将变频器数字输入端口 DIN3 设为电动机运行、停止控制端，可由参数 P0703 设置。

（3）PLC 和 MM420 变频器接线图及梯形图如图 7-45 所示。

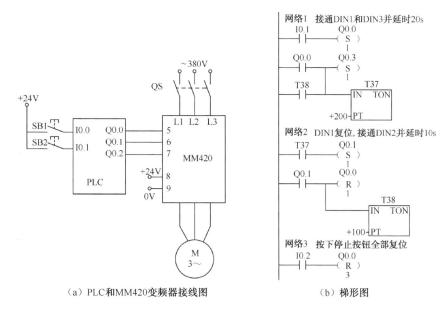

（a）PLC 和 MM420 变频器接线图　　　（b）梯形图

图 7-45　PLC 和 MM420 变频器接线图及梯形图

任务 3.2　基于 USS 协议的 PLC 与变频器之间的通信

（1）控制要求：CPU226 型 PLC 和变频器 MM440 采用 USS 通信协议，控制电动机实现正、反转，启动时频率设定为 15Hz，运行过程中可通过 PLC 设定频率为 25Hz 或 50Hz，停车时有自由停车、快速停车方式，有故障恢复等功能。

（2）根据控制要求，PLC、变频器和电动机三者接线如图 7-46 所示。

（3）变频器的参数设置如下。

P0005=21　显示变频器实际频率

P0700=5　　COM 链路 USS 设置

P1000=5　　通过 USS 设定频率值

　　　　　　（29、30 输入）

P2010=6　　波特率为 9600bps

P2011=1　　USS 地址

P2012=2　　过程数据

P2013=127　数据不等长

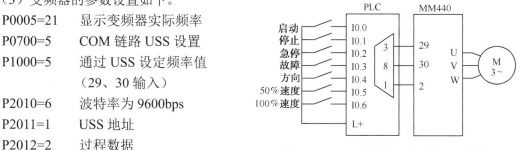

图 7-46　PLC、变频器和电动机三者接线

（4）用 USS 指令编写的程序如图 7-47 所示。

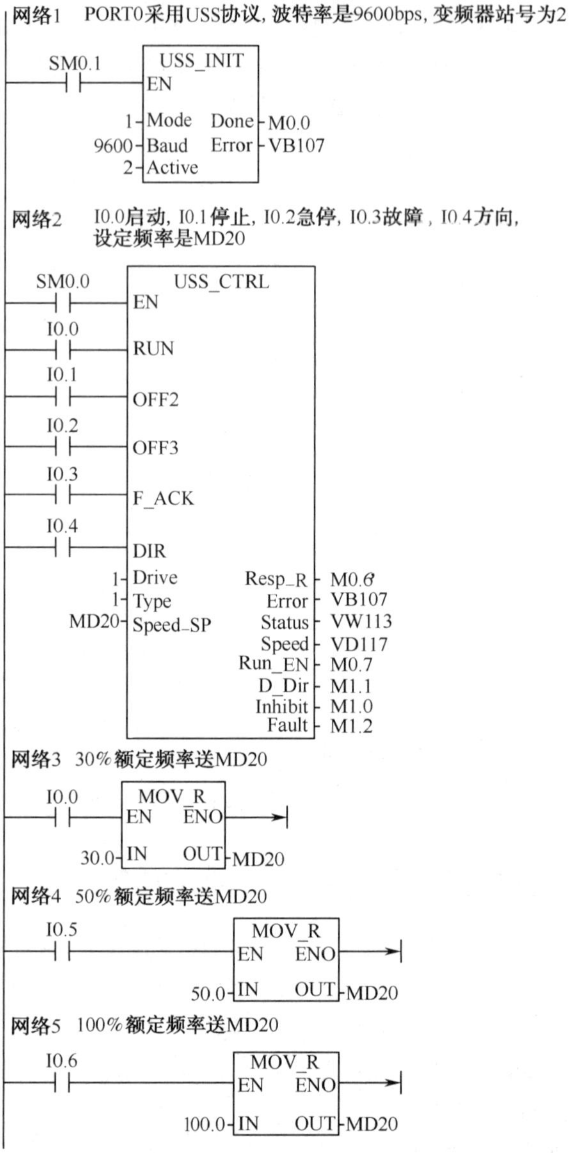

网络1　PORT0采用USS协议,波特率是9600bps,变频器站号为2

```
   SM0.1        USS_INIT
    ┤├         EN

          1─ Mode    Done ─ M0.0
       9600─ Baud    Error ─ VB107
          2─ Active
```

网络2　I0.0启动, I0.1停止, I0.2急停, I0.3故障, I0.4方向,
　　　　设定频率是MD20

```
   SM0.0        USS_CTRL
    ┤├         EN

    I0.0
    ┤├         RUN

    I0.1
    ┤├         OFF2

    I0.2
    ┤├         OFF3

    I0.3
    ┤├         F_ACK

    I0.4
    ┤├         DIR

          1─ Drive    Resp_R ─ M0.6
          1─ Type     Error  ─ VB107
       MD20─ Speed_SP Status ─ VW113
                      Speed  ─ VD117
                      Run_EN ─ M0.7
                      D_Dir  ─ M1.1
                      Inhibit─ M1.0
                      Fault  ─ M1.2
```

网络3　30%额定频率送MD20

```
   I0.0        MOV_R
    ┤├        EN    ENO ─

       30.0─ IN    OUT ─ MD20
```

网络4　50%额定频率送MD20

```
   I0.5        MOV_R
    ┤├        EN    ENO ─

       50.0─ IN    OUT ─ MD20
```

网络5　100%额定频率送MD20

```
   I0.6        MOV_R
    ┤├        EN    ENO ─

      100.0─ IN    OUT ─ MD20
```

图 7-47　用 USS 指令编写的程序

思考与练习题

7-1　什么是串行传输和并行传输？

7-2　什么是异步传输和同步传输？

7-3　PC/PPI 电缆上的 DIP 开关如何设定？

7-4　叙述自由端口通信发送和接收方式的工作过程。

7-5　NETR/NETW 指令各操作数的含义是什么？如何应用？

7-6　PPI、MPI、PROFIBUS 协议的含义是什么？

7-7　用 NETR 和 NETW 指令实现两台 CPU224 型 PLC 之间的数据通信，用 A 机的 I0.0~I0.7 控制 B 机的 Q0.0~Q0.7，用 B 机的 I0.0~I0.7 控制 A 机的 Q0.0~Q0.7。A 机为主站，站地址为 2；B 机为从站，站地址

为 3；编程用的计算机的站地址为 0。本题中，B 机在通信中是被动的，它不需要通信程序，所以只要求设计 A 机通信程序，网络读/写缓冲区分配如表 7-25 所示。

表 7-25　网络读/写缓冲区分配

字 节 意 义	状 态 字 节	远程站地址	远程站数据区指针	读/写的数据长度	数 据 字 节
NETR 缓冲区	VB100	VB101	VB102	VB106	VB107
NETW 缓冲区	VB110	VB111	VB112	VB116	VB117

7-8　有一网络结构如图 7-48 所示。其中 TD200 为主站，在 RUN 模式下，CPU224 在用户程序中允许为 PPI 主站模式，可以利用 NETR 和 NETW 指令来不断读/写两个 CPU221 模块中的数据。

图 7-48　习题 7-8 网络结构图

操作要求：站 4 要读/写两个远程站（站 2 和站 3）的状态字节和计数值（分别放在 VB100 和 VW101 中）。如果某个远程站中的计数值达到 200，站 4 将发生一定动作，并将该远程站的计数值清零，重新计数。CPU224 通信端口号为 0，从 VB200 开始设置接收和发送缓冲区。接收缓冲区从 VB200 开始，发送缓冲区从 VB250 开始，内容如表 7-26 所示。编写该网络通信用户程序。

表 7-26　接收和发送缓冲区

站　号	接收缓冲区地址		发送缓冲区地址	
站 2	VB200	网络指令执行状态	VB250	网站指令执行状态
	VB201	2，站 2 地址	VB251	2，站 2 地址
	VD202	&VB100，站 2 数据区指针	VD252	&VB101，站 2 数据区指针
	VB206	3，数据长度字节数	VB256	2，数据长度字节数
	VB207	VB100 的内容，控制字节	VW257	0，将计数值清零
	VW208	VW101 的内容，计数值		
站 3	VB210	网络指令执行状态	VB260	网络指令执行状态
	VB211	3，站 3 地址	VB261	3，站 3 地址
	VD212	&VB100，站 3 数据区指针	VD262	&VB101，站 3 数据区指针
	VB216	3，数据长度字节数	VB266	2，数据长度字节数
	VB217	VB100 的内容，控制字节	VW267	0，将计数值清零
	VW218	VW101 的内容，计数值		

模块 8　S7-200 SMART PLC 应用

项目　S7-200 SMART PLC 控制系统

教学目标

◇ 能力目标

1. 能绘制 S7-200 SMART PLC 硬件接线图并正确接线；
2. 学会 STEP 7-Micro/WIN SMART 编程软件的基本操作；
3. 学会进行 S7-200 SMART PLC 控制系统程序设计。

◇ 知识目标

1. 了解 S7-200 和 S7-200 SMART PLC 的异同点；
2. 掌握 STEP 7-Micro/WIN SMART 编程软件的使用；
3. 掌握 S7-200 SMART PLC 控制系统的设计方法。

项目任务

任务 1.1　电动机启停 PLC 控制系统
任务 1.2　三相异步电动机 Y/△降压启动控制系统
任务 1.3　三相异步电动机循环启停的 PLC 控制系统

知识链接

8.1　S7-200 SMART PLC 与 S7-200 PLC 的比较

S7-200 SMART PLC 是 S7-200 PLC 的升级版，该 PLC 与经典的 S7-200 系列 PLC 有着一脉相承的特性，保留了 S7-200 PLC 的使用习惯和编程思路，同时对一些功能进行了优化和扩展，使功能更强大，操作更便捷。西门子 S7-200 SMART PLC 是性价比较高的一款产品，它性能优异，扩展性能好，通信功能强，结合西门子触摸屏 SMART 系列和西门子变频器，可以为用户提供小型自动化控制系统的解决方案。两者的主要区别如下。

1. S7-200 SMART PLC 的结构更优

S7-200 SMART PLC 的 I/O 点数更丰富，单体 I/O 可达 60 点，可满足大部分小型自动化设备的控制需求。新颖的带扩展功能的信号板设计，信号板可以扩展模拟量、数字量，以及通信接口等，使用信号板可以不占用控制柜的空间，提升产品的利用率，同时降低用户的扩展成本。S7-200 PLC 可以支持 2 轴的高速脉冲输出，而 S7-200 SMART PLC 支持 3 轴 100kHz 的高速脉冲输出，支持 PWM/PTO 输出方式及多种运动模式。

2. CPU 运行模式开关不同

S7-200 CPU 在模块的右侧有一个运行模式开关，可以改变 CPU 的运行模式。S7-200 SMART CPU 没有运行模式开关，只能在组态软件的系统块里更改 CPU 上电后的运行模式，如图 8-1 所示。S7-200 CPU 和 S7-200 SMART CPU 中都有 STOP 指令可以使程序进入 STOP 模式，但后者没有 RUN 指令使程序重新启动。

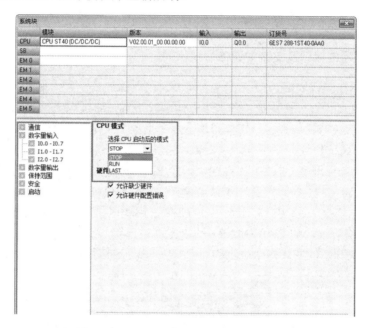

图 8-1　S7-200 SMART CPU 运行模式设置

3. CPU 程序容量不同

S7-200 CPU 和 S7-200 SMART CPU 程序容量和数据区都是不能扩展的，如图 8-2 所示。相比较而言，S7-200 SMART CPU 扩展了程序和数据存储区，也不再固定运行/非运行编辑模式下程序占用区域的大小，这种方式下执行程序时内部处理更加灵活，也优化了存储空间的使用效率。

4. 存储卡的设计及用途不同

S7-200 CPU 和 S7-200 SMART CPU 都可以使用存储卡来实现一些功能，但是存储卡都不能用来扩展 CPU 存储区。S7-200 CPU 的存储卡可用来实现数据归档、传输程序功能，其存储卡只能使用西门子专用卡；S7-200 SMART CPU 的存储卡可用来实现传输程序、升级固件、恢复出厂设置功能，其存储卡可使用手机的 MicroSD 卡，通用性强。两种存储卡的功能和外形都不一样，不能混用。

程序和数据区大小	S7-200 CPU				S7-200 SMART CPU				
	CPU221	CPU224	CPU224XP	CPU226	ST20	ST30	ST40	ST60	CR40
	CPU222		CPU224XPsi		SR20	SR30	SR40	SR60	CR60
程序大小 运行中编辑模式	4KB	8KB	12KB	16KB	12KB	18KB	24KB	30KB	12KB
非运行中编辑模式	4KB	12KB	16KB	24KB					
数据大小（V区）	2KB	8KB	10KB	10KB	8KB	12KB	16KB	20KB	8KB

图 8-2　S7-200 CPU 和 S7-200 SMART CPU 程序和数据区大小

5. CPU 自带通信接口及支持的通信协议不同

CPU 模块本体标配以太网接口，集成了强大的以太网通信功能。利用一根普通的网线即可将程序下载到 PLC 中，方便快捷，省去了专用编程电缆。通过以太网接口还可与其他 CPU 模块、触摸屏、计算机等进行通信，轻松组网。两个系列 PLC 的 CPU 都支持自由口、Modbus RTU、USS 等串口通信协议。

S7-200 SMART 标准型 CPU 本体集成了一个 RJ45 的以太网接口和一个 RS-485 接口，如图 8-3 所示。S7-200 CPU 本体只有一个或者两个 RS-485 接口，没有以太网接口，如果有以太网通信的需求，需要扩展 CP243-1 模块，CP243-1 模块以太网接口仅支持西门子内部的 S7 单边 PUT/GET 通信协议，S7-200 SMART 的以太网接口除了支持西门子的 S7 协议，还支持 Modbus/TCP、TCP/IP、UDP、ISO-on-TCP、PROFINET 通信协议，所以通信能力更强。

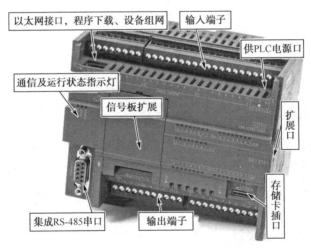

图 8-3　S7-200 SMART CPU SR40 结构图

6. 接线端子设计不同

两种 CPU 的产品定位都是小型 PLC，本体都集成了一些 I/O 点，都可以通过添加扩展模块来扩展 I/O 及通信接口。S7-200 本体集成的 I/O 分布方式为上面端子排是数字量输出 DO，下面端子排是数字量输入 DI；S7-200 SMART 本体集成的 I/O 分布方式与 S7-200 相反，上面端子排是数字量输入 DI，下面端子排是数字量输出 DO。

S7-200 CPU 最多可扩展 7 个模块，每个 S7-200 模块自带一根带状 I/O 总线电缆，可直接将该电缆插接在其他模块或者 CPU 的 10 针插槽内。S7-200 SMART CPU 最多可扩展 6 个模块和 1 个信号板，扩展模块之间或者扩展模块和 CPU 之间采用插针式的连接方式。

7. 编程电缆不同

S7-200 CPU 有专门的编程电缆，叫作 PC/PPI 电缆，根据所连接计算机的接口不同又分为 USB/PPI 电缆（订货号为 6ES7 901-3DB30-0XA0）和 RS-232/PPI 电缆（订货号为 6ES7 901-3CB30-0XA0）两种类型。RS-232/PPI 电缆不能用于 S7-200 SMART CPU 的编程通信，S7-200 SMART CPU 只支持 USB/PPI 电缆。除此之外，S7-200 SMART CPU 还可以将以太网线作为编程电缆来上传、下载、在线调试程序。

8. 编程软件不同

STEP 7-Micro/WIN SMART 编程软件更人性化，如新颖的带状式菜单，全移动式窗口，方便的程序注释功能，支持系统块、数据块状态图标等的拖动功能，方便调试程序。

S7-200 的编程软件是 STEP 7-Micro/WIN，S7-200 SMART PLC 的编程软件是 STEP 7-Micro/WIN SMART，两个软件有相似的中文操作界面及指令类型。S7-200 PLC 的程序可以在 STEP 7-Micro/WIN SMART 环境中打开，但不保证所有内容都能够顺利移植，如存在不支持的指令等，需要手动修改。反过来，S7-200 SMART PLC 的程序无法在 STEP 7-Micro/WIN 中打开并移植。

9. 软件组态设置不同

S7-200 CPU 不需要进行硬件组态，连接扩展模块后在 STEP 7-Micro/WIN 软件中的 CPU 信息里可以看到扩展模块的信息和 I/O 地址，而 S7-200 SMART CPU 需要根据实际硬件，在 STEP 7-Micro/WIN SMART 软件中的系统块里组态扩展模块及其参数，如图 8-4 所示。

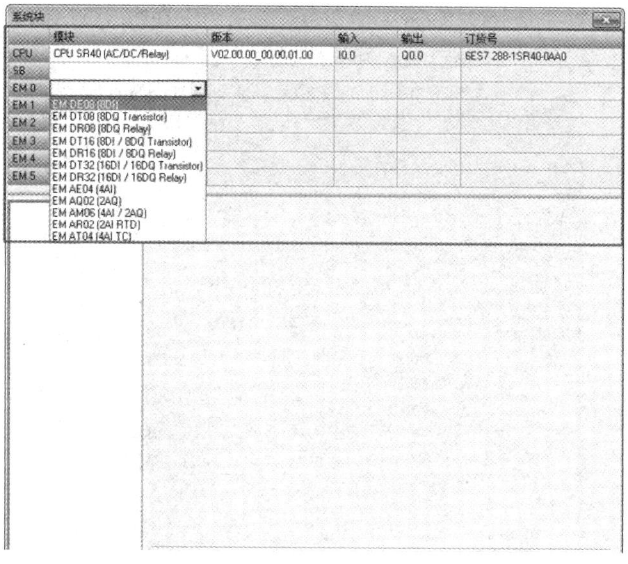

图 8-4　S7-200 SMART CPU 硬件组态

10. 掉电数据保持方式不同

S7-200 CPU 的掉电数据保持方式分成两种。

（1）通过 CPU 内部电容和外接电池卡（需额外订购）供电来实现数据的掉电保持。

如图 8-5 所示，在 STEP 7-Micro/WIN 的系统块中，除 MB0~MB13 外的所有数据区默认都是掉电保持的。但如果内部电容和外接电池卡都放电完毕，则这些数据区不能被永久保持，如果需要永久保持可以通过程序实现。

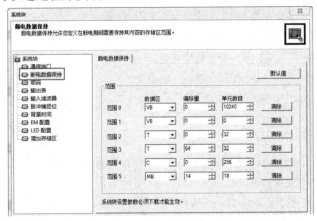

图 8-5　S7-200 CPU 的掉电数据保持设置

（2）通过编程或编写数据块将需要保持的数据永久保存到 EEPROM 中。

① 在数据块中定义 V 数据区存储单元的初始值，下载数据块时，这些数值也被写入到相应的 EEPROM 单元中。

② 使用特殊存储器 SMB31、SMW32，采用编程方法将 V 数据区中的数据写入 EEPROM 中。

③ 在系统块中设置 MB0~MB13 为保持功能，可将该区域中的内容在 CPU 掉电时自动写入 EEPROM 中。

S7-200 SMART CPU 的掉电数据保持区域位于 EEPROM 单元，用户只要在系统块中设定保持范围即可实现永久数据保持，不需要额外编程。CPU 在掉电时会自动把需要保持的数据写到内部的 EEPROM 单元进行保持，如图 8-6 所示。

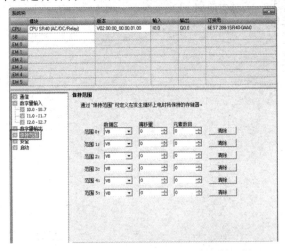

图 8-6　S7-200 SMART CPU 的掉电数据保持设置

11. 高速计数器的设置不同

S7-200 CPU 的高速计数器 HSC 不经过 CPU 的数字量输入滤波，而 S7-200 SMART CPU 的高速计数器 HSC 经过 CPU 的数字量输入滤波，因此 S7-200 SMART CPU 除了编程组态还需要结合高速计数器 HSC 信号的频率在系统块里设置合适的数字量输入滤波时间，否则无法正确计数，如图 8-7 所示。

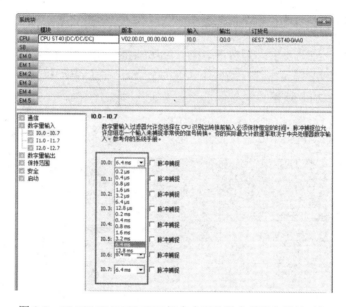

图 8-7　S7-200 SMART CPU 组态合适的数字量输入滤波时间

12. 标准模拟量通道标称值范围不同

S7-200 CPU 的标准模拟量通道标称值的范围是 –32000~32000，而 S7-200 SMART CPU 的标准模拟量通道标称值的范围是 –27648~27648，与 S7-1200、S7-300/400 一致。

13. 运动控制功能实现方式不同

S7-200 PLC 运动控制功能有两种实现方式。

（1）S7-200 CPU（DC/DC/DC），本体集成了两个高速脉冲输出点，这样可以控制两个轴，CPU224XP/CPU224XPsi 脉冲频率可以达到 100kHz，其他型号 CPU 脉冲频率可以达到 20kHz。

（2）通过扩展 EM253 位控模块来增加 S7-200 PLC 控制轴的个数，一个 EM253 位控模块可以控制 1 个轴，脉冲频率可以达到 200kHz。

S7-200 SMART CPU 把 S7-200 CPU EM253 定位模块的功能移到了 CPU 的内部，没有位控模块。根据 CPU 型号不同，分别具有 2 个（ST20）或 3 个（ST30/40/60）轴的控制能力，频率都可达到 100kHz。

14. 跟上位机软件通信的实现方式略有不同

这两类 PLC 与上位机软件通信都需要通过 OPC 的方式，S7-200 使用 PC Access 或者 SIMATIC NET 软件来作为 OPC Server，而 S7-200 SMART 则使用 PC Access SMART 或者

SIMATIC NET 软件来作为 OPC Server，其中 PC Access 及 PC Access SMART 软件都可以通过西门子官方网站免费下载，在 PLC 个数较多、通信数据量较大的场合优先推荐使用 SIMATIC NET 软件来实现。

 项目实施

任务 1.1　电动机启停 PLC 控制系统

电动机启停 PLC 控制要求：当按下启动按钮 SB1 时，电动机接触器线圈 KM 接通得电，主触点闭合，电动机 M 启动运行；当按下停止按钮 SB2 时，电动机接触器线圈 KM 断开失电，主触点断开，电动机 M 停止运行。

（1）硬件组态。

对 S7-200 SMART CPU ST40 进行硬件组态，其组态过程和结果分别如图 8-8 和图 8-9 所示。

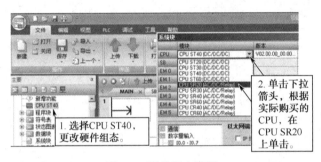

图 8-8　硬件组态过程

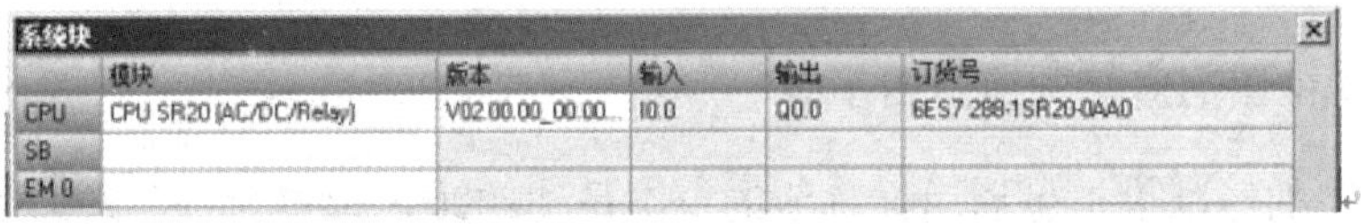

图 8-9　硬件组态结果

（2）创建任务工程。

打开 STEP 7-Micro/WIN SMART 软件，建立电动机启停 PLC 控制任务工程，如图 8-10 所示。

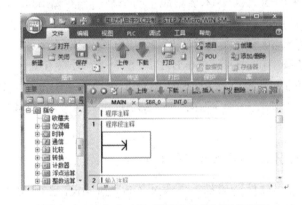

图 8-10　建立电动机启停 PLC 控制任务工程

（3）I/O 端口分配。

根据任务控制要求，该控制系统的 I/O 端口分配表如表 8-1 所示。

表 8-1　I/O 端口分配表

输　入　信　号			输　出　信　号		
PLC 地址	电气符号	功能说明	PLC 地址	电气符号	功能说明
I0.0	SB1	启动按钮，常开触点	Q0.0	KM	电动机接触器线圈
I0.1	SB2	停止按钮，常开触点			

（4）控制系统的硬件接线。

电动机启停 PLC 控制系统外部接线图如图 8-11 所示。

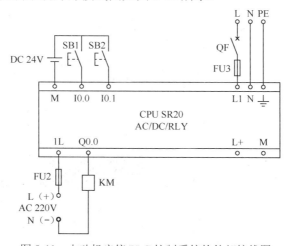

图 8-11　电动机启停 PLC 控制系统的外部接线图

（5）建立 I/O 符号。

在 STEP 7-Micro/WIN SMART 中建立 I/O 符号表，如图 8-12 所示。

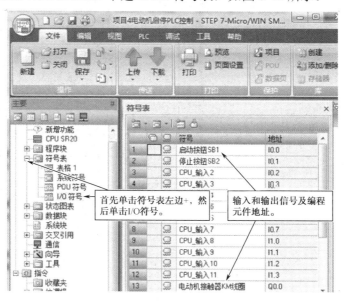

图 8-12　建立 I/O 符号表

（6）设计梯形图。

根据任务控制要求，电动机启停 PLC 控制系统的梯形图设计过程如图 8-13~图 8-18 所示。

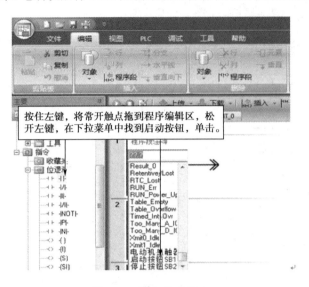

图 8-13　输入常开触点

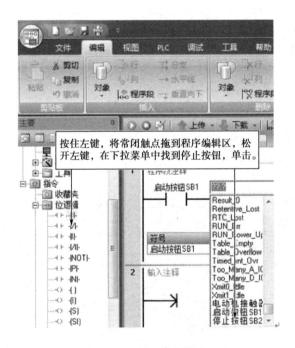

图 8-14　输入常闭触点

图 8-15　输入线圈

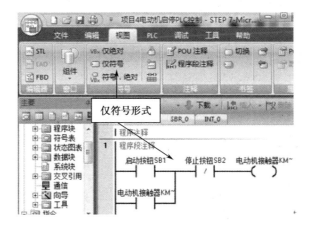

图 8-16　仅符号形式梯形图

图 8-17　符号：绝对形式梯形图

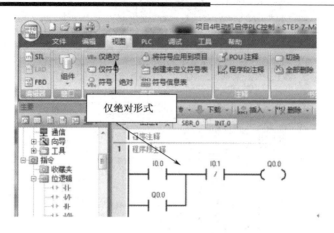

图 8-18　仅绝对形式梯形图

任务 1.2　三相异步电动机 Y/△降压启动控制系统

三相异步电动机 Y/△降压启动的继电器—接触器电路原理图如图 8-19 所示，其控制要求如下。

① 按下启动按钮 SB1，KM1 和 KM3 吸合，电动机 Y 启动，指示灯 HL1 亮，5s 后，KM3 断开，KM2 吸合，电动机△运行，指示灯 HL2 亮，启动完成，电动机正常运行。

② 按下停止按钮 SB2，接触器全部断开，电动机停止运行，指示灯灭。

③ 如果电动机超负荷运行，热继电器 FR 断开，电动机停止运行。

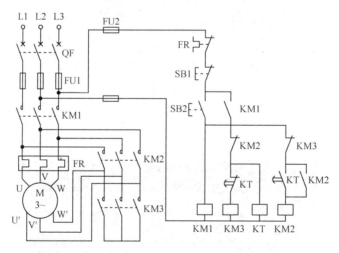

图 8-19　三相异步电动机 Y/△降压启动继电器—接触器电路原理图

（1）I/O 端口分配。根据控制要求，三相异步电动机 Y/△降压启动的 PLC 控制系统 I/O 端口分配表如表 8-2 所示。

表 8-2　I/O 端口分配表

输　入		输　出	
PLC 地址	电气符号	PLC 地址	电气符号
I0.0	启动按钮 SB1	Q0.0	电源接触器 KM1

续表

输　入		输　出	
PLC 地址	电气符号	PLC 地址	电气符号
I0.1	停止按钮 SB2	Q0.1	角形接触器 KM2
I0.2	热继电器 FR	Q0.2	星形接触器 KM3
		Q0.3	星形启动指示灯 HL1
		Q0.4	角形运行指示灯 HL2

（2）三相异步电动机 Y/△降压启动的 PLC 控制系统外部接线图如图 8-20 所示。

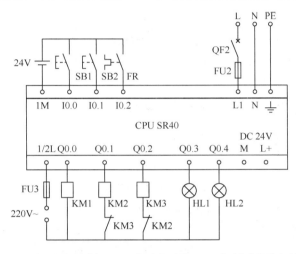

图 8-20　三相异步电动机 Y/△降压启动的 PLC 控制系统外部接线图

（3）三相异步电动机 Y/△降压启动 PLC 控制系统的符号表如图 8-21 所示。

符号表

	符号	地址	注释
1	启动按钮SB1	I0.0	
2	停止按钮SB2	I0.1	
3	热继电器FR	I0.2	
4	电源接触器KM1	Q0.0	
5	角形接触器KM2	Q0.1	
6	星形接触器KM3	Q0.2	
7	星形启动指示灯HL1	Q0.3	
8	角形运行指示灯HL2	Q0.4	

表格 1　系统符号　POU 符号

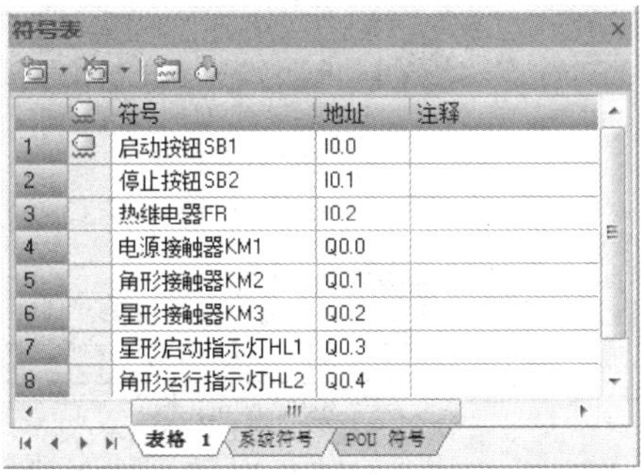

图 8-21　三相异步电动机 Y/△降压启动 PLC 控制系统符号表

（4）程序设计。根据控制要求，其对应的梯形图如图 8-22 所示。

任务 1.3　三相异步电动机循环启停的 PLC 控制系统

用 PLC 实现三相异步电动机的循环启停控制，即按下启动按钮，电动机启动并正向运转 5s，停止 3s，再反向运转 5s，停止 3s，再正向运转，如此循环 5 次后停止运转，此时指示灯以秒级闪烁，以示循环过程结束。若按下停止按钮，电动机停止运行。该电路必须具有必要的短路保护、过载保护等功能。

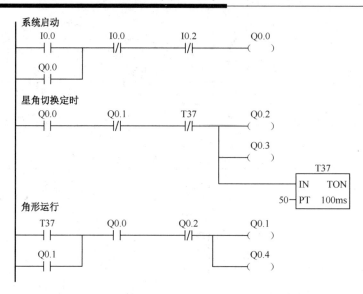

图 8-22　三相异步电动机 Y/△降压启动的 PLC 控制系统梯形图

（1）I/O 端口分配。根据控制要求，三相异步电动机循环启停 PLC 控制系统的 I/O 端口分配表如表 8-3 所示。

表 8-3　I/O 端口分配表

输　　入		输　　出	
PLC 地址	电气符号	PLC 地址	电气符号
I0.0	启动按钮 SB1	Q0.0	正转接触器 KM1
I0.1	停止按钮 SB2	Q0.1	反转接触器 KM2
I0.2	热继电器 FR	Q0.4	指示灯 HL

（2）三相异步电动机循环启停 PLC 控制系统外部接线图如图 8-23 所示。

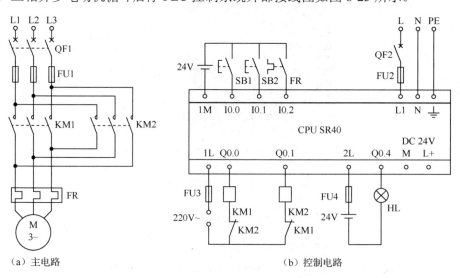

（a）主电路　　　　　　　　　　　（b）控制电路

图 8-23　三相异步电动机循环启停 PLC 控制系统外部接线图

（3）三相异步电动机循环启停 PLC 控制系统符号表如图 8-24 所示。

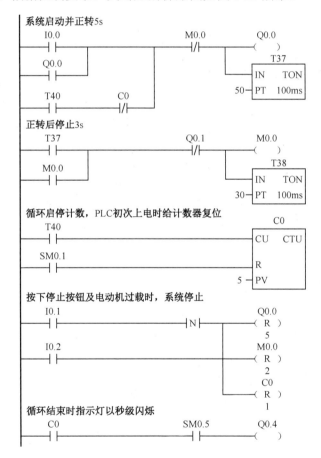

图 8-24　三相异步电动机循环启停 PLC 控制系统符号表

（4）程序设计。根据控制要求，其对应的梯形图如图 8-25 所示。

图 8-25　三相异步电动机循环启停 PLC 控制系统梯形图

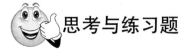思考与练习题

8-1　S7-200 SMART PLC 与 S7-200 PLC 相比有哪些异同点？

8-2　用置位与复位指令设计按下启动按钮 I0.0 时 8 个灯（对应 Q0.7~Q0.0）全亮，按下停止按钮 I0.1

时 8 个灯（对应 Q0.7~Q0.0）全灭的控制电路。

8-3 用置位与复位指令设计按下启动按钮 I0.0 时 8 个灯（对应 Q0.7~Q0.0）前面 4 个灯亮，按下按钮 I0.1 时后面 4 个灯亮前面 4 个灯灭，按下按钮 I0.2 时 8 个灯全灭的控制电路。

8-4 设计一个 LED 闪烁的控制电路：按下启动按钮 I0.0 后该灯点亮 2s，然后灯灭 2s，不停地循环，中途任意时间按下停止按钮 I0.1 LED 灭。

8-5 设计程序控制两台三相异步电动机 M1 和 M2 的电路。要求：M1 启动后，M2 才能启动；M1 停止后，M2 延时 30s 后才能停止。

8-6 设计程序控制 2 个 LED，按下启动按钮 I0.0 后灯 1（Q0.0）点亮 2s，2s 后灯 1 灭，同时灯 2（Q0.1）点亮 3s，3s 后灯 2 灭灯 1 点亮，循环 3 次停止，中途任意时间按下停止按钮 I0.1 灯灭。

8-7 用定时器指令控制电动机，按下启动按钮 I0.0 时电动机正转 5s 停 3s，然后电动机反转 5s 停 3s，循环 2 次停止，中途任意时间按下停止按钮 I0.1 电动机停。

8-8 设计彩灯顺序控制系统。控制顺序如下：（1）A 灯亮 1s，灭 1s；（2）B 灯亮 1s，灭 1s；（3）C 灯亮 1s，灭 1s；（4）D 灯亮 1s，灭 1s；（5）A、B、C、D 灯同时亮 1s，灭 1s。循环三次所有的灯灭。

8-9 按下启动按钮，第 1 台电动机 M1 启动；运行 4s 后，第 2 台电动机 M2 启动；M2 运行 15s 后，第 3 台电动机 M3 启动。按下停止按钮，3 台电动机全部停止。在启动过程中，指示灯闪烁；在运行过程中，指示灯常亮。试设计其梯形图并写出指令表。

8-10 设计一个三速电动机控制电路。三速电动机有两套绕组和 3 种不同的转速，即低速（Q0.0）、中速（Q0.1）、高速（Q0.2）。当电动机定子绕组接成△（按钮 I0.1）时，电动机低速运行；当电动机定子绕组接成 Y（按钮 I0.3）时，电动机高速运行。另一套绕组接成 Y（按钮 I0.2），电动机中速运行。按下停止按钮 I0.4 时电动机停止运行，从一种速度转换到另一种速度要延时 5s。

8-11 用 PLC 的置位、复位指令实现彩灯的自动控制。控制过程为：按下启动按钮，第一组花样绿灯亮；10s 后第二组花样蓝灯亮；20s 后第三组花样红灯亮；30s 后返回第一组花样绿灯亮，如此循环，并且仅在第三组花样红灯亮后方可停止循环。

参 考 文 献

[1] 田淑珍. S7-200 PLC 原理及应用[M]. 北京：机械工业出版社，2009.

[2] 徐国林. PLC 应用技术[M]. 北京：机械工业出版社，2010.

[3] 陶权等. PLC 控制系统设计安装与调试[M]. 北京：北京理工大学出版社，2009.

[4] 张伟林. 电气控制与 PLC 综合应用技术[M]. 北京：电子工业出版社，2009.

[5] 罗宇航. 流行 PLC 实用程序及设计[M]. 西安：西安电子科技大学出版社，2008.

[6] 向晓汉. 电气控制与 PLC 技术[M]. 北京：人民邮电出版社，2009.

[7] 张世生. 可编程控制器应用技术[M]. 西安：西安电子科技大学出版社，2009.

[8] 廖常初. S7-200 PLC 基础教程[M]. 北京：机械工业出版社，2007.

[9] 刘凤春等. 可编程控制器原理与应用基础[M]. 北京：机械工业出版社，2007.

[10] 李辉. S7-200 PLC 编程原理与实训[M]. 北京：北京航空航天大学出版社，2007.

[11] 西门子（中国）有限公司. SIMATIC S7-200 可编程控制器系统手册. 2005.

[12] 西门子（中国）有限公司. S7-200CN 可编程控制器产品目录. 2005.